Qualitätsmanagement

Reihenherausgeber: F. Mikosch

Springer
Berlin
Heidelberg
New York
Barcelona
Budapest
Hongkong
London
Mailand
Paris
Santa Clara
Singapur
Tokio

Engelbert Westkämper

Null-Fehler-Produktion in Prozeßketten

Maßnahmen zur Fehlervermeidung und -kompensation

Mit 135 Abbildungen

Springer

Reihenherausgeber:

Dr.-Ing. Falk Mikosch
Forschungszentrum Karlsruhe – Technik und Umwelt
PFT
Postfach 36 40
76021 Karlsruhe

Bandherausgeber:

Prof. Dr.-Ing. Dr. h.c. Engelbert Westkämper
Lehrstuhl und Institut für Werkzeugmaschinen und Fertigungstechnik,
Technische Universität Braunschweig

Koordinatoren:

Dr.-Ing. Klaus Jeschke,
Institut für Werkzeugmaschinen und Fertigungstechnik,
Technische Universität Braunschweig

Dipl.-Ing. Peter Redelstab,
Forschungszentrum Karlsruhe GmbH

ISBN 3-540-60504-5 Springer-Verlag Berlin Heidelberg New York

CIP-Titelaufnahme der Deutschen Bibliothek

Westkämper, Engelbert:
Null-Fehler-Produktion in Prozessketten : Massnahmen zur Fehlervermeidung und -kompensation / Engelbert Westkämper. – Berlin ; Heidelberg ; New York ; Barcelona ; Budapest ; Hong Kong ; London ; Milan ; Paris ; Santa Clara ; Singapore ; Tokyo : Springer, 1996
(Qualitätsmanagement)
ISBN 3-540-60504-5

Einbandgestaltung: Konzept & Design, Ilvesheim
Satz: Datenkonvertierung durch Lewis+Leins GmbH, Berlin
Herstellung: ProduServ GmbH Verlagsservice, Berlin

SPIN: 104 78 035 7/3020 5 4 3 2 1 0 – Gedruckt auf säurefreiem Papier

Vorwort des Reihenherausgebers

Gibt es im Bereich des Qualitätsmanagements Themen und Fragestellungen mit großer Bedeutung für die Industrie, die durch Grundlagenforschung von Instituten bearbeitet werden sollten? Diese Frage wurde bei der Vorbereitung des Programms „Qualitätssicherung 1992–1996" vom Bundesministerium für Bildung, Wissenschaft, Forschung und Technologie und dem mit der Durchführung des Programms beauftragter Projektträger Fertigungstechnik und Qualitätssicherung, Forschungszentrum Karlsruhe, mit Experten aus Industrie, Wissenschaft, Tarifvertragsparteien und Verbänden diskutiert. Dabei wurden folgende acht Fragestellungen gefunden:

Welche Wechselwirkungen bestehen zwischen *Qualitätsmanagement und Organisation* der Arbeit in den Betrieben? Wie sollten Betriebe organisiert werden, um Qualität zu gewährleisten?

Wie kann die *Qualität logistischer Leistungen* in einem Produktionsbetrieb gesichert werden? Wie verknüpft man logistisches und technisches Qualitätsmanagement?

Können Qualitätsmanagementsmethoden durch *wissensbasierte Systeme* effizient unterstützt werden? Ist eine Nutzung des im Unternehmen verteilten Qualitätswissen durch eine Verknüpfung dieser Systeme möglich?

Wie sollte das *Qualitätsmanagement im Dienstleistungsbereich* gestaltet werden? Wie können die aus dem technischen Bereich bekannten Qualitätsmanagementmethoden hier eingesetzt werden?

Welche Informationsflüsse müssen durch ein *Qualitätsinformationssystem* unterstützt werden? Wie integriert man ein Qualitätsinformationssystem in das vorhandene Informationssystem des Unternehmens?

Wie kommt man zu einer *Null-Fehler-Produktion* nicht nicht nur bei Einzelprozessen, sondern auch in der Prozeßkette? Welche Möglichkeiten bestehen zur Fehlervermeidung und zur Fehlerkompensation?

Wie müssen Personalpolitik, Marketing, Kostenrechnung und Controlling verändert werden, um den Anforderungen eines umfassenden Qualitätsmanagements zu genügen? Wie kann *Qualitätscontrolling* die Unternehmensleitung bei der Entscheidung über Verbesserungsmaßnahmen unterstützen?

Wie kann *Qualitätswissen in den Unternehmen* besser verwertet und angewendet werden? Welche Schlüsselfaktoren und Erfahrungen bestimmen die innerbetriebliche und die überbetriebliche Umsetzung?

Zur Bearbeitung dieser Fragen wurden acht interdisziplinäre und überregionale Forschergruppen mit Projektlaufzeiten von etwa drei Jahren gegründet. Insgesamt waren 47 verschiedene Arbeitsgruppen aus wissenschaftliche Instituten beteiligt, wobei die verschiedenen Fachgebieten aus den Arbeits-, Sozial-, Betriebs-, Ingenieur- und Rechtswissenschaften, aus Psychologie und Informatik vertreten waren. Diese interdisziplinären Zusammenarbeit hat sich als sehr fruchtbar erwiesen. Die überregionale Zusammensetzung ermöglichte es, daß sich für die verschiedenen Fragestellungen jeweils die geeignetsten Partner finden konnten. Die Arbeit der acht Forschergruppen hatten viele Berührungspunkte und wurden miteinander abgestimmt. Bei der Koordination der Arbeiten wurde der Projektträger Fertigungstechnik und Qualitätssicherung durch einen Fachkreis von Experten aus Industrie und Wissenschaft unterstützt.

Die einzelnen Forschergruppen haben ihre Forschungsarbeiten bewußt anwendungsorientiert gestaltet und Untersuchungen und Fallstudien in den verschiedensten Unternehmen durchgeführt, wobei sie z.T. von Industriearbeitskreisen begleitet wurden. In der vorliegenden Buchreihe werden diese Ergebnisse zusammenfassend dargestellt. Jeder Einzelband ist ein in sich geschlossener praktischer Leitfaden, der nicht nur den Stand des Wissens übersichtlich und einprägsam vermittelt, sondern auch Wege zur wesentlichen Verbesserung und Weiterentwicklung des Qualitätsmanagements aufgezeigt und erläutert.

Allen Autoren möchte ich für ihren Einsatz und die gute Zusammenarbeit danken. Main Dank gilt besonders den Bandherausgebern, die als federführende Wissenschaftler für die Erarbeitung einer gemeinsamen Sprache zwischen den beteiligten Fachdisziplinen und für die konsequente Verfolgung der gemeinsamen Ziele verantwortlich zeichneten, sowie den mit der Koordination beauftragten Mitarbeiter, die aus den z.T. sehr heterogenen Kooperationen effektive Teams formten. Ebenso danke ich den Mitgliedern des „Fachkreises Forschergruppen Qualitätssicherung" und dem Springer-Verlag für ihr großes Engagement für die Sache und dem Bundesminister für Bildung, Wissenschaft, Forschung und Technologie, vertreten durch Herrn Min.Rat Dr. Grunau, ohne dessen Unterstützung die Forschergruppen ihre wegweisenden Ergebnisse nicht hätten erarbeiten können.

Karlsruhe, im April 1996 Falk Mikosch

Vorwort des Bandherausgebers

Fehlende oder falsche Teile sowie Ausschuß und Nacharbeit – welches Unternehmen könnte von sich behaupten, frei von diesen Problemen zu sein. Einen nennenswerten Teil ihrer Arbeitszeit verwenden Führungskräfte zur Behebung dieser Mängel, damit das gewohnte Qualitätsniveau und die zugesagte Termintreue eingehalten wird. Zwangsläufig führen die veranlaßten Maßnahmen zu Störungen im „normalen Produktionsablauf" oder zu Sondereinsätzen, die die Effizienz und Produktivität des Unternehmens erheblich mindern. Um dieses alles zu vermeiden, ist die Produktion fehlerfreier Produkte und Dienstleistungen in jedem Prozeßschritt – Null-Fehler-Produktion – zu fordern.

Exemplarisch wurden entsprechende Lösungen von der BMBF-Forschergruppe Null-Fehler-Produktion in der Prozeßkette am Beispiel der Produktion und Instandhaltung eines Getriebes für Mehrwalzenantriebe entwickelt. Jedes Teilprojekt betrachtete hierbei eine ausgewählte Prozeßkette. Hierdurch wurde im Gegensatz zu bisherigen Lösungsansätzen nicht nur die Prozeßsicherheit eines einzelnen Prozesses betrachtet, sondern die der gesamten Prozeßkette.

Die Forschergruppe entwickelte pragmatische wie auch komplexere Lösungen zur Null-Fehler-Produktion. Die Integration der Unternehmensfunktionen Qualitätslenkung und -planung, die Optimierung der Prozeßsicherheit von Produktionsprozessen und die Vermeidung von menschlichen Fehlhandlungen sind nur einige Themen die im Projekt untersucht wurden. Aufgrund der Betrachtung von Prozeßketten wurden immer Lösungen gesucht, die Verbesserungen im gesamten Ablauf zur Folge haben. Im Rahmen der Fertigungsplanung wurde z.B. das gesamte System Maschine, Werkzeuge, Vorrichtungen, Werkstück, NC-Programm, Werkzeugkorrekturdaten und Einrichteblatt betrachtet. Erst die kombinierte Planung aller dieser Einflußfaktoren auf den Fertigungsprozeß führt zu einer fehlerfreien Auslegung.

Das Umsetzen von Maßnahmen zur Null-Fehler-Produktion wird gekennzeichnet sein durch eine Vielzahl von Detaillösungen, deren Erprobung Zeit kostet. Der Erfolg dieser Maßnahmen ist bestimmt durch die Innovationskraft und die Lernfähigkeit eines Unternehmens. Unternehmen, die diesen Weg beschreiten, werden mit Sicherheit Vorteile hinsichtlich der Wettbewerbsfähigkeit erreichen. Ich wünsche

Ihnen viele neue Anregungen beim Lesen des Buches und viel Erfolg beim Umsetzen entsprechender Maßnahmen.

Braunschweig, im Oktober 1996 Engelbert Westkämper

Inhaltsverzeichnis

1 Einleitung

K. Jeschke

1.1 Potentiale der Null-Fehler-Produktion

Die Produktionstrategie Null-Fehler-Produktion liefert einen umfassenden Beitrag zur Steigerung der Wettbewerbsfähigkeit der Unternehmen. Sie unterstützt die Qualitätsfähigkeit, Produktivität und Termintreue. Qualitätiv hochwertige und zuverlässige Produkte können durch eine kundenorientierte Produkt- und Produktionsplanung sowie durch sichere Fertigungs- und Montageprozesse produziert werden. Zwangsläufig steigt die Produktivität des Unternehmens, da Fehler und Störungen im Produktionsablauf vermieden oder unmittelbar korrigiert werden. Die Aufwände für Ausschuß, Nacharbeit und Sondereinsätze können reduziert werden, wodurch ebenfalls die Termintreue nachhaltig gesteigert werden kann. Zur Sicherung der Wettbewerbsfähigkeit ist daher die Umsetzung von Null-Fehler-Produktionen in den Unternehmen ein wichtiges Ziel.

1.2 Forschergruppe Null-Fehler-Produktion

Entsprechende Methoden und Systeme zur Null-Fehler-Produktion wurden im Rahmen des dreijährigen BMBF-Forschungsprojektes „Null-Fehler-Produktion in der Prozeßkette“ entwickelt. An der Forschergruppe waren das Forschungszentrum Karlsruhe sowie sieben Hochschulinstitute beteiligt:

– Koordination: Prof. Dr.-Ing. Dr. h. c. E. Westkämper (Federführender Projektkoordinator), Institut für Werkzeugmaschinen und Fertigungstechnik der TU Braunschweig (IWF)

- Projektträger, Koordination: Forschungszentrum Karlsruhe GmbH, Projektträgerschaft für Fertigungstechnik und Qualitätssicherung
- Konsequente Qualitätsplanung als bereichsübergreifendes Instrument zur Sicherung der Produkt- und Prozeßqualität: Prof. Dr.-Ing. Dr. h.c. T. Pfeifer, Werkzeugmaschinenlabor der RWTH Aachen (WZL)
- Entwicklung von Systematiken und Methoden zur Fehler-Ursachen-Analyse und Auswahl von Strategien zur Fehlervermeidung und -reduzierung: Prof. Dr.-Ing. Dr. h.c. E. Westkämper, Institut für Werkzeugmaschinen und Fertigungstechnik der TU Braunschweig (IWF)
- Verarbeitungsstrategien von wechselwirkungsbehafteten Qualitätsinformationen beim Schmieden von Zahnrädern: Prof. Dr.-Ing. Eckart Doege, Institut für Umformtechnik und Umformmaschinen der Universität Hannover (IFUM)
- Qualitätssicherungsstrategien zur Zahnradbearbeitung: Prof. Dr.-Ing. habil. Friedhelm Lierath, Institut für Fertigungstechnik und Qualitätssicherung der TU Magdeburg (IFQ)
- Entwicklung präventiver Qualitätssicherungsmethoden für die Konstruktion und Arbeitsplanung beim Einsatz alternativer Fertigungstechnologien: Prof. Dr.-Ing. Dr.-Ing. E.h. Hans Kurt Tönshoff, Institut für Fertigungstechnik und Spanende Werkzeugmaschinen der Universität Hannover (IFW)
- Integration von neuen Methoden der Qualitätssicherung zur Steigerung der Prozeßfähigkeit in der Komponentenfertigung: Prof. Dr.-Ing. Dr. h.c. E. Westkämper, Institut für Werkzeugmaschinen und Fertigungstechnik der TU Braunschweig (IWF)
- Qualitätsorientierte Steuerung von Montageprozessen: Prof. Dr.-Ing. Jürgen Hesselbach, Institut für Fertigungsautomatisierung und Handhabungstechnik der TU Braunschweig (IFH)
- Maßnahmen der handwerklichen Instandhaltung zur Verbesserung der präventiven Qualitätssicherung beim Herstellungsprozeß: Dr.-Ing. G. Schilling, Heinz-Piest-In-

stitut für Handwerkstechnik an der Universität Hannover (HPI)
- Strategien und Maßnahmen zur präventiven Qualitätssicherung in Mikroprozeßketten: Prof. Dr.-Ing. Dr. h.c. E. Westkämper, Institut für Werkzeugmaschinen und Fertigungstechnik der TU Braunschweig (IWF)
- Studie über Regelmechanismen zur Prozeßsicherung auf der Basis von Mikroprozeßketten: Prof. Dr.-Ing. Dr.-Ing. E.h. Hans Kurt Tönshoff, Institut für Fertigungstechnik und Spanende Werkzeugmaschinen der Universität Hannover (IFW)

Exemplarisch wurde von der Forschergruppe die Produktion und Instandhaltung eines Getriebes für Mehrwalzenantriebe untersucht, Bild 1.1. Jede Teilaufgabe betrachtete hierbei eine ausgewählte Prozeßkette. Hierdurch sollte im Gegensatz zu bisherigen Lösungsansätzen nicht nur die Prozeßsicherheit eines einzelnen Prozesses gesteigert werden, sondern die der gesamten Prozeßkette.

Das Projekt startete sehr pragmatisch mit einer Fehler-Ursachen-Analyse in einem Maschinenbauunternehmen. Es zeigte sich ein breites Spektrum der tatsächlichen Probleme in der Industrie. Am häufigsten wurden Fehler und Störungen auf Mängel in der Fertigung zurückgeführt. Dort

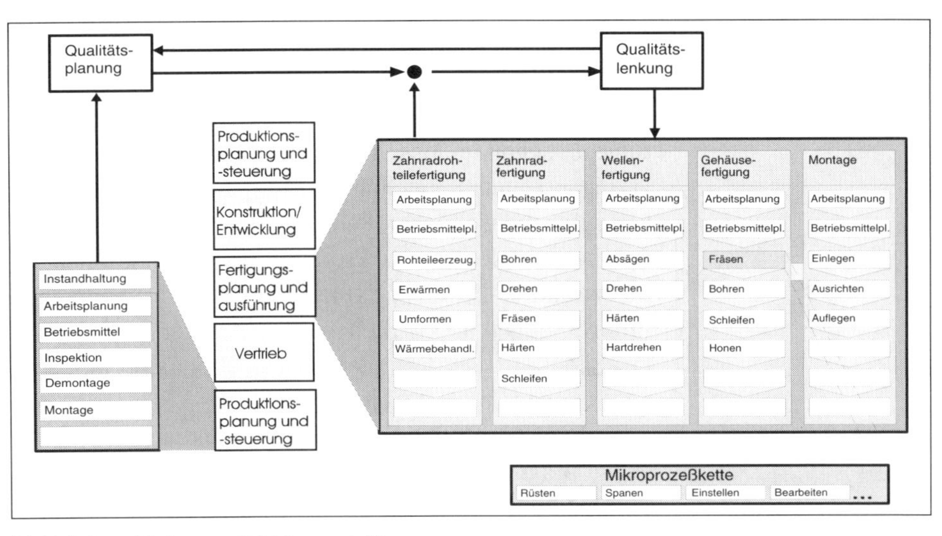

Bild 1.1: Prozeßketten zur Getriebeproduktion

wo komplexe Betriebsmittel eingesetzt wurden – in der Zahnradfeinbearbeitung – kam es zu Fehlern durch falsche Handhabungen. Vor allem die Vorrichtungen bereiteten hier große Probleme aber auch die Maschinen waren hinsichtlich ihrer Bedien- und Überwachungseinrichtungen nicht optimal gestaltet. Darüber hinaus traten Störungen durch Ausfälle von Maschinensteuerungen auf. An zweiter Stelle bei den Fehlerverursachern stand die Fertigungsplanung. Fehlerhafte NC-Programme, aber auch falsche Prozeßparameter waren als Ursachen häufig vertreten. An dritter Stelle in der Reihenfolge der Fehlerverursacher stand die Werkstattsteuerung. Zurückzuführen war dies auf eine mangelhafte Fertigungsleittechnik und sogenannte Schnellschüsse, die große Unruhe in die Fertigung brachten. Hierdurch mußten bereits eingerüstete Maschinen umgerüstet werden und halbfertige Aufträge waren im Fertigungsbereich zwischenzulagern und zu verwalten.

Neben diesen Fehler- und Störungsursachen konnten viele Ursachen nicht aussagekräftig klassifiziert werden. Hieran zeigte sich, daß Störungen und Fehler selten systematisch auftreten, sondern häufig rein zufällig. Grundsätzlich kann dieses Problem auf menschliche Fehlhandlungen zurückgeführt werden. In der manuellen Teileprüfung rechnet man beispielsweise mit 3 falsch geprüften Teilen auf 100 überprüfte Teile. Diese Unsicherheit kann ebenso bei planenden oder ausführenden Tätigkeiten vermutet werden, was schließlich zu den breiten Streuungen der Fehler- und Störungsursachen führt.

Die Analyse zeigte ein typisches Bild der Fehler- und Störungsursachen im Maschinenbau, wie es auch in anderen Verfügbarkeitsuntersuchungen festgestellt wurde. Die festgestellten menschlichen Fehlhandlungen waren vor allem auf die Komplexität der Produkte und Produktionen zurückzuführen. Durch Marktorientierung und zunehmende Anforderungen an die Sicherheit und Zuverlässigkeit der Produkte wird die Komplexität von Produkten und Produktionen in Zukunft weiter steigen.

Die Forschergruppe Null-Fehler-Produktion entwickelte einige pragmatische und auch weiterführende Lösungen zur Null-Fehler-Produktion. Einige Ergebnisse sind im folgenden dargstellt:

Komplexe Produkte und Prozesse erfordern Hilfsmittel, um Ursachen von Störungen und Fehlern im Produktionsablauf zu analysieren und Maßnahmen zur gezielten Optimierung der Arbeitsorganisation, der Betriebsmittel sowie der Produkte anzustoßen. Die entwickelte Methode „Prozeßkettenorientierte Fehler-Ursachen-Therapie" (Pro Fit) ermöglicht es ohne aufwendige Datenerfassungen und Auswertungen Fehler- Störungsquellen zu analysieren und zu beseitigen. Die im Problemlösungsprozeß gesammelten Erfahrungen der Mitarbeiter werden der Konstruktion und Fertigungsplanung zur Verfügung gestellt, um Lerneffekte zu erzielen. Zur Unterstützung der Gruppenarbeit in modernen Produktionskonzepten wird hierbei eine teamorientierte Lösung realisiert. Die entwickelte Vorgehensweisen vermeidet Mehraufwände und gewährleistet die rationelle und strukturierte Verwertung der Ergebnisse in Planungsfunktionen.

- gruppenorientierte Fehler-Ursachen-Analyse in der Prozeßkette

Zur Null-Fehler-Produktion ist im Rahmen der Fertigungsplanung das gesamte System Maschine, Werkzeuge, Vorrichtungen, Werkstück, NC-Programm, Werkzeugkorrekturdaten und Einrichteblatt zu betrachten. Erst die kombinierte Planung aller dieser Einfußfaktoren auf den Fertigungsprozeß führt zu einer fehlerfreien Auslegung. Die Forschergruppe entwickelte Methoden und Verfahren, die eine integrierte und qualitätsorientierte Fertigungsplanung unterstützten. Dabei werden betriebsmittelbezogene Parameter (Maschinenkoordinatensystem, Einrichteprobleme, Verschleiß, etc.) und Erfahrungswissen (sichere Prozeßparameter, Anschnittstrategien, Probleme der Steuerungen) in die Planung miteinbezogen. Hierdurch wird eine qualitätsorientierte Auswahl der Betriebsmittel gewährleistet. Mit Hilfe einer Vorrichtungsbibliothek werden im CAD-System Vorrichtungen und Werkstücke für eine Null-Fehler-Produktion optimal angepaßt. Die Fertigungsplanung wird im Sinne einer Selbstprüfung mit der Simulation des NC-Programms und einer Bewertung der technologischen Parameter unter dem Aspekt der Prozeßsicherheit abgeschlossen.

- Integrierte Fertigungssystemplanung

Zur Vermeidung menschlicher Fehlhandlungen an Werkzeugmaschinen entwickelte die Forschergruppe Verfahren und Vorgehensweisen zum Konsistenzcheck des Sy-

• Vermeidung menschlicher Fehlhandlungen an Werkzeugmaschinen

stems Werkstück, Betriebsmittel, Information. Hierzu gehört das Überprüfen der Identität der Werkzeuge, NC-Programme, Maschinen und Werkstücke sowie die laufende Überwachung des Maschinenzustands. Für die Konzeption von Systemen zur Prozeßregelung und Überwachung wurde ein Katalog zur problemspezifischen Auswahl von Sensoren und Aktoren sowie ganzer Regelungs- und Überwachungssysteme entwickelt.

• Instandhaltung/ Verwaltung von Betriebsmitteln und Werkzeugen

Die Instandhaltung / Verwaltung von Betriebsmitteln ist eine Grundvoraussetzung zur Null-Fehler-Produktion, die häufig vernachlässigt wird. Die Forschergruppe entwikkelte Maßnahmenkataloge in denen Verfahren für die qualitätsorientierte Verwaltung von Betriebsmitteln und Vorrichtungen gegeben werden. Dies beginnt bei der Kennzeichung der Betriebsmittel, geht über die Planung von Instandhaltungsintervallen bis zur Organisation des gesamten Ablaufes für eine Betriebsmittel- und Werkzeugüberwachung, analog einer Prüfmittelüberwachung.

• Rückführung von Felddaten

Zur präventiven Qualitätssicherung in Konstruktion und Planung müssen Erfahrungen aus dem Feld ausgewertet und zurückgeführt werden. Häufig bereitet die strukturierte Datenerfassung und -auswertung große Probleme. Im Rahmen der Forschergruppe wurden am Beispiel der externen Getriebeinstandhaltung enprechende rechnerunterstützte Lösungen entwickelt.

1.3 Struktur des Buches

Das Buch beginnt im zweiten Kapitel mit Grundlagen und Prinzipien. Aufbauend auf der Definition einer Null-Fehler-Produktion werden Vorausetzungen zur fehlerfreien Produktion vorgestellt. Anhand von Prozeßkettenmodellen erläutert das Kapitel Möglichkeiten zum Vermeiden von Fehlerursachen und zur Kompensation von Fehlerfolgen.

Nach den Grundlagen und Prinzipien zur Null-Fehler-Produktion betrachten die Kapitel drei und vier wesentliche Prozesse der Innovationsprozeßkette. Am Beispiel der Weiterentwicklung eines Getriebes werden im dritten Kapitel Methoden und Verfahren zur Qualitätsplanung dargestellt. Anhand der Kundenanforderungen wurden mittels der Methode Quality Function Deployment (kundengerechte Produkt- und Produktionsentwicklung) schrittweise die Anforderungen an das Produkt und die beteiligten Produktionsprozesse geplant.

Das vierte Kapitel betrachtet im Sinne einer Qualitätslenkung Störungen und Fehler in der Getriebeproduktion und Instandhaltung. Zunächst werden hierzu entsprechende Begriffe und Zusammenhänge erläutert. Im weiteren stellt das Kapitel Vorgehensweisen zum Erfassen und Analysieren von Störungen und Fehlern vor. Am Beispiel der Getriebeproduktion wird ein Auswertverfahren beschrieben.

Das fünfte Kapitel greift den Gedanken der Betrachtung von Prozeßketten im Unternehmen aus Sicht der Produktion erneut auf. Die eingangs in Kapitel 2 diskutierten Prozeßkettenmodelle werden nun am Beispiel einer modernen segmentierten Produktionsorganisation weiter präzisiert.

Hierauf aufbauend, beschreibt das sechste Kapitel umfangreiche Maßnahmen zur Null-Fehler-Produktion. Es werden insgesamt fünf Prozeßketten mit ihren spezifischen Problemfeldern betrachtet. Wesentliche Themen dieses Kapitels sind integrierte Verfahren zur Qualitätsplanung und -lenkung, Fertigungssystemplanung, sicheren NC-Programmierung, Vermeidung menschlicher Fehlhandlungen an Werkzeugmaschinen, Instandhaltung/Verwaltung von Betriebsmitteln und Werkzeugen und Rückführung von Felddaten aus der Instandhaltung.

2 Grundlagen und Prinzipien zur Null-Fehler-Produktion

K. JESCHKE

2.1 Definition der Null-Fehler-Produktion

Ständig wachsende und neuartige Anforderungen an die industrielle Produktion erfordern präventive, integrierte Strategien zur Null-Fehler-Produktion. Bereits in den 60er Jahren wurden von Philip Crosby Null-Fehler-Programme propagiert /CRO79/. Unter dem Aspekt der Einsparung von Kosten zielte sein Programm auf eine fehlerfreie Produktion ohne Ausschuß und Nacharbeit ab. Hierzu forderte er fehlerfreie Produkte nach jedem Prozeßschritt. Unter dem Aspekt einer präventiven Qualitätssicherung zielen moderne Strategien des Qualitätsmanagements nicht nur hierauf ab, sondern bereits im Vorfeld der Produktion auf fehlerfreie und damit sichere Prozesse /KAM94, WES 91/. Dies führt zu einiger Verwirrung bei der Definition einer Null-Fehler-Produktion, da fehlerhafte und damit unsichere Prozesse meist Störungen und damit nicht unbedingt Fehler in der Produktion zur Folge haben. Werden z.B. Fehler in NC-Programmen bereits vor oder während der Bearbeitung entdeckt, so spricht man von einer Störung des Prozesses. Übersieht man jedoch die „fehlerhaften" Informationen oder Betriebsmittel, so treten zwangsläufig Produktfehler auf, die im Rahmen der Teileprüfung entdeckt werden, Bild 2.1. Im Sinne moderner präventiver Strategien wäre daher eigentlich eine Null-Fehler-Produktion ohne Störungen zu fordern. Diese merkwürdige Bezeichnung weist auf Ungenauigkeiten beim Gebrauch der Begriffe Fehler und Störung hin.

- Ursachen-Wirkungen-Folgen betrachten und nicht Fehler, Störungen oder Schäden

Im üblichen Sprachgebrauch werden die Begriffe Abweichung, Fehler, Störung und Schaden sowohl zur Beschreibung von Ursachen, Wirkungen und Folgen verwen-

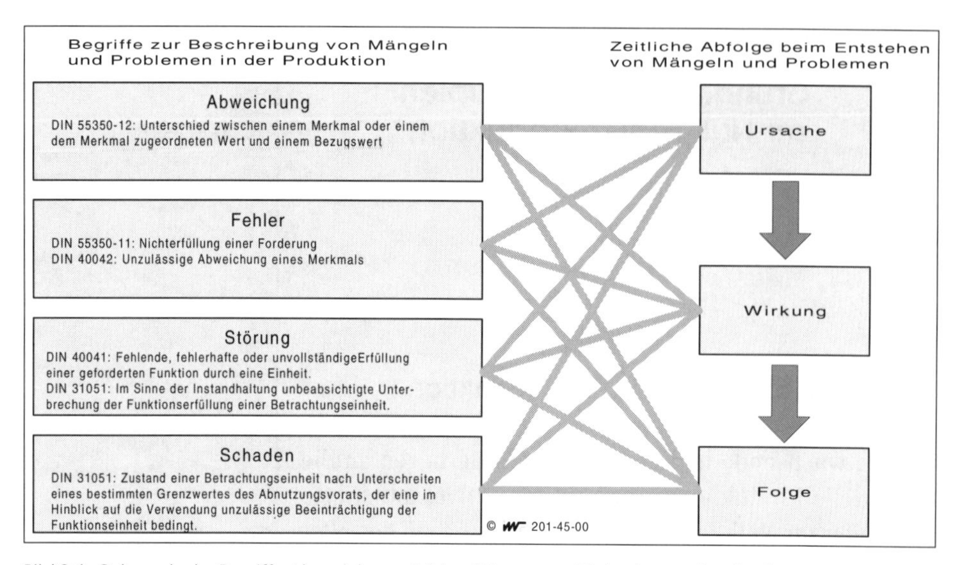

Bild 2.1: Gebrauch der Begriffe Abweichung, Fehler, Störung, und Schaden zur Beschreibung von Ursachen, Wirkungen und Folgen

det, Bild 2.1. Abweichungen und Fehler sind hierbei abstrakte Begriffe, die sowohl auf materielle als auch immaterielle Produkte angewendet werden können. Störung und Schaden beziehen sich auf die „Funktion" oder den „Abnutzungsvorrat" einer Betrachtungseinheit und sind daher eher materiellen Produkten zuzuordnen. Die Definition einer Null-Fehler-Produktion bleibt somit mit den obigen Begriffen, beim Anspruch einer präventiven Qualitätssicherung, unklar, wenn man nicht die Kausalkette Ursachen, Wirkungen und Folgen betrachtet.

- Abweichungsursachen vermeiden, Abweichungswirkungen entdecken, Abweichungsfolgen vermeiden

Zum Umsetzen von Null-Fehler-Produktionen sind Strategien erforderlich, die auf die gesamte Kausalkette der Ursachen, Wirkungen und Folgen von Abweichungen zielen. Oberstes Ziel einer Null-Fehler-Produktion ist es, Abweichungsursachen bereits vor der Leistungserstellung zu vermeiden. Dieses Ziel ist am schwierigsten von den in Bild 2.2 dargestellten Strategien zu verwirklichen, da die tatsächlichen Ursachen für Abweichungen meist nur mit hohem Aufwand analysiert werden können. Ein direkter Bezug zwischen einem entdeckten Fehler und der tatsächlichen Ursache ist häufig nicht nachvollziehbar. Maßnahmen zur Vermeidung von Ursachen betreffen daher grundlegende Faktoren eines Unternehmens, wie die Qua-

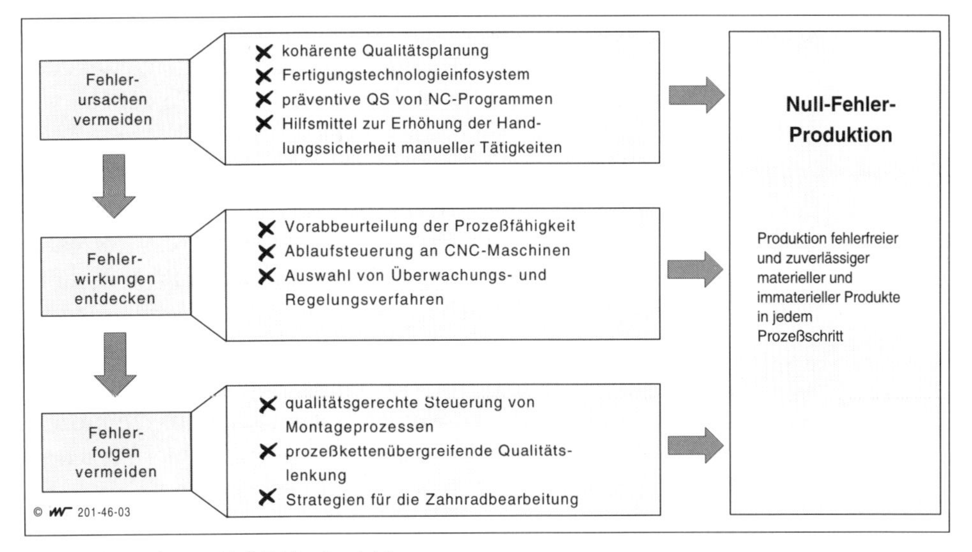

Bild 2.2: Strategien zur Null-Fehler-Produktion

lifikation und Motivation der Mitarbeiter, die Aufbau- und Ablauforganisation oder die Qualitätsfähigkeit der Betriebsmittel.

Zur Abweichungsvermeidung bieten sich Lösungen der Forschergruppe Null-Fehler-Produktion in der Prozeßkette an, die zur Systematisierung und Vereinfachung von menschlichen Handlungen führen. Im Rahmen einer kohärenten Qualitätsplanung können interne und externe Anforderungen zusammengeführt und für die Prozeßauslegung genutzt werden, um Abweichungen zu vermeiden. Die Planung von NC-Programmen wird durch ein Fertigungstechnologieinformationssystem FETIS unterstützt. Für den Bereich der externen Instandhaltung werden Verfahren zur Erhöhung der Handlungssicherheit entwickelt.

Zur Entdeckung von Wirkungen überprüfen die Mitarbeiter nach der Leistungserstellung materielle und immaterielle Produkte auf Abweichungen. Zur Überprüfung von Planungsergebnissen hat die Forschergruppe Verfahren zur qualitätsorientierten Bewertung von Technologieparametern am Beispiel des Präzisionsschmiedens von Zahnrädern entwickelt. Mit Hilfe einer Ablaufsteuerung an CNC-Maschinen und eines integrierten Informationsflusses zwischen NC-Programmierung und CNC-Bearbeitung werden Fehlhandlungen an Werkzeugmaschinen entdeckt. Darüber hinaus wurde ein Katalog zur zielorientierten Auswahl von Sensoren und Aktoren für die Prozeßüberwachung und -regelung entwickelt.

Durch die Korrektur oder Kompensation der entdeckten Abweichung können die Abweichungsfolgen vermieden werden. Bei einer Prozeßregelung erfolgt die Korrektur einer Abweichung unmittelbar im gleichen Prozeßschritt, in dem die Abweichung entdeckt wurde. Darüber hinaus sind Korrekturen in der gesamten Wertschöpfungsprozeßkette von der Vor- über die Endbearbeitung bis zur Montage denkbar. Hierzu wurden Systematiken für die prozeßkettenübergreifende Qualitätslenkung, Fehler-Ursachen-Analyse und die Montagesteuerung entwickelt.

- Ziel der Null-Fehler-Produktion

Bei Anwendung der obigen drei Strategien kann das Ziel einer Null-Fehler-Produktion: Produktion fehlerfreier und zuverlässiger materieller und immaterieller Produkte in jedem Prozeßschritt realisiert werden. Mit einer Null-Fehler-Produktion ist damit nicht nur die Auslieferung fehlerfreier und zuverlässiger Produkte an den Endkunden gemeint, sondern bereits im Unternehmen sind den Anforderungen entsprechende Produkte an den internen Kunden zu liefern. Hierzu gehört z.B. die Lieferung fehlerfreier Konstruktionszeichnungen der Konstruktion an die Fertigungsplanung oder die Darstellung von Marketing- und Vertriebsinformationen in einer für die Konstruktion weiterverwendbaren Art.

Diese Definition der Null-Fehler-Produktion schließt eine störungsfreie Produktion bzw. schadensfreie Produkte mit ein, da genau betrachtet, Prozeßstörungen oder Produktschäden die Wirkungen oder Folgen von fehlerhaften materiellen oder immateriellen Produkten interner Unternehmensprozesse sind. Null-Fehler-Produktion bedeutet damit gleichzeitig auch Null-Störungs-Produktion und Null-Schäden-Produktion.

2.2 Voraussetzungen zur Null-Fehler-Produktion

Die Betrachtung von Abweichungen ist eine wesentliche Voraussetzung zur Null-Fehler-Produktion. Hierdurch können potentielle Fehler bereits frühzeitig erkannt werden. Abweichungen kennzeichnen den Unterschied zwischen einem Merkmal und einem Bezugswert. Über- bzw. unterschreitet eine Abweichung die Grenzabweichung, so ist eine unzulässige Abweichung vorhanden, die schließlich als Fehler bezeichnet wird, Bild 2.3. Ziel im Rahmen einer Null-Fehler-Produktion muß das Erkennen von Abweichungen sein, die sich einer Grenzabweichung nähern. Somit können potentielle Fehler frühzeitig entdeckt und ihre Folgen vermieden werden /PFE93/.

- Abweichungen analysieren

Die Analyse von Abweichungen erfordert eine vorherige Spezifikation der Sollgrößen und deren zulässigen Grenzabweichungen. Die Spezifikationen sollten sich sowohl auf Prozeß- als auch Produktparameter beziehen. Hierzu ist eine systematische Qualitätsplanung der gesamten Prozeßkette erforderlich, Bild 2.4.

- Spezifikationen erstellen

Im Sinne interner Kunden-Lieferanten-Beziehungen zwischen Konstruktion und Produktion werden auf Basis der Produktparameter die Grobspezifikationen der Produktionsprozesse ermittelt. Diese sollten nicht nur die Prozeßparameter sondern auch die Handhabung von Werkzeugen, Vorrichtungen und Werkstücken beinhalten. Dabei sind sowohl externe als auch interne Anforderungen zu berücksichtigen /AKA92/.

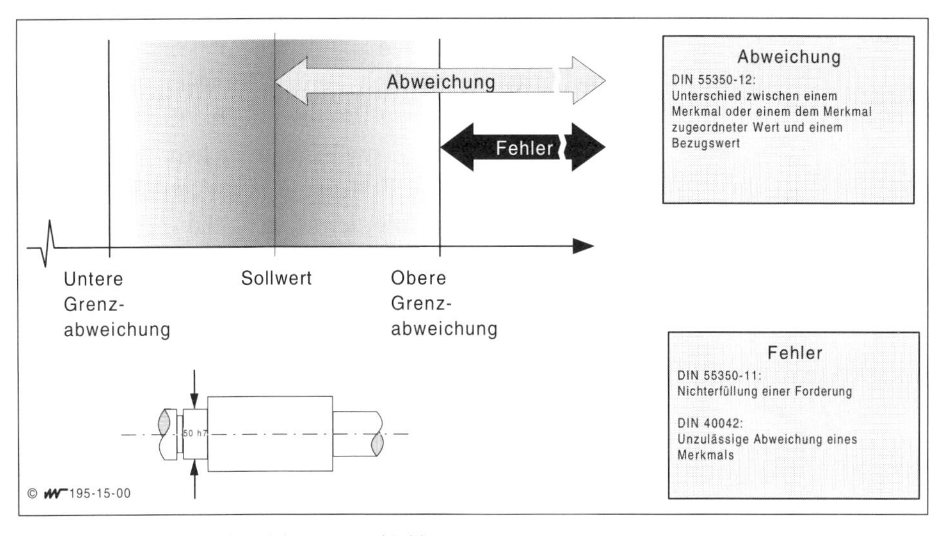

Bild 2.3: Definition von Abweichungen und Fehlern

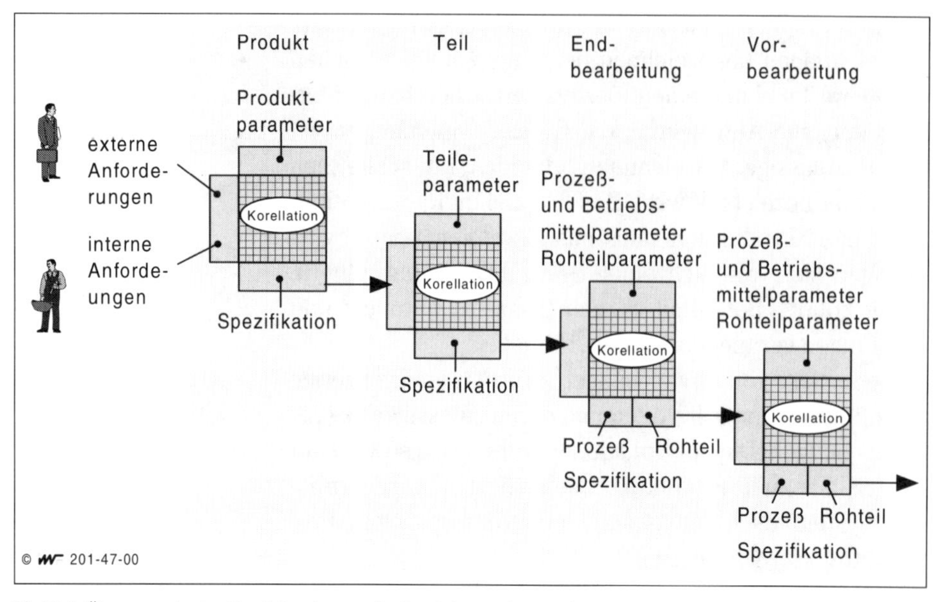

Bild 2.4: Übergeordnete-Qualitätsplanung für Produkt- und Prozeßparameter

Zu den externen Anforderungen zählen die Wünsche des Kunden sowie marktorientierte oder gesetzliche Rahmenbedingungen. Die internen Anforderungen ergeben sich aus den Erfahrungen der Mitarbeiter. Hierzu zählen z.B. Forderungen, die die Variantenvielfalt, die Komplexität oder die Prozeßsicherheit betreffen. Beide Anforderungsarten sollten zur Planung der Produktspezifikation genutzt werden. Auf dieser Basis können schrittweise die Spezifikationen für die Einzelteile ermittelt werden. Im weiteren sollte auf dieser Basis die gesamte Prozeßkette zur Herstellung des Teils geplant werden. Hierzu bietet es sich an, zunächst die Spezifikationen für die Endbearbeitung zu ermitteln. Hieraus ergeben sich die Anforderungen an die Vorbearbeitung und im weiteren an die vorgeschalteten Prozesse, z.B. bei Zulieferern von Rohmaterialien (Toleranzkanal).

2.3 Modelle zur Null-Fehler-Produktion

Mit Hilfe der zentralen, systematischen Qualitätsplanung einer gesamten Prozeßkette können dic Produkt- und Prozeßspezifikationen unter Berücksichtigung interner und externer Anforderungen grob geplant werden. Zur Feinplanung trägt eine dezentrale, prozeßbezogene Qualitätsplanung auf Ebene der Mikroprozeßkette bei, die unmittelbar vor der Bearbeitung maschinennah stattfindet. Die Feinplanung kann im Gegensatz zur Grobplanung kurzzeitige Störgrößen z.B. Maschinen- und Werkzeugverschleiß, Temperaturschwankungen, Konsistenz des Kühlschmiermittels oder Rohmaterialschwankungen berücksichtigen, Bild 2.5.

- Mikroprozeßkettenmodell zur Null-Fehler-Produktion

Die Soll-Größen der Qualitätsplanung auf der Ebene der Mikroprozeßkette beziehen sich auf Produkt- und Prozeßparameter. Entsprechend der Strategie Abweichungsursachen vermeiden können durch die Vorgabe günstiger – d.h. hinsichtlich Störgrößen robuster – Prozeßparameter potentielle Abweichungen des Produktes von den Soll-Größen vermieden werden. Zur Erkennung von Handhabungsfehlern können Identifikationsssyteme und Sensoren eingesetzt werden. Die Überwachung von Betriebsmitteln unterstützen Maschinendiagnose- und Werkzeugüberwachungssysteme.

Zur Umsetzung der Strategie Abweichungswirkungen entdecken verfügt das Prozeßmodell über Systeme zur Prozeßüberwachung. Diese beziehen sich sowohl auf Prozeß-

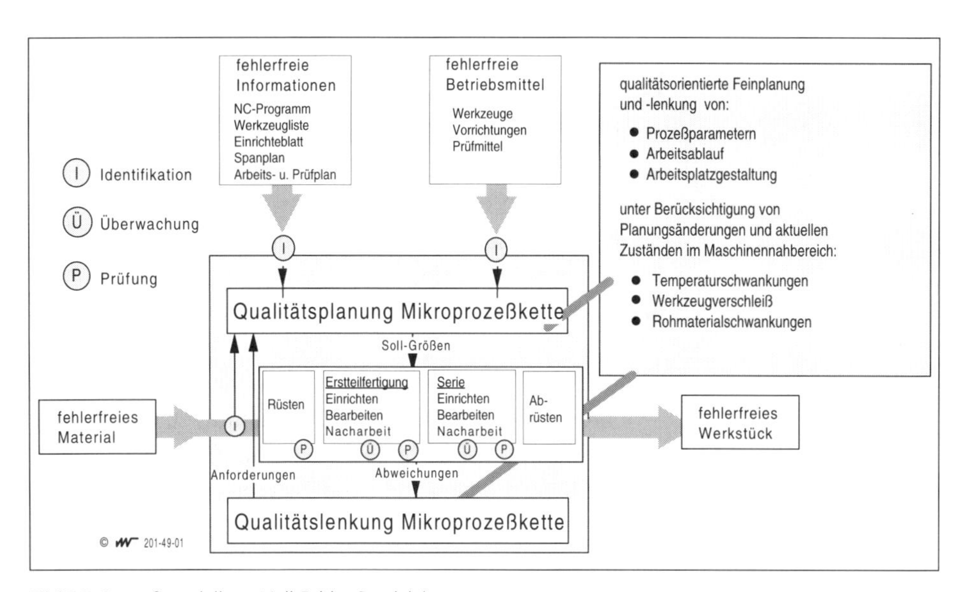

Bild 2.5: Prozeßmodell zur Null-Fehler-Produktion

als auch Produktparameter. Abweichungen von den Spezifikationen können somit erkannt werden. Nach der Bearbeitung erfolgt die Prüfung des Produktes. Auch hier werden eventuelle Abweichungen erkannt. Im Rahmen einer Qualitätslenkung wird operativ und dezentral auf vorhandene Abweichungen reagiert, um Folgen zu vermeiden. Hierbei steht im Vergleich zur später beschriebenen, strategischen übergeordneten Qualitätslenkung die schnelle Korrektur bzw. Kompensation von Abweichungen im Vordergrund.

Das Prozeßmodell zur Null-Fehler-Produktion wendet jede der drei Strategien zur Null-Fehler-Produktion an. Es wird auf eine Eingangsqualitätsprüfung von Rohmaterialien, Informationen oder Betriebsmitteln verzichtet. Hier erfolgt lediglich eine Identifikation, die im Rahmen der Prozeß-Qualitätsplanung genutzt wird. Die Identifikation von Werkzeugen ermöglicht es, ein maschinenspezifisches Verhalten des Werkzeugs zu berücksichtigen. Hierdurch steigt die Planungsqualität und die Strategie Abweichungsursachen vermeiden wird nachhaltig unterstützt.

- Makroprozeßkettenmodell zur Null-Fehler-Produktion

Die Null-Fehler-Produktion sollte sich nicht auf die Optimierung isolierter Prozesse beschränken. Durch die Betrachtung von Makroprozeßketten ergeben sich weiterführende Ansätze zur Umsetzung der Strategien, Bild 2.6.

Bei der Betrachtung von Prozeßketten wird die Hauptaufgabe Erfüllung der Kundenanforderungen untergliedert in Teilaufgaben zur Bearbeitung eines Auftrages oder zur Produkt- bzw. Unternehmensinnovation /EVE95/. Jede Teilaufgabe wirkt mit einem definierten Produkt an der Erfüllung der Hauptaufgabe mit. Die Teilaufgaben bilden die Prozesse der Prozeßkette und verfügen über die bereits oben beschiebenen Funktionen des Prozeßmodells zur Null-Fehler-Produktion. Die Betrachtung der Produktion als Prozeßkette ist Voraussetzung zur Realisierung von:

- Internen Kunden-Lieferanten-Beziehungen
- Schneller, dezentraler Qualitätsplanung und -lenkung auf Makroprozeßkettenebene zur kurzfistigen Korrektur von Abweichungen und Meldung von Anforderungen
- Langfristigen, übergeordneten Qualitätsplanung und -lenkung zur Korrektur von Abweichungen bei Produktneuentwicklungen und Optimierungen der Produktion

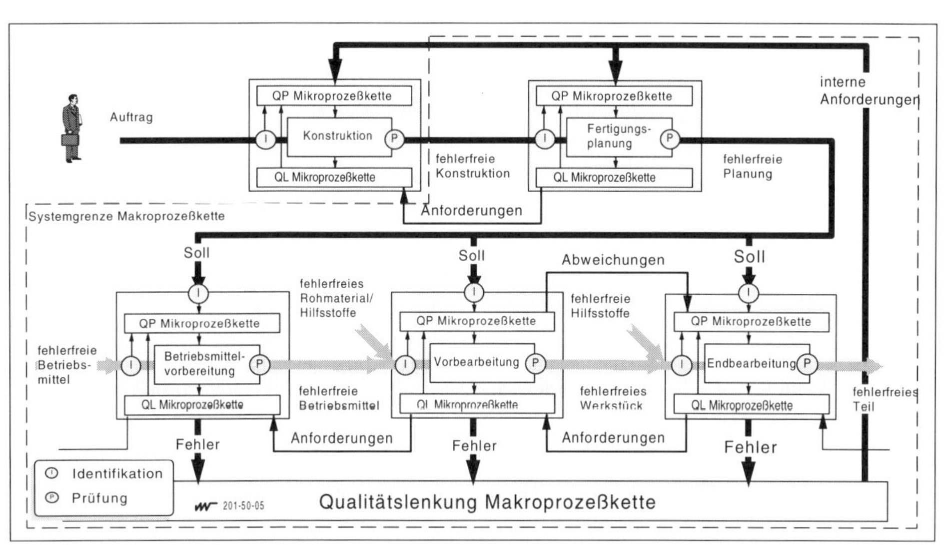

Bild 2.6: Modell zur Null-Fehler-Produktion in Prozeßketten

Die Betrachtung der Produktion als Prozeßkette ist die Voraussetzung zur Identifikation von internen Kunden-Lieferanten-Beziehungen. Als Kunde wird hierbei jeweils der nachgeschaltete Prozeß in der Prozeßkette gesehen. Der Kunde definiert mit seinen internen Anforderungen die Qualitätsmerkmale und deren Sollgrößen des Lieferanten. Durch interne Kunden-Lieferanten-Beziehungen steigt die Transparenz und die Zusammenarbeit im Unternehmen und die Eigenverantwortung der Mitarbeiter wird gestärkt. Diese Effekte tragen zur Realisierung der Strategie Abweichungsursachen vermeiden bei.

Dezentrale Qualitätsregelkreise haben eine kurzfristige und schnelle Qualitätsregelung in der Prozeßkette zum Ziel. Hierzu werden Abweichungen, die in Nachfolgeprozessen korrigiert werden können, weitergemeldet. Treten z.B. in einer Vormontage Probleme auf, die innerhalb der Taktzeit des Bandes nicht gelöst werden können, so werden diese an den nachgeschalteten Prozeß gemeldet und dort korrigiert. Zur kurzfistigen Verbesserung der Prozesse werden die Anforderungen des Kunden an den Lieferanten in der Prozeßkette gemeldet. Diese Anforderungen finden Berücksichtigung in der Qualitätslenkung auf Ebene der Makroprozeßketten und tragen somit zur kurzfristigen Optimierung der Prozesse bei. Dezentrale Qualitätsregelkreise unterstützten die Strategie Abweichungsfolgen vermeiden und minimieren die Totzeiten bei der Behebung von Abweichungsursachen.

Zur langfristigen, kontinuierlichen Verbesserung werden die Funktionen der Qualitätsplanung und der übergeordneten Qualitätslenkung eingesetzt. Hierdurch sollen strategische Potentiale zur Steigerung der Effizienz erschlossen werden. Die übergeordnete Qualitätslenkung greift hierzu auf die Daten der Qualitätslenkung auf Makroprozeßkettenebene zu und analysiert Fehler-Ursachen in der gesamten Prozeßkette. Als Beitrag für die übergeordnete Qualitätsplanung formuliert die übergeordnete Qualitätslenkung interne Anforderungen. Diese werden, wie bereits beschrieben, zur langfristigen Qualitätsplanung von Produkten und Produktionssystemen genutzt. Somit besteht die Basis für eine systematische, langfristige Optimierung von Produkten und Produktionen, um Abweichungsursachen zu vermeiden /JES95/.

- Problemstellungen bei der Optimierung von Produktionen bis zur Null-Fehler-Produktion

Die langfristige Qualitätslenkung und -planung hat eine Optimierung der Produktion bis zur Null-Fehler-Produktion zum Ziel. Dieser Prozeß erfordert eine Vielzahl technisch organisatorischer Maßnahmen, wobei zwischen Maßnahmen zur Vermeidung systematischer und zufälliger Abweichungen unterschieden werden muß, Bild 2.7.

Systematische Abweichungen treten häufig zu Beginn des Produktionsanlaufes auf. Man erkennt sie an einzelnen Fehlerarten, die mit hohen Fehlerhäufigkeiten und geringen Schwankungen auftreten. Sie sind häufig auf mangelhafte Planungen oder Konstruktionen zurückzuführen. Bei der Ermittlung von Verbesserungsmaßnahmen können die Ursachen der systematischen Abweichungen mit vertretbarem Aufwand ermittelt werden. Daher werden systematische Abweichungen in der Regel schnell beseitigt. Ihre Häufigkeit nimmt bei fortschreitender Produktion ab /JUR88/.

Neben den systematischen Abweichungen existieren zufällige. Zufällige Abweichungen treten während des Produktionsanlaufes meist seltener auf. Aufgrund der Reduzierung der systematischen Abweichungen während des Produktionsanlaufs steigt der Anteil der zufälligen Abweichungen an den gesamten Abweichungen mit der Zeit. Im

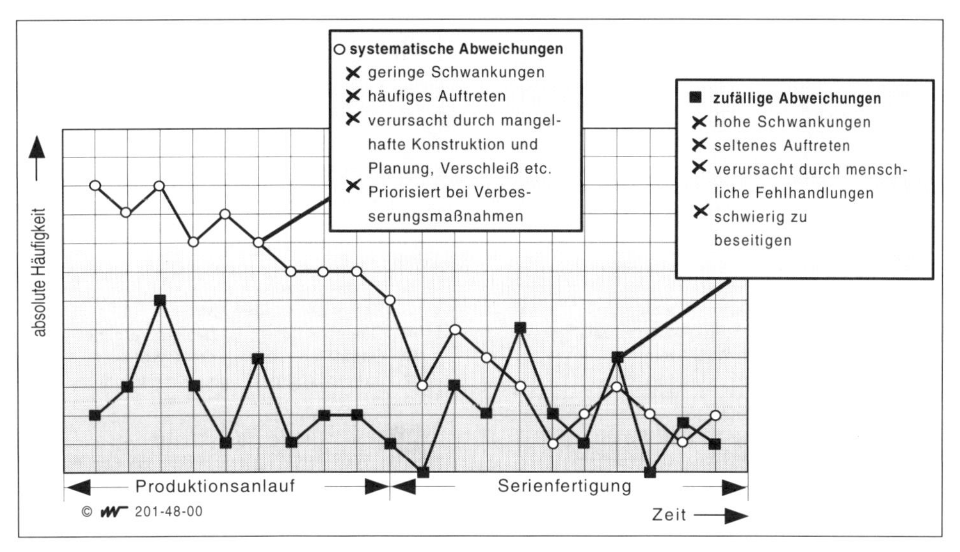

Bild 2.7: Kennzeichen zufälliger und systematischer Abweichungen in Serienfertigungen

Vergleich zu den systematischen Abweichungen ist die Schwankung der zufälligen Abweichungen weitaus größer. Die Ursachen für zufällige Abweichungen sind meist in menschlichen Fehlhandlungen zu suchen. Die Beseitigung der zufälligen Fehler ist eine große Herausforderung an die Null-Fehler-Produktion und erfordert grundlegende Maßnahmen zur Gestaltung der Produktion, Bild 2.8.

- Zufällige Fehler vermeiden

Durch die Verlagerung von Planungsaufgaben in die Werkstatt sowie durch Qualitätsplanung und -lenkung lassen sich Ursachen zufällige Fehlerursachen vermeiden /JES95/. Im Rahmen der NC-Programmierung ist in der Regel die Arbeitsteilung sehr ausgeprägt. Meist werden NC-Programme zentral erstellt und dezentral genutzt. Dies erschwert die schnelle und dauerhafte Beseitigung von Fehlern. Es ist daher eine intensive Kommunikation zwischen NC-Programmierung und Bearbeitung anzustreben. Hierzu sollte die NC-Programmierung zentral in der Fertigung, zum Beispiel innerhalb eines Leitstandes, angeordnet werden. Mängel in NC-Programmen sollten gemeinsam von NC-Programmierer und Werker behoben werden. Bei einer zu erwartenden Wiederholteilfertigung sind Änderungen des NC-Programms auch im Quellcode durchzuführen. Die geänderten Programme sollten in die

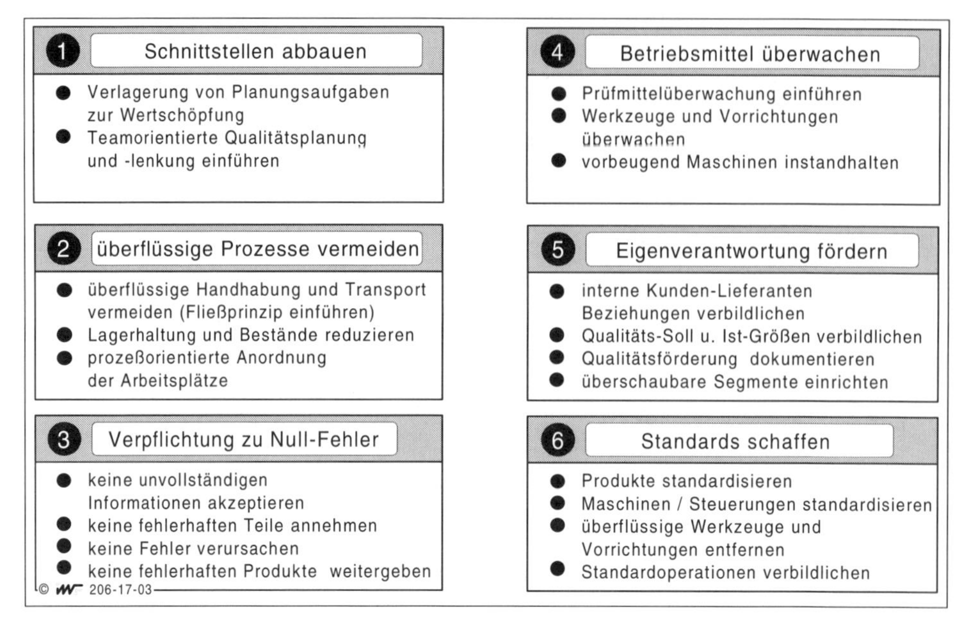

Bild 2.8: Maßnahmen zur Vermeidung von zufälligen Fehlern

NC-Programmverwaltung aufgenommen werden. Oft müssen hierbei Randbedingungen, beispielsweise die Steifigkeit einer Vorrichtung, oder geänderte Werkzeugbezugspunkte mit betrachtet werden. Die festgestellten Mängel sollten als Anforderungen der Fertigung an die NC Programmierung aufbereitet werden, um bei erneuter NC-Programmierung Abweichungsursachen zu vermeiden. Dies setzt entsprechende Vermerke in den Maschinen, Werkzeug- und Vorrichtungskarteien bzw. -dateien voraus.

Durch eine materialflußgerechte Gestaltung der Werkstatt können überflüssige Prozesse, wie Handhabungs- und Transportvorgänge vermieden werden. Meist reicht hierzu die Einführung des Fließprinzips sowie eine prozeßorientierte Anordnung der Arbeitsplätze aus. Die Mitarbeiter sollten zudem zur Null-Fehler-Produktion verpflichtet werden. Dies bedeutet, daß keine unvollständigen Informationen akzeptiert werden, keine fehlerhalten Teile angenommen, verursacht oder weitergegeben werden /SUZ 94/.

Zum sicheren Steuern von Schnellschüssen kann ein Fertigungsleitstand eingerichtet werden, der ebenso wie die NC-Programmierung zentral in der Fertigung angesiedelt ist. Leitsysteme sind operativ steuernde und regelnde Systeme im werkstattnahen Bereich. Sie ergänzen mit ihren administrativen und dispositiven Funktionen die vorgelagerten Produktionsplanungs- und -steuerungs(PPS)-Systeme bezüglich der Auftragsabwicklung in der Fertigung. Sie machen Simulationen, Kurzfristumplanungen aufgrund geänderter Randbedingungen in der Fertigung oder differnzierte Verfügbarkeitsprüfungen möglich.

Fehler und Störungen als Folgen mangelhafter Betriebsmittel lassen sich bei einer umfassenden Werkstattsteuerung durch Systeme zur Betriebsmittelverwaltung und -überwachung vermeiden. Diese Systeme verwalten Betriebsmittel über den gesamten Einsatzkreislauf. Voraussetzung dafür sind das Erfassen und das eindeutige Kennzeichnen aller Maschinen, Werkzeuge, Vorrichtungen und Prüfmittel. Zusätzlich zum Zweck sowie zur Objekt- und Technologiebeschreibung sollte eine Einschätzung der Qualitätsfähigkeit eines Betriebsmittels in das System aufgenommen werden. Hierzu gehören festgestellte Probleme bei der Handhabung oder Mängel bei der Bearbeitung durch zu großen Verschleiß. Zur qualitätsorientierten Überwachung sollten Verfahrens- und Arbeitsanweisungen mit Überwachungsterminen und Verantwortlichkeiten festgelegt werden. Dies gilt vor allem für die Instandhaltung von Maschinen und Anlagen. Die verantwortlichen Mitarbeiten sollten auf einer Informationstafel direkt an der Maschine benannt werden.

Standards tragen dazu bei, die Komplexität der Produktion zu vermindern /AUT93, JESC95/. Sie helfen, zufällige menschliche Fehlhandlungen auszuschließen. Probleme bei der NC-Programmierung können durch Standardisierung der Maschinensteuerungen vermieden werden. Hier entfallen Fehlerpotentiale durch vereinheitlichte Maschinenkoordinatensysteme oder durch die universelle Verwendbarkeit von steuerungsspezifischen Programmen. Zur Vermeidung von Handhabungsfehlern sollten arbeitsplatzspezifische Prozeßablaufpläne genutzt werden. Im Prinzip sind diese Pläne verbildlichte Arbeitsanweisungen für Standardoperationen, in denen potentielle Fehlerquellen gesondert ausgewiesen werden. Die Prozeßablaufpläne werden laufend überprüft und um neue Erkenntnisse und Verbesserungen ergänzt /WES95/.

2.4 Modell einer segmentierten Null-Fehler-Produktion

Eine prozeßorientierte Organisation der gesamten Produktion hat große Vorteile /WES94/. Um die Komplexität der Organisation zur beherrschen wurden Konzepte einer modularen Fabrik entwickelt /WAR93/. Segmente sind eigenständige Bereiche eines Unternehmens, die nach Gesichtspunkten der Technologie oder der Produkte und Märkte ausgerichtet sein können, Bild 2.9.

Im Vergleich zur traditionellen Produktionsorganisation nach Technologien, Bild 2.10, steht bei der Segmentierung eine produkt- oder marktorientierte Fertigung im Vordergrund. Jedes Segment liefert fertige Produkte oder Teile und übernimmt hierfür die Verantwortung für Termin, Qualität und Kosten. Die Verantwortung der Mitarbeiter in einer segmentierten Fertigung ist damit ungleich höher als in einer traditionellen Produktionsorganisation. Fertigungssegmente werden prozeßorientiert nach dem Flußprinzip gestaltet.

- Dezentralisierung durch Segmente

Der Vorteil einer segmentierten Fertigung, aus Sicht der Null-Fehler-Produktion, liegt zunächst einmal in der Transparenz der Abläufe bei der Auftragsbearbeitung. Hierzu tragen das Flußprinzip und das Kunden-Lieferanten-Prinzip wesentlich bei, wodurch der Aufwand zur unternehmensweiten Qualitätsplanung und -lenkung erheblich gesenkt werden kann und die Eigenverantwortung der Mitarbeiter gefördert wird. Zur Null-Fehler-Produktion ist die segmentierte Fertigung jedoch weiterzuentwickeln, um Abweichungsursachen zu vermeiden, Abweichungswirkungen zu entdecken und ihre Folgen zu vermeiden. Die Segmente müssen die Fähigkeit entwickeln zu lernen, ihre Qualität den Anforderungen anzupassen. Zur Optimierung der Lerngeschwindigkeit sind hierzu Regelkreise mit geringen Totzeiten zu entwickeln, die in kürzester Zeit zu den richtigen Maßnahmen führen. Das erarbeitete Wissen muß strukturiert erfaßt und verwaltet werden, um bei Planungsaufgaben neue Fehler- und Störungspotentiale zu vermeiden. Diese Regelkreise sind möglichst nah an der wertschöpfenden Tätigkeit auszurichten. Dabei sollten Informationsverluste an organisatorischen Schnittstellen soweit wie möglich vermieden werden.

Zum Erreichen dieser Ziele werden in jedem Segment die Strategien und Methoden zur Null-Fehler-Produktion für Prozesse und Prozeßketten umgesetzt, Bild 2.11:

- Strategie 1: Abweichungsursachen vermeiden
  - Übergeordnete Qualitätsplanung
  - Interne Kunden-Lieferanten-Beziehungen in der Prozeßkette
  - Qualitätsplanung (Mikro- und Makroprozeßkette)
- Strategie 2: Abweichungen entdecken
  - Identifikation
  - Überwachung
  - Selbstprüfung
- Strategie 3: Abweichungsfolgen vermeiden
  - Übergeordnete Qualitätslenkung
  - Qualitätslenkung (Mikro- und Makroprozeßkette)

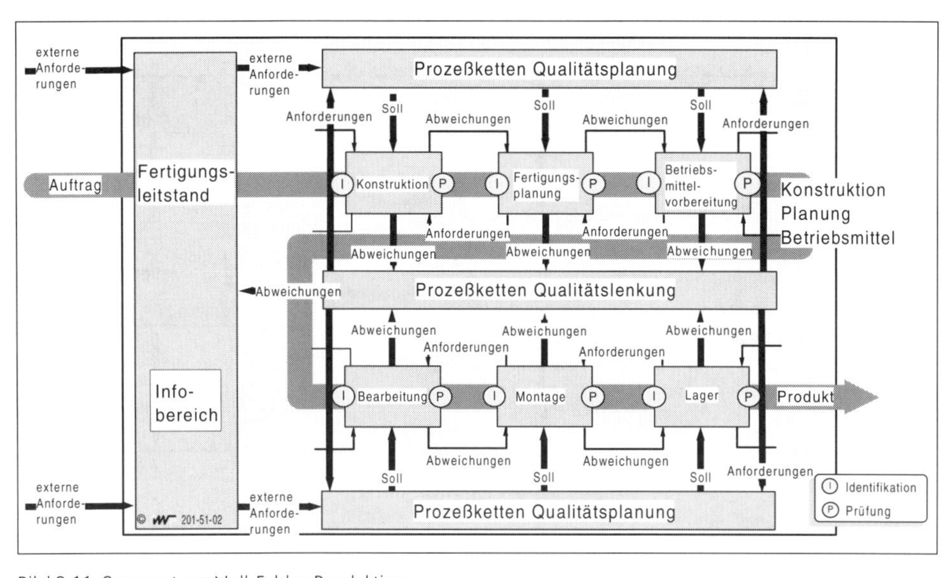

Bild 2.11: Segment zur Null-Fehler-Produktion

- Umsetzung der Null-Fehler-Strategien im Segment

Zur Umsetzung der Strategie „Abweichungsursachen" vermeiden verfügt das Segment über eine übergeordnete Qualitätsplanung und Qualitätsplanungen auf Ebene der Mikro- und Makroprozeßketten. Die übergeordnete Qualitätsplanung plant auf Basis der internen und externen Anforderungen grob die Spezifikationen der Teile, Prozeßparameter sowie Handhabung und Materialfluß. Die Spezifikationen werden schrittweise vom gesamten Produkt über die Teile und die Endbearbeitung bis zur Beschaffenheit des Rohmaterials geplant. Hierdurch werden die internen Kunden-Lieferanten-Beziehungen transparent und spezifiziert.

- Interne und externe Anforderungen berücksichtigen

Die externen Anforderungen werden vom Kunden des Segments vorgegeben und sollten den Liefertermin, den Zielpreis und die Zielqualität umfassen. Die internen Anforderungen ergeben sich aus den Analyseergebnissen der Qualitätslenkung. Bild 2.12 zeigt potentielle Anforderungen der Fertigung, die im Rahmen der Fertigungsplanung zu berücksichtigen wären. Sie sind das Resultat einer Teamarbeit zur strategischen Verbesserung der Produktion und zielen primär auf die Vermeidung von Abweichungsursachen ab.

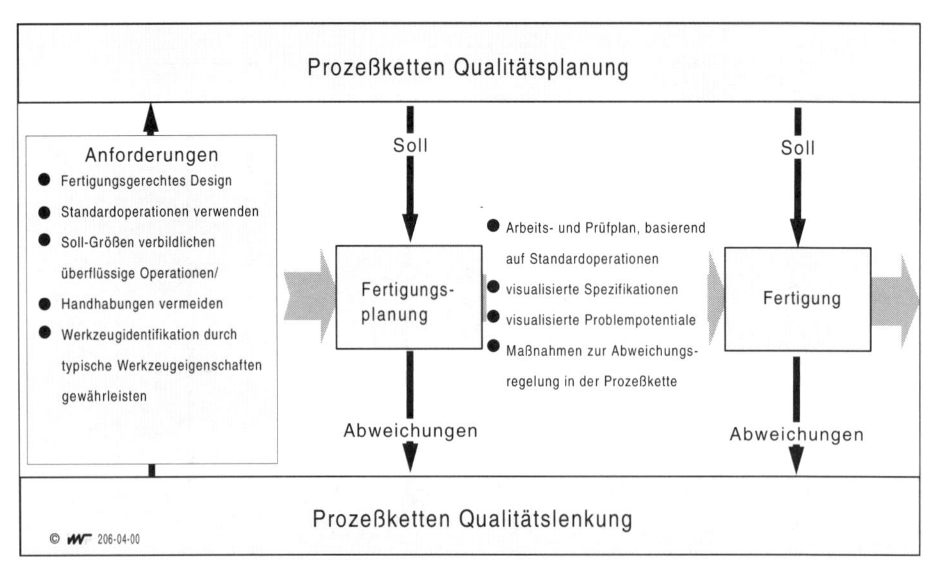

Bild 2.12: Interne Anforderungen der Fertigung an die Fertigungsplanung zur Vermeidung von Abweichungsursachen

Durch das Zusammenspiel der übergeordneten Qualitätsplanung und der Qualitätslenkung werden die Erfahrungen der Segmentmitarbeiter genutzt und die langfristige Lernfähigkeit des Segments gesichert.

Auf Basis der groben Sollgrößen aus der übergeordneten Qualitätsplanung führen die einzelnen Prozesse die Feinplanungen durch. Die Konstruktion plant die einzelnen Aktivitäten zur Produktentwicklung, um die Anforderungen externer Kunden (z.B. Zuverlässigkeit) und interner Kunden (Montagegerechtheit, Modulbauweise) zu erfüllen. Bei hohen Anforderungen an die Produktzuverlässigkeit kommen z.B. Prototypentests oder Simulationen in Betracht. Im Sinne einer Selbstprüfung prüft die Konstruktion ihre Ergebnisse selbst. Kunde der Konstruktion ist die Fertigungsplanung. Im Rahmen der Prozeß-Qualitätsplanung in der Fertigungsplanung werden die Aktivitäten zur sicheren Prozeßauslegung geplant. Hierbei kommen z.B. Versuche, Simulationen (NC-Programme), Erstteilfertigungen oder Prototypenserien in Betracht. Die Überprüfung der Planung erfolgt auch hier im Sinne einer Werkerselbstprüfung durch die Fertigungsplanung.

Zur Umsetzung der Strategie Abweichungen entdecken, verfügen alle Prozesse des Segments über Einrichtungen zur Identifikation und Prüfung von materiellen und immateriellen Produkten sowie zur Prozeßüberwachung. Zu Beginn der Konstruktion oder Fertigungsplanung werden alle auftragsbezogenen Informationen identifiziert. Häufig verwendet man hierzu sogenannte Auftragsmappen, die alle relevanten Informationen zusammenfassen.

- Unmittelbar nach der Leistungserstellung prüfen

Im Rahmen der Bearbeitung werden durch die Identifikation von Betriebsmitteln, Informationen und Materialien menschliche Fehlhandlungen z.B. Verwechslungen von Vorrichtungen, Materialien oder NC-Programmen entdeckt. Zur Teileidentifikation sollten typische Produkteigenschaften genutzt werden. Beispielsweise die Lage einer Bohrung oder das Schattenbild eines Teils.

Während der Leistungserstellung erfolgt die Überwachung der Betriebsmittel und Produkte. In der Konstruktion und Planung betrifft dies die Fehlerfreiheit von z.B. Simulations- und Berechnungsprogrammen. In der Teilebearbeitung und Montage werden die Betriebsmittel durch

Systeme zur Prozeßüberwachung und Maschinendiagnose überwacht. Eine Überwachung des Produktes erfolgt durch das maschineninterne Messen.

- Eigenverantwortliches Qualitätsmanagement

Im Sinne der Selbstprüfung obliegt jedem Prozeß die Prüfung des von ihm erzeugten materiellen oder immateriellen Produktes. Die Prüfung erfolgt anhand der Spezifikationen aus der übergeordneten Qualitätsplanung. In Planungsprozessen werden z.B. Simulationen durchgeführt oder Analysemethoden des Qualitätsmanagements (z.B. Fehler-Möglichkeits- und Einfluß-Analyse FMEA) eingesetzt. In der Bearbeitung und Montage kommen Teile- und Funktionsprüfungen zum Einsatz.

Die Identifikation, Überwachung und Prüfung findet jeweils innerhalb der Systemgrenzen der einzelnen Prozesse statt. Lediglich beim Auftreten von Abweichungen oder bei der Formulierung von Anforderungen erfolgt die Kommunikation in der Prozeßkette. Zur kurzfistigen Qualitätsregelung werden hierbei – entsprechend dem Kan-Ban-Prinzip – Abweichungen und Anforderungen in der Prozeßkette weitergemeldet. Dies geschieht durch die direkte Kommunikation der jeweils betroffenen Mitarbeiter. Bei den Lösungen steht die kurzfristige Behebung von Abweichungen im Vordergrund, um Abweichungsfolgen zu vermeiden.

Zur Erschließung langfristiger Verbesserungspotentiale werden Abweichungen an die übergeordnete Qualitätslenkung gemeldet. Sie hat zum Ziel Abweichungsursachen zu analysieren und interne Anforderungen an die übergeordnete Qualitätsplanung zu formulieren. Häufig fällt es schwer, die realen Abweichungsursachen zu ergründen, da entweder der Zeitraum zwischen der Abweichungsentstehung und der -entdeckung zu lang ist oder die Umstände beim Auftreten einer Abweichung nicht rekonstruierbar sind.

Zur effizienten Analyse von Abweichungsursachen empfiehlt sich daher eine teamorientierte Vorgehensweise, in der Abweichungen und Prozesse grob korelliert werden. Durch die Korellation erhält man Hinweise für eine detaillierte Untersuchung einzelner Prozesse. Ergebnis der Detailanalyse sind Maßnahmen zur langfristigen Verbesserung die sich in Anforderungen an die Qualitätsplanung äußern.

Literaturverzeichnis

AKA92 Akao, Y.: QFD, Verlag Moderne Industrie, Landsberg/Lech, 1992
AUT93 Autorengruppe: Einfach überlegen, Schäfer-Poeschel, Stuttgart, 1993
CRO79 Crosby, P.: Quality is Free, McGraw-Hill Book Company, New York / NY / USA 1979
EVE95 Eversheim, W. (Hrsg.): Prozeßorientierte Unternehmensorganisation, Springer-Verlag, Berlin, New York, Tokyo, 1995
JES95 Jeschke, K.: Erfahrungen einbringen und effizient nutzen, Design & Elektronik, Heft 22, 1995, S. 22 – 25
JESC95 Jeschke, A.: Standardisierung komplexer Baugruppen, ZwF-CIM, Heft 1, 1995, S. 48-51
JUR88 Juran, J.M.: Quality Control Handbook, 4. Auflage, Mc-Graw-Hill Book Company, New York / NY / USA 1988
KAM94 Kamiske, G.F. (Hrsg.): Die hohe Schule des Total Quality Managements, Springer-Verlag, Berlin, New York, Tokyo, 1994
PFE93 Pfeifer, T.: Qualitätsmanagement, Hanser, München, Wien, 1993
SUZ94 Suzaki, K.: Die ungenutzten Potentiale, Hanser-Verlag, München, Wien, 1994
WAR93 Warnecke, H.-J.: Revolution der Unternehmenskultur, Springer-Verlag, Berlin, New York, Tokyo, 1993
WES91 Westkämper, E. (Hrsg.): Integrationspfad Qualität, erschienen in der Buchreihe der CIM-Fachmann, Springer, TÜV Rheinland, Berlin; Heidelberg; Köln, 1991
WES94 Westkämper, E.: Eigenverantwortung, Sonderteil Zertifizierung in Hanser Fachzeitschriften, 4/94
WES95 Westkämper, E., Jeschke, K.: Maßnahmen zur Null-Fehler-Produktion im Maschinenbau, VDI-Z, 137 (1995), Nr. 3/4, S. 84 – 87

3 Kundenanforderungen an Produkt und Prozesse

A. KWAM,
B. SCHRÖDER und
B. STERRENBERG

In diesem Kapitel wird die kundenorientierte Produkt- und Prozeßplanung mittels der Methode des Quality Function Deployment (QFD) erläutert. Dafür werden in einem ersten Teil Verfahren zur Ermittlung der Kundenanforderungen dargestellt. Der zweite Teil widmet sich der Beschreibung der QFD-Methode. Entsprechend den im Kapitel 2 beschriebenen Prinzipien der Null-Fehler-Produktion werden in einem dritten und letzten Teil, am Beispiel eines Referenzproduktes, Maßnahmen zur Null-Fehler-orientierten Umsetzung der Kundenanforderungen in Produkt- bzw. Fertigungsmerkmale lange vor Serienanlauf erörtert. Ein wichtiger Punkt dieses Teils ist (nach dem Grundsatz des kontinuierlichen Verbesserungsprozesses) die Ergänzung und Aktualisierung der Anforderungen durch Informationsrückfluß aus den kundennahen Bereichen. Dieses wird am Beispiel des Zusammenwirkens zwischen Qualitätsplanung und Produktinstandhaltung verdeutlicht.

3.1 Verfahren zur Ermittlung der Kundenanforderungen

Die Ermittlung der Kundenanforderungen mit Hilfe der Marktforschung ist Aufgabe des Marketings. Nur durch eine intensive Marktforschung kann ein Einblick in die Vorstellungen und Meinungen der potentiellen Kunden gewonnen werden. Dabei ist neben der vollständigen Erfassung der Kundenanforderungen ebenso ihre richtige Bewertung erforderlich, um bei der Ausarbeitung der Produktmerkmale die Schwerpunkte korrekt setzen zu können.

• Sekundär- und Primärerhebung der Kundenanforderungen

Innerhalb der Marktforschung wird unterschieden zwischen Sekundär- und Primärerhebungen (Bild 3.1). Bei der Sekundärerhebung wird auf vorhandenes Informationsmaterial zurückgegriffen während sich die Primärerhebung auf die Ermittlung bislang unbekannter Anforderungen richtet.

Die bei der Durchführung einer Sekundärerhebung wichtigsten Quellen sind neben dem innerbetrieblich anfallenden Datenmaterial, amtliche Statistiken sowie Veröffentlichungen von Fachverbänden, Forschungsinstituten usw..

Die Sekundärerhebung steht, aufgrund des geringeren Arbeitsaufwandes, eigentlich immer am Anfang einer umfassenden Marktanalyse. Erst wenn die sekundären Informationsquellen ausgeschöpft sind, wird man sich der Primärerhebung bedienen. Die Ergebnisse der Sekundärforschung sind häufig der Ausgangspunkt für eine weitergehende Primärerhebung. Sie dienen z.B. als Basis für die Auswahl der Erhebungsmasse.

• Erhebung der Kundenanforderungen durch Befragung und Beobachtung

Im Gegensatz zur Auswertung der sekundären Quellen liefern Befragungen und Marktbeobachtungen neue bislang unbekannte Informationen (Erstinformationen). Aufbauend auf den Ergebnissen der Sekundärerhebung werden mit der Primärerhebung ganz gezielt aktuelle Daten

Sekundärerhebung	Primärerhebung
Auswertung vorhandener Informationsmaterialien	Erfassung bislang unbekannter Anforderungen
❑ Firmenintern • persönliche Kontakte kundennaher Bereiche (Vertrieb, Kundendienst usw.) • Auftrag- und Umsatzstatistiken • Kundenbeanstandungen ❑ Firmenextern • Amtliche Veröffentlichungen • Wettbewerbsanalyse • Veröffentlichungen von Forschungsinstituten • Datenbanken	❑ Zeitlicher Umfang • Momentaufnahme (kurzzeitig) • Panelerhebung (permanent) ❑ Erhebungstechnik • Befragung (Interview Fragebögen ...) • Beobachtung (Analyse der Konkurenzprodukte, Beobachtung des Kaufverhaltens der Kunden, Beobachten der Kunden bei Produktnutzung...) • Conjoint-Analyse

Bild 3.1: Methoden und Techniken zur Erfassung der Kundenanforderungen

über die Marktsituation und die Marktteilnehmer ermittelt. Zum einen kann nach dem zeitlichen Umfang (Momentaufnahme und permanente Erhebung) der Erhebung und zum anderen nach der angewandten Erhebungstechnik (Befragung, Beobachtung) differenziert werden. Eine immer stärker eingesetzte Erhebungstechnik des Marketing ist die Conjoint-Analyse. Sie stellt eine Entscheidungshilfe dar, um den Nutzen der einzelnen Eigenschaftsausprägungen festzustellen /SIM94/.

3.2 Quality Function Deployment (QFD) als Werkzeug zur Null-Fehler-Produktion

Die QFD-Methode stellt ein wesentliches Element in der entwickelten Qualitätsplanungssystematik zur Null-Fehlerproduktion dar. Sie beschreibt systematische Ansätze zur schrittweisen sowie strukturierten Umsetzung von Kundenanforderungen und -erwartungen in meßbare bzw. qualitativ bewertbare Produkt- und Prozeßparameter.

Das Verfahren des Quality Function Deployment wurde ursprünglich in Japan entwickelt und erfuhr dort eine weite Verbreitung /PFE93/. Die Methode basiert darauf, das Erzielen der Qualität aus der nach der Fertigung angesiedelten „Inspektionsphase" in die Planungs- und Fertigungsphasen zu verlegen, also Qualität aktiv zu planen.

- Die Phasen des Quality Function Deployment zur Null-Fehler-Produktion

Unter Berücksichtigung des im Kapitel 2 vorgestellten Unternehmensmodells zur Null-Fehler-Produktion wurde der traditionelle Ablauf der QFD-Methode vereinfacht. Dieses Unternehmensmodell besteht aus einer segmentierten Produktionsorganisation, die sich allein auf die einzelnen Komponenten bezieht. Unter diesem Aspekt wurden in der vorliegenden Arbeit die QFD-Phasen III (Prozeßplanung) und IV (Produktionsplanung) in einer einzigen Phase (Fertigungsplanung) zusammengefaßt. Für die Qualitätsplanung zur Null-Fehler-Produktion wurden die folgenden drei Phasen Gesamtprodukt-, Komponenten- und Fertigungsplanung entwickelt (Bild 3.2).

In jeder der drei QFD-Phasen wird eine Tafel, das sogenannte House of Quality (Bild 3.3) ausgefüllt, die die Ergebnisse der einzelnen Planungsphase darstellt.

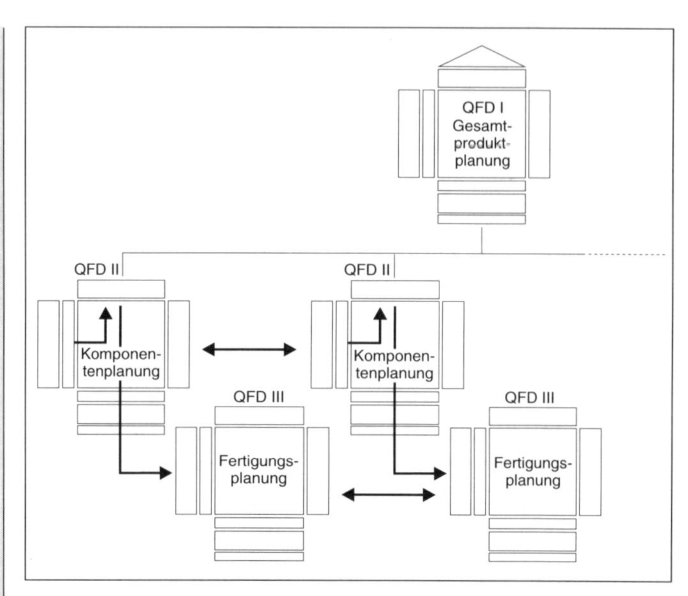

Bild 3.2: Die drei Qualitätsplanungsphasen zur Null-Fehler-Produktion

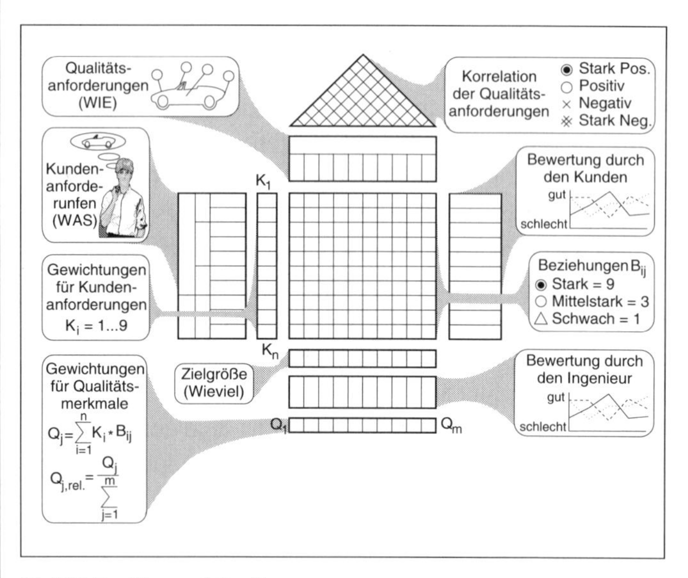

Bild 3.3: Das House of Quality

• Detaillierung der Informationen innerhalb der QFD-Tabelle

Im Verlauf des QFD-Prozesses gehen die Ergebnisse der vorherigen Tafeln als neue Eingabedaten bzw. neue Anforderungen in das Diagramm der nächsten Planungsphase über. Ausgehend von den Kundenanforderungen werden die aus jedem Tableau erhaltenen Informationen immer detaillierter, bis aus ihnen Arbeitsanweisungen abgeleitet werden können. Der Informationsfluß, der hierfür erforderlich ist, ergibt sich aus den Lösungen (WIE), die zu den Anforderungen (WAS) gefunden werden und den Vorgaben (WIEVIEL), die zu den jeweiligen Lösungen gemacht werden.

An dieser Stelle wird auf eine detaillierte Darstellung der QFD-Methode verzichtet. Eine umfassende Darstellung dieser Methode mit ihren unterschiedlichen Anwendungsfeldern bieten /AKA92/ und /PFE93/.

3.3 Null-Fehler-orientierte Umsetzung von Kundenanforderungen mittels Quality Function Deployment am Beispiel eines Getriebes

Quality Function Deployment ist eine bereichsübergreifende Methode, weshalb Mitarbeiter aus verschiedenen Abteilungen eines Unternehmens an der Planungsarbeit beteiligt werden müssen. An dem folgenden Beispiel haben Praktiker mitgearbeitet.

3.3.1 Vorstellung des Referenzproduktes

- Das Beispielprodukt

Als Referenzprodukt dient ein zweistufiges Industriegetriebe, das als Standgetriebe ausgeführt ist. Der Aufbau

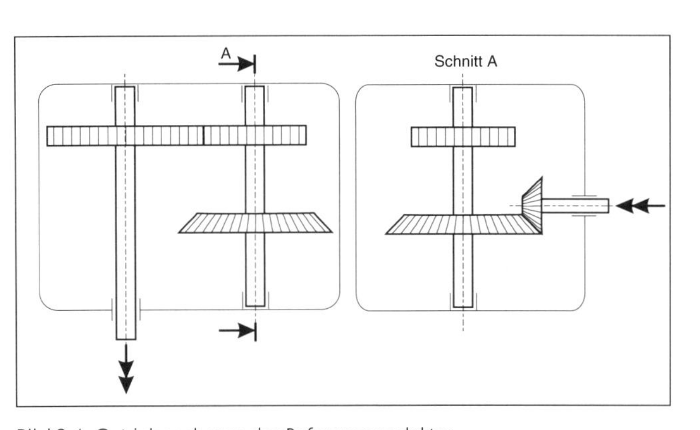

Bild 3.4: Getriebeschema des Referenzproduktes

des Getriebes (Bild 3.4) ist durch die Lage der Kegel bzw. Stirnradstufe gekennzeichnet. Die erste Stufe des Getriebes wird durch die Kegelradverbindung gebildet. In der zweiten Stufe wird der Kraftfluß durch die Stirnräder geschlossen.

Die Übersetzung des Getriebes ist nicht verstellbar, sie beträgt insgesamt $i_{ges} = 8{,}23$. Sie setzt sich zusammen aus der Übersetzung der Kegelradstufe mit $i_K = 3{,}45$ und der Übersetzung der Stirnradstufe mit $i_S = 2{,}38$.

Die technischen Einzelheiten des Referenzproduktes sind in den jeweiligen QFD-Tabellen (Abschnitt 3.3.4) wiedergegeben.

3.3.2 Kundenanforderungen an das Referenzprodukt

Die Bestimmung der Kundenanforderungen an das Referenzprodukt nach den oben vorgestellten Verfahren war im Rahmen der Forschergruppe nicht möglich, da das Marketing nicht beteilig war.

- Schwerpunkte der Kundenanforderungen für das Getriebe

Aufgrund vermuteter Kundenanforderungen wurden für den QFD-Planungsprozeß die Themenschwerpunkte Gebrauchstauglichkeit, problemlose Handhabung guter Ser-

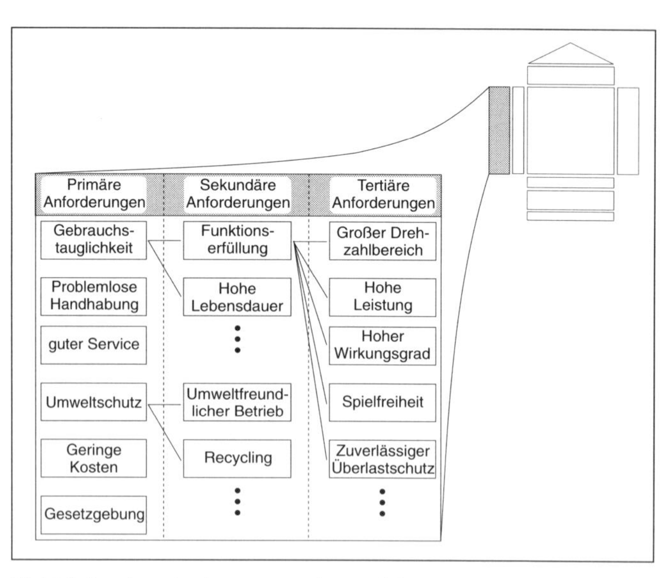

Bild 3.5: Kundenanforderungen an das Getriebe

vice, Umweltschutz, geringe Kosten und Gesetzgebung als primäre Forderungen (Bild 3.5) festgelegt.

Die Gebrauchstauglichkeit bezieht sich auf die sichere Funktionserfüllung und die hohe Betriebssicherheit, d.h., Verfügbarkeit des Getriebes. Zusammen mit der problemlosen Handhabung spiegeln diese Forderungen in erster Linie die Grunderwartungen, des Kunden an ein Industriegetriebe wider. Um so wichtiger ist die Erfüllung dieser Bedürfnisse, was sich in der Gewichtung der einzelnen Forderungen niederschlägt.

Zunehmende Bedeutung erlangt die Forderung nach der Umweltverträglichkeit der Produkte. Dies gilt sowohl für den Betrieb als auch für die Verwertung nach Nutzungsende. Hervorgehoben werden soll an dieser Stelle die geforderte geringe Geräuschentwicklung. Sie verdeutlicht die enge Verflechtung aus Kundenwünschen und gesetzlichen Vorschriften. Einerseits hat der Kunde selbst ein Interesse an einem leisen Getriebe, vor allem aber sind es immer strenger werdende Gesetzesvorschriften, die für eine solche Forderung zur höchstmöglichen Gewichtung führen.

Bei aller Konzentration auf die Technik eines solchen Produktes dürfen zwei wesentliche Faktoren, nämlich Kosten und Kundendienst nicht vergessen werden. Auf dem heute gegebenen Verdrängungsmarkt spielen diese Faktoren eine immer bedeutendere Rolle.

3.3.3 Ergänzung und Aktualisierung der Kundenanforderungen durch Informationsrückfluß aus der Produktinstandhaltung

Innerhalb des Lebenszyklusses eines Produktes stellt der Bereich seiner Instandhaltung einen dem eigentlichen Herstellprozeß nachgeordneten Vorgang dar. Die Produktinstandhaltung erfolgt im allgemein nach, in besonderen Fällen auch während der Nutzung.

Dieser Prozeß kann einen Beitrag zur Null-Fehler-Produktion leisten, wenn es gelingt, aus ihm aussagefähige, qualitätsrelevante Daten zu gewinnen. Abgesehen von einzelnen Bereichen, wie z.B. der Luftfahrt und z.T. der Automobilindustrie, wird dieser Beitrag derzeit nur unzureichend oder überhaupt nicht geleistet. Dabei fallen während der Instandhaltung Informationen an, die sowohl bei Sekundärerhebungen als auch bei Primärerhebungen (Kapitel 3.1) Eingang finden können. Auf diese Weise kann die handwerkliche Produktinstandhaltung einen Beitrag zur Ermittlung der Kundenanforderungen leisten.

- Kooperation zwischen Produktherstellern und -instandhaltern

Das Zusammenwirken von Produktherstellern und -instandhaltern stellt sich i. d. R. nicht wie eine klassische Prozeßkette dar, da die handwerklichen Instandhalter nicht in das Produktionssystem der Hersteller integriert sind. Die Inspektion, Wartung und Instandsetzung der Produkte eines Herstellers übernehmen im allgemein mehrere eigenständige Instandhaltungsbetriebe, die in Bezug auf Auftraggeber und Arbeitsorganisation völlig unabhängig voneinander tätig werden. Sie erhalten die für eine Instandhaltung erforderlichen Informationen normalerweise über eine schriftliche Instandhaltungsanleitung, die vom Service und Vertrieb der Hersteller verfaßt wurde. Normalerweise ist es nicht möglich, Informationen aus dem Instandhaltungsprozeß zu erfassen und an den Hersteller zurückzuführen.

- EDV-Unterstützung zur Rückführung der Qualitätsdaten aus der Produktinstandhaltung

Werden die für die Instandhaltung relevanten Informationen jedoch in einer von Instandhaltern akzeptierten Form auf EDV Basis vom Hersteller eines Produktes an-

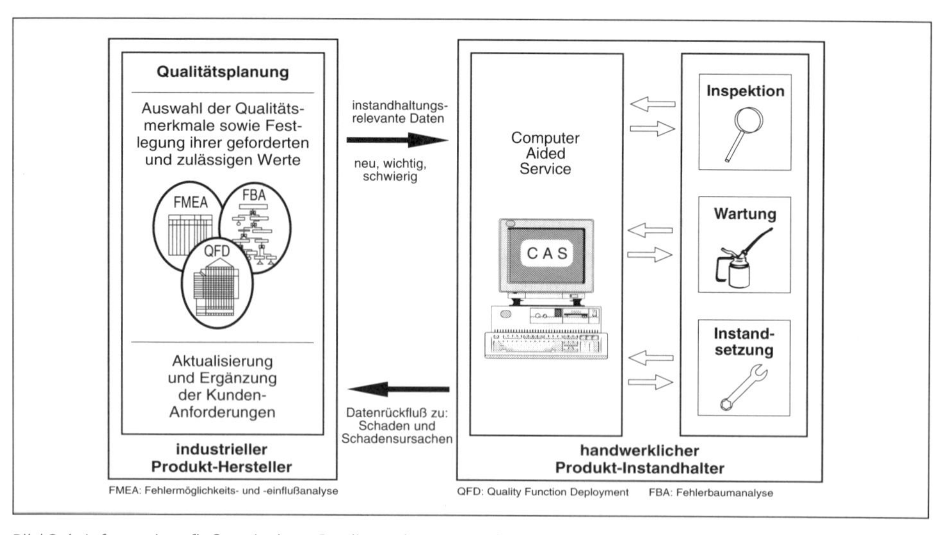

Bild 3.6: Informationsfluß zwischen Qualitätsplanung und Produktinstandhaltung

geboten (Kapitel 6.5), können Routinen eingebunden werden, die eine Rückführung von Daten an den jeweiligen Hersteller ermöglichen (Bild 3.6). Ein solches System zur EDV-Unterstützung wird als Computer-Aided-Service (CAS) bezeichnet.

Mit Hilfe des CAS-Systems ist es dem Instandhalter möglich, entsprechende Daten zu sammeln und zu dokumentieren. Der Hersteller kann über das CAS-System, im vorliegenden Beispiel für Getriebe, bei allen Instandhaltern seines Getriebetyps zu jedem Instandhaltungsvorgang routinemäßig Informationen zur Nutzungssituation, zu aufgetretenen Schäden und zu vermuteten Schadensursachen abfragen. Er sammelt dann alle von den Instandhaltern eingehenden Daten, wertet diese statistisch aus und nutzt sie für Verbesserungen.

- Ableiten von verdeckten Kundenwünschen

Neben direkten Hinweisen auf Fehler in der Produktion können vor allem aus der Analyse der Nutzung und der aufgetretenen Schäden der erfaßten Getriebe verdeckte Kundenwünsche abgeleitet werden.

Für die Primärerhebung können darüber hinaus gezielt von den Herstellern bei den Instandhaltern Daten oder auch schadhafte Bauteile angefordert werde. Dies kann erforderlich sein, wenn z. B. Schadensfälle bei spezifischen Nutzungsfällen gehäuft auftreten oder sich bestimmte Schadensursachen nicht aus dem vorliegenden Datenmaterial ermitteln lassen.

- Informationsaustausch zwischen Herstellern und Instandhaltern

Wird über diesen Weg ein Instrumentarium zum Informationsaustausch zwischen Hersteller und Instandhalter aufgebaut, läßt sich die handwerkliche Produktinstandhaltung in die Qualitätsplanung des Produktherstellers einbinden.

3.3.4 Umsetzung der Anforderungen im Rahmen der Qualitätsplanung

Die Qualitätsplanungsarbeiten werden in unternehmensübergreifenden Teams aus Forschern und Praktikern durchgeführt. In einer ersten Phase wurde eine Grobplanung des Gesamtproduktes vorgenommen. Das dabei gesetzte Ziel war, die Kundenanforderungen in globale segmentübergreifende Produktmerkmale zu übersetzen.

- Umsetzung der Kundenanforderungen in Produkt- bzw. Konstruktionsmerkmale

Bei der Übersetzung der Kundenanforderungen in Produktmerkmale fiel auf, daß die alleinige Betrachtung der einzelnen Baueinheiten (Gehäuse, Welle, Lager usw.) nicht zu einer vollständigen Befriedigung der Kundenwünsche führen kann. Aus diesem Grund wurden zusätzliche Bereiche wie zum Beispiel „Gesamtkonstruktion" in die QFD-Tafel aufgenommen.

In der Gesamtkonstruktion finden sich sowohl die Forderungen, die nicht von den einzelnen Komponenten allein zu erfüllen sind, als auch jene Merkmale, die das Gesamtprodukt betreffen, wie zum Beispiel die Geräuschvermeidung. Sie betrifft zwar einerseits praktisch alle

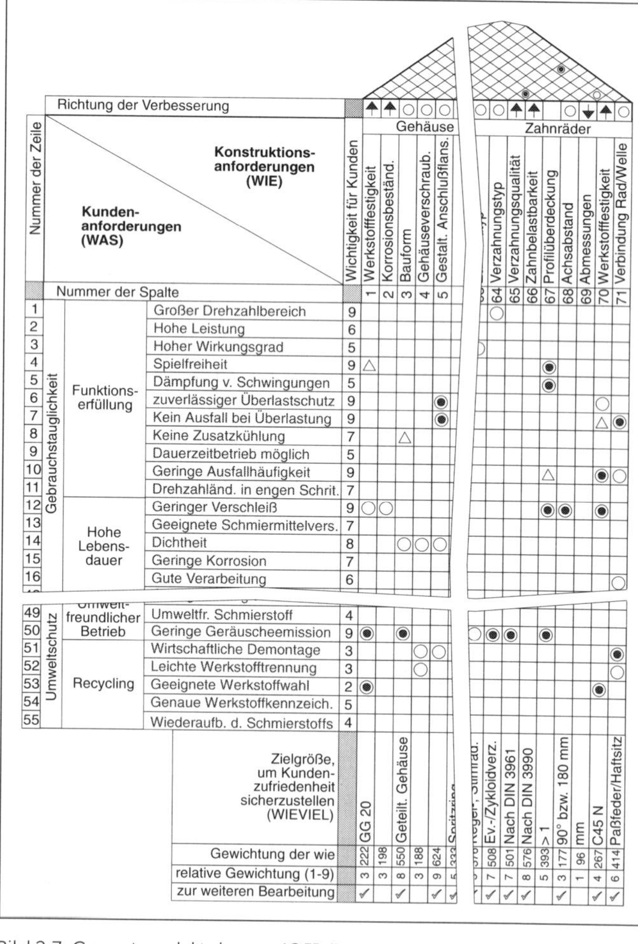

Bild 3.7: Gesamtproduktplanung (QFD I)

Komponenten, ist jedoch anderseits auch vom Ergebnis der Gesamtkonstruktion abhängig.

Als Ergebnis der ersten QFD-Phase wurde eine Reihe von Konstruktions- oder Auslegungsanforderungen (Bild 3.7) entwickelt, deren Strukturierung das im Kapitel 5 beschriebene Unternehmensmodell zugrunde lag. Einer der wesentlichen Vorteile einer solchen Unternehmensstruktur für die QFD-Methode liegt darin, daß die der Gesamtproduktplanung nachgelagerten Phasen sich auf die einzelnen Komponenten bzw. Segmente beziehen. Die segmentübergreifenden Teamarbeit konzentriert sich dann lediglich auf jene Merkmale, die Komponenten aus unterschiedlicher Segmenten beeinflussen.

- Umsetzung der Konstruktionsanforderungen in Komponentenmerkmale

Die zweite Phase bestand darin, die Informationen aus dem Produktplanungsprozeß zu konkretisieren. Exemplarisch am Beispiel der Komponente „Zahnräder" des Referenzproduktes wird eine solche Konkretisierung gezeigt (Bild 3.8). Diese erfolgt, in dem aus den globalen Produktmerkmalen der Produktplanungsphase nun die Merkmale der Komponenten und Einzelteile des Getriebes abgeleitet werden.

Neben den aus den Kundenanforderungen abgeleiteten globalen Merkmalen wurden eine Reihe von Funktionsanforderungen in die Tafel aufgenommen. Es ist nicht zu erwarten, daß diese Forderungen (zum Beispiel: sichere Befestigung und gleichmäßige Unterstützung der Lagerringe durch das Gehäuse) von den Kunden geäußert werden. Sie werden trotzdem in den Planungsprozeß integriert, da sie die Grundvoraussetzungen für einen sicheren bzw. reibungsarmen Betrieb des Getriebes darstellen. Die Funktionsanforderungen betreffen in erster Linie die Aufgaben, die durch die jeweiligen Baugruppen innerhalb des Getriebes zu erfüllen sind und durch die Produktmerkmale nicht erfaßt werden.

- Ableiten der Prozeß-, Betriebsmittel- und Rohteilparameter

Die in den QFD- Phasen I und II erfaßten externen und festgelegten internen Anforderungen sowie deren Umsetzung in Produkt- und Komponentenspezifikationen ergeben für die End- und Vorbearbeitung (QFD- Phase III) die Eingangsinformationen für die Ermittlung der Prozeß-, Betriebsmittel- bzw. Rohteilparameter. Sie leiten sich im Regelfall aus den in der vollständigen Dokumentation des

Nummer der Zeile	Konstruktions- u. Funktionsanforderungen (WAS) / Komponenten-charakteristika (WIE)		Wichtigkeit	Zahnräder – Stirnrad: Werkstoff	Gewicht des Fertigteils	Härte	Einhärtungstiefe	Qualität, Toleranzfeld	Oberfläche Zahnflanken	Nabe	Oberfläche Nabe	Nabenbreite	Zähnenzahl/Modul	Eingriff- u. Schägungswinkel	Profilverschiebungsfaktor	Nut	Sicherung gegen Verschieben
	Nummer der Spalte			1	2	3	4	5	6	7	8	9	10	11	12	13	14
1	Konstruktions-anforderungen	Zahnradtyp	5										◉				◉
2		Verzahnungstyp	6		◉								◉	◉			◉
3		Verzahnungsqualität	6			○	△	◉	◉								
4		Zahnbelastbarkeit/ -tragfähigkeit	7	◉	○	◉	○	◉	◉			○	△	○	○		
5		Verbindung von Rad u. Welle	5							◉	◉	◉		◉		◉	◉
6		Achsabstand/ Achswinkel	3			◉						◉	◉		◉		
7		Werkstofffestigkeit	4			◉	○		◉			○					
8	Funktions-anforde-rungen	Kontinuierl. Kraftfluß zw. Zahnräder	9					◉	○	◉	◉	○		◉	○		
9		Konst. Drehbewegung übertragen	9					◉					◉				
10		Keine plastische Verformung	7	◉		◉	◉	○	○					○	○		
	Sollwerte der Komponenten-charakteristika (WIEVIEL)			16 Mn Cr S5	650 g	58 + 4 HRC einsatzgehärtet u. eingelas.	0,6 + 0,1	7c	DIN ISO 1302 Reihe 2 (Rz 1), Schleifen	Maßtoleranz H7	DIN ISO 1302 Reihe 2 (Rz 1), Schleifen	41 mm	21 / 3	20° / 12° links	+0,099	Paßfeder DIN 6885/1 A12x8x25	Auf Block gezogen
	Gewichtung der wie			126	75	207	102	300	201	126	126	132	204	222	96	45	144
	relative Gewichtung (1-9)			4	2	6	3	9	6	5	4	3	3	6	4	4	5
	zur weiteren Bearbeitung			✓	✓	✓	✓	✓	✓	✓	✓			✓		✓	✓

Bild 3.8: Komponentenplanung (QFD II)

Fertigteils (Konstruktionszeichnung, Stückliste) festgelegten Qualitätsmerkmalen ab. Um beim Beispiel Zahnrad zu bleiben soll im folgenden die anschließende Qualitätsplanungsphase exemplarisch an der Prozeßkette Verzahnungsfertigung demonstriert werden.

Die Vorgehensweise bei der Spezifizierung der in der Dokumentation festgelegten und somit zu gewährleistenden Anforderungen stellt sich innerhalb der Prozeßkette Verzahnungsfertigung in einem Anforderungsfluß entgegengerichtet zur Fertigungsfolge dar (Bild 3.9).

Ausgangspunkt sind dabei die nach der Prozeßstufe Endbearbeitung zu gewährleistenden Gesamtanforderungen. Unter diesem Aspekt sind jeweils die in der dem Arbeitsvorgang vorgelagerten Prozeßstufe einzuhaltenden Qualitätsmerkmale abzuleiten. Dabei müssen die verfahrens-

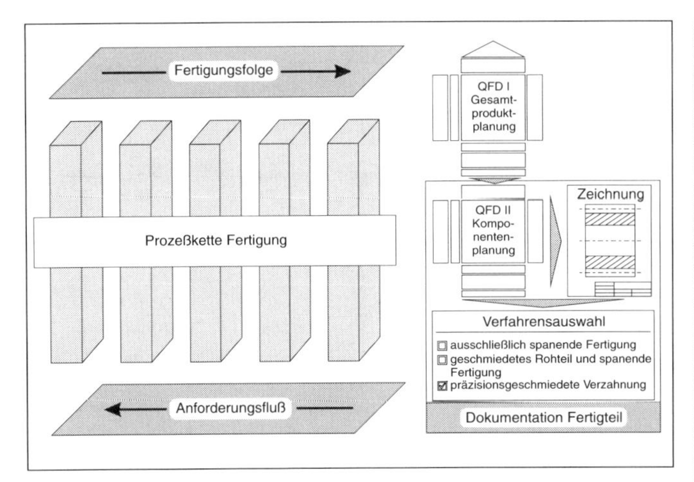

Bild 3.9: Übergang der Produkt- und Komponentenspezifikation in einer prozeßkettenorientierten Fertigungsplanung

spezifischen Besonderheiten (z.B. Präzisionsschmieden von Verzahnungen) berücksichtigt werden.

• Auswahl der Verfahren zur Verzahnungsfertigung

Vor der eigentlichen Feinplanung sind mögliche Alternativen der einsetzbaren Verfahren und der daraus resultierenden Fertigungsfolgen zu untersuchen. Nachfolgend werden exemplarisch drei Prozeßketten zur Herstellung eines Zahnrades (Bild 3.10) vorgestellt.

Bei der ausschießlich spanenden Fertigung wird ausgehend von einer Halbzeugstange durch Drehen und Bohren der Zahnradgrundkörper gefertigt. Auf diesem Grundkörper werden durch Wälzfräsen die Zahnflanken erzeugt. Im Anschluß an die Weichbearbeitung erfolgt die Wärmebehandlung sowie die Feinbearbeitung des Zahnradgrundkörpers und der Verzahnung.

Oftmals wird als Zahnradgrundkörper auch ein Schmiedeteil eingesetzt. Ausgangsmaterial sind gewalzte Knüppel, aus denen durch Knüppelscheren Schmiederohteile gefertigt werden. Nach der Erwärmung der Schmiederohteile auf Schmiedetemperatur werden diese in einem mehrstufigen Umformprozeß zum Zahnradgrundkörper weiterverarbeitet, aus dem durch Wälzfräsen, Wärmebehandeln und einer abschließenden Feinbearbeitung das Zahnrad hergestellt wird.

Die spanende Weichbearbeitung läßt sich auch vollständig durch Schmieden ersetzen. Ausgangsmaterial sind naht-

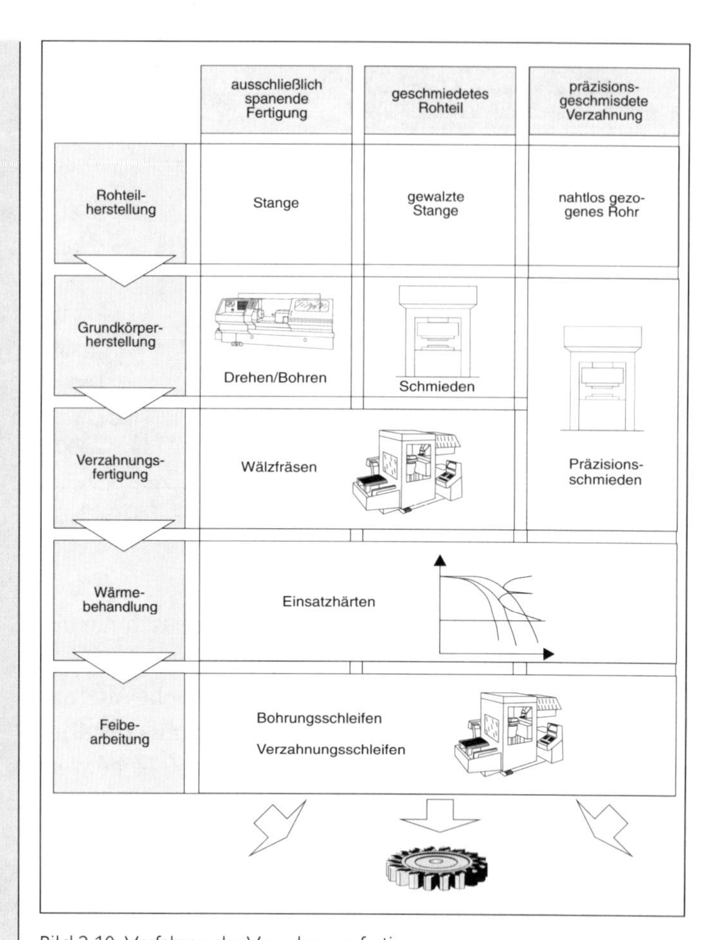

Bild 3.10: Verfahren der Verzahnungsfertigung

los gezogene Rohre, aus denen durch Sägen oder Abstechdrehen zylindrische Schmiederohteile gefertigt werden. Diese werden in einem einstufigen Umformprozeß zu präzisionsgeschmiedeten Zahnrädern weiterverarbeitet, so daß die Weichbearbeitung des Zahnradgrundkörpers und der Verzahnung in einer Prozeßstufe zusammengefaßt werden können.

• Qualitätsrelevante Entscheidungskriterien bei der Verzahnungsfertigung

Im Anschluß an die Wärmebandlung erfolgt die Feinbearbeitung des Grundkörpers und der Zahnflanken. Hierbei spielen für qualitätsrelevante Entscheidungen primär die Radkörper- und Verzahnungsbestimmungsgrößen, physikalische und geometrischc Qualitätskenngrößen, die Stückzahl sowie Sekundärangaben über Fertigung, Fertigungshilfsmittel und Prüfmittel, über Vorlaufuntersuchungen (Maschinenfähigkeit) bzw. Ergebnisse ähnlicher Prozesse eine entscheidende Rolle. Ausgehend vom Informationsgehalt der genannten Eingangsgrößen sind die in dieser Arbeitsphase für die jeweilige Prozeßstufe zu klärenden Sachverhalte durch folgende Inhalte gekennzeichnet:

- Unter Zugrundelegung der bekannten Radkörper- und Verzahnungsbestimmungsgrößen hat eine Ermittlung der notwendigen bzw. Überprüfung der vorhandenen fertigungstechnischen sowie organisatorischen und qualitativen Voraussetzungen zur Realisierbarkeit der technischen Aufgabenstellung zu erfolgen, wobei entsprechende Wechselbeziehungen zwischen den Einflußparametern zu beachten sind.
- Nach Bestätigung der notwendigen Fertigungsvoraussetzungen sind die Elemente der fertigungsgeometrischen Wirkkette bestimmt. Es lassen sich somit z.B. für die Prozeßstufe Feinbearbeitung und Zahnflankenschleifen die aus der Nenngeometrie des Werkstückes ableitbaren Maschineneinstellwerte berechnen.
- Unter Zugrundelegung der vorgegebenen Werkstück- bzw. Qualitätskenngößen und ihrer zulässigen Abweichungen hat unter Beachtung der ermittelten kausalen Zusammenhänge zwischen Fehlerursachen und Wirkungen am Werkstück für alle qualitätsrelevanten Elemente der Wirkkette eine Vorgabe ihrer zulässigen Eigen- bzw. Aufspannabweichungen zu erfolgen. Die bestehenden Zusammenhänge zwischen den verfahrensbezogenen spanungstechnischen Kenngrößen und den physikalischen sowie geometrischen Qualitätskenngrößen sind bei der Wahl des Schnittregimes zu berücksichtigen. In der Regel wird dabei auf die Daten „bewährter“ Analogiefälle zurückgegriffen.

Hier soll exemplarisch das Präzisionsschmieden von Verzahnungen als eine sehr innovative Fertigungsmöglichkeit näher betrachtet werden. Ausgangspunkt zur Bestimmung der Anforderungen an die Prozeßkette ist, wie oben bereits dargestellt, die Zeichnung des fertigen Zahnrades. Aus diesem lassen sich, dem eigentlichen Materialfluß entgegengesetzt, die Anforderungen an die einzelnen Fertigungsschrit-

• Kriterien für die Auswahl der Fertigungsmittel zur Feinbearbeitung

te ableiten. So ergeben sich für eine geforderte Verzahnungsqualität nach DIN 3961 ff. die nachfolgend aufgeführten Anforderungen an die Prozeßkette (Bild 3.11).

Feinbearbeitung – Zahnflankenschleifen: Zur Erzielung der geforderten Endqualität durch das Zahnflankenschleifen sind die Kriterien für die Fertigungsmittelauswahl [technische Realisierbarkeit (qualitative, geometrische, organisatorische Eignung) in Abhängigkeit von den Radkörper- und Verzahnungsbestimmungsgrößen] als Basis für eine qualitätsgerechte Fertigung einzuhalten. Für die geometrischen und fertigungstechnischen Einstellgrößen (Maschineneinstellwerte, Schnitt- und Abrichtregime) gelten dabei dieselben Zusammenhänge (Bild 3.12). Zusätzlich sind dabei die Einhaltung der Vorverzahnungsqualität mit einem definierten Bearbeitungsaufmaß (Weichbearbeitung), der nach der Wärmebehandlung auftretenden Härteverzugswert sowie die Endqualität des die Verzahnung tragenden Grundkörpers (Hartbearbeitung), aus denen sich das effektiv vorhandene Zahnflankenaufmaß ergibt, zu beachten. Die dabei bestehenden verfahrensspezifischen Wechselbeziehungen sowie die wirtschaftlichen Randbedingungen führen zu der Forderung, daß die Vorbearbeitungsqualität der Verzahnung (z.B. Profil- und Flankenlinieabweichung) in der Regel nur um eine Stufe gröber als die angestrebte Endqualität sein sollte, da diese sonst nur mit erhöhtem Aufwand bzw. nicht, bei Einhaltung aller Vorgabewerte, erreichbar ist.

Wärmebehandlung: Ein Qualitätskriterium bei der Erreichung des konstruktiv geforderten Endbearbeitungszu-

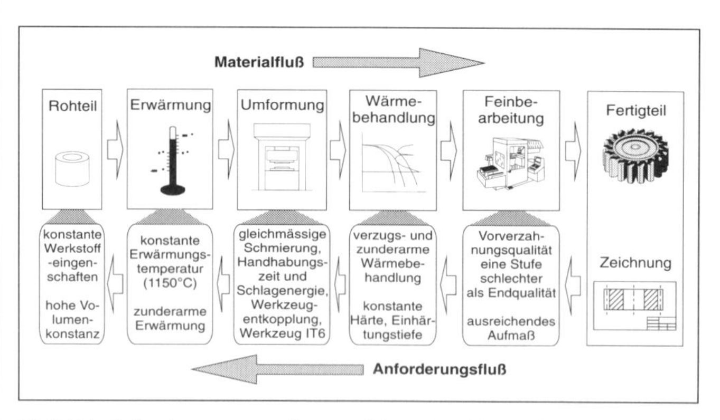

Bild 3.11: Anforderungen an die Prozeßkette Präzisionsschmieden

standes des Zahnrades ist eine ausreichende Härteschicht mit konstanten Werkstoffeigenschaften. Neben dem Kennwert für die Härte ist auch die Einhärtungstiefe von entscheidender Bedeutung. Bei der Wärmebehandlung tritt Härteverzug auf, der veränderte und in der Regel vergrößerte Form- und Lageabweichungen sowohl am Verzahnungsgrundkörper als auch an der Verzahnung selbst gegenüber dem Vorzustand hervorruft. Der so entstandene Härteverzug steht in Wechselbeziehung zum Bearbeitungsaufmaß (Weichbearbeitung) und der Grundkörperfeinbe-

- Wechselbeziehung Härteverzug / Bearbeitungsaufmaß

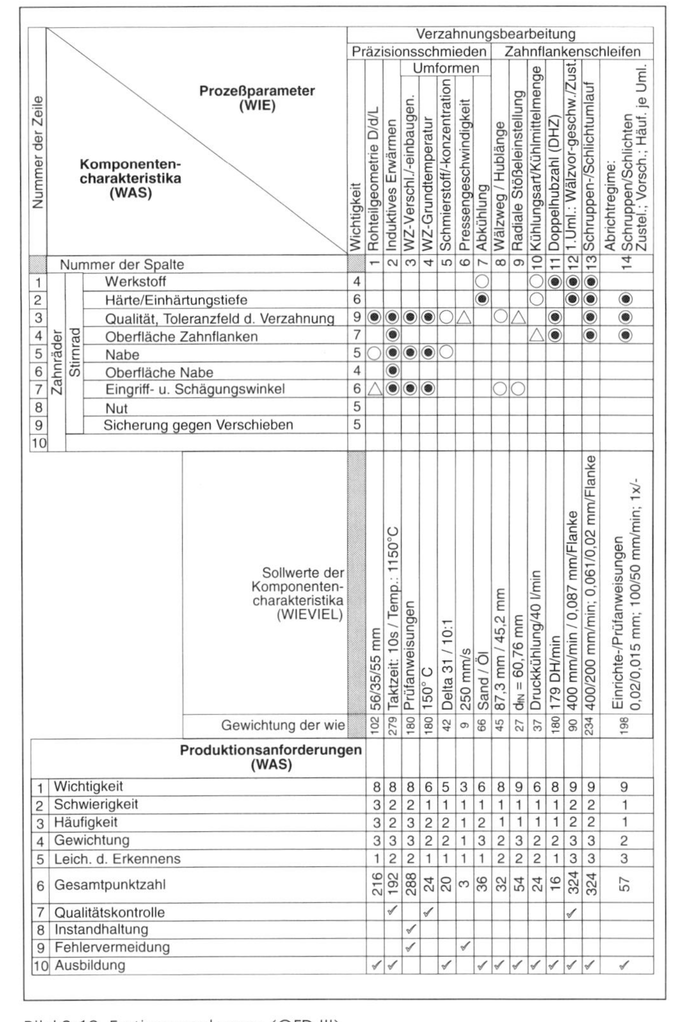

Nummer der Zeile	Komponentencharakteristika (WAS) / Prozeßparameter (WIE)	Wichtigkeit	Präzisionsschmieden: Rohteilgeometrie D/d/L	Präzisionsschmieden: Induktives Erwärmen	Umformen: WZ-Verschl./-einbaugen.	Umformen: WZ-Grundtemperatur	Umformen: Schmierstoff/-konzentration	Umformen: Pressengeschwindigkeit	Umformen: Abkühlung	Zahnflankenschleifen: Wälzweg / Hublänge	Zahnflankenschleifen: Radiale Stößeleinstellung	Zahnflankenschleifen: Kühlungsart/Kühlmittelmenge	Zahnflankenschleifen: Doppelhubzahl (DHZ)	Zahnflankenschleifen: 1.Uml.: Wälzvor-geschw./Zust.	Zahnflankenschleifen: Schruppen-/Schlichtumlauf	Zahnflankenschleifen: Abrichtregime: Schruppen/Schlichten Zustel.; Vorsch.; Häuf. je Uml.
	Nummer der Spalte		1	2	3	4	5	6	7	8	9	10	11	12	13	14
1	Zahnräder / Stirnrad: Werkstoff	4							○			○	◉	◉	◉	
2	Härte/Einhärtungstiefe	6							◉			○		◉	◉	◉
3	Qualität, Toleranzfeld d. Verzahnung	9	◉	◉	◉	◉	○	△		○	△		◉		◉	◉
4	Oberfläche Zahnflanken	7		◉								△	◉		◉	◉
5	Nabe	5	○	◉	◉	◉	○									
6	Oberfläche Nabe	4		◉												
7	Eingriff- u. Schägungswinkel	6	△	◉	◉	◉				○	○					
8	Nut	5														
9	Sicherung gegen Verschieben	5														
10																
	Sollwerte der Komponentencharakteristika (WIEVIEL)		56/35/55 mm	Taktzeit: 10s / Temp.: 1150°C	Prüfanweisungen	150° C	Delta 31 / 10:1	250 mm/s	Sand / Öl	87,3 mm / 45,2 mm	d_{fN} = 60,76 mm	Druckkühlung/40 l/min	179 DH/min	400 mm/min / 0,087 mm/Flanke	400/200 mm/min; 0,061/0,02 mm/Flanke	Einrichte-/Prüfanweisungen 0,02/0,015 mm; 100/50 mm/min; 1x/-
	Gewichtung der wie		102	279	180	180	42	9	66	45	27	37	180	90	234	198

Nr.	Produktionsanforderungen (WAS)	1	2	3	4	5	6	7	8	9	10	11	12	13	14
1	Wichtigkeit	8	8	8	6	5	3	6	8	9	6	8	9	9	9
2	Schwierigkeit	3	2	2	1	1	1	1	1	1	1	1	2	2	1
3	Häufigkeit	3	2	3	2	2	1	2	1	1	1	1	2	2	1
4	Gewichtung	3	3	3	2	2	1	3	2	3	2	2	3	3	2
5	Leich. d. Erkennens	1	2	2	1	1	1	1	2	2	2	1	3	3	3
6	Gesamtpunktzahl	216	192	288	24	20	3	36	32	54	24	16	324	324	57
7	Qualitätskontrolle		✓		✓								✓		
8	Instandhaltung			✓											
9	Fehlervermeidung			✓			✓								
10	Ausbildung	✓	✓			✓		✓	✓	✓	✓	✓	✓	✓	✓

Bild 3.12: Fertigungsplanung (QFD III)

arbeitung (Hartbearbeitung) und führt zu einem effektiven Aufmaß für das Zahnflankenschleifen, das größer als das aus dem Bearbeitungsaufmaß berechenbare ist. Dieses Schleifaufmaß sollte aus wirtschaftlichen Gründen nicht zu groß sein (Anwachsen der Bearbeitungszeit) und gleichzeitig aber auch die Einhaltung qualitativer Forderungen (wie z.B. „blanke" Zahnflanken bzw. die Einhaltung der Zahndickenabmaße und zulässigen Flankenabweichungen) beim Zahnflankenschleifen ermöglichen. Daraus leitet sich die Forderung nach einer verzugsarmen Wärmebehandlung ab. Bei Erfüllung dieser Forderung wird im allgemeinen zur Durchsetzung des angestrebten Endbearbeitungszustandes des Zahnrades eine Bearbeitungszugabe von 150 bis 200 µm pro Flanke vorgesehen.

Umformen: Beim Präzisionsschmieden ist aufgrund der großen Zeitabhängigkeit der thermischen Vorgänge eine automatisierte Prozeßführung zwingend notwendig, um konstante Handhabungszeiten zu realisieren. Nur so lassen sich eine ungewollte Abkühlung und Verzunderung des Rohteiles vor der Umformung vermeiden. Darüber hinaus ist ein Schmiedegesenk der Qualität IT6, eine Entkopplung des Werkzeuges von der Umformmaschine, eine gleichmäßige Werkzeugschmierung sowie eine konstante Schlagenergie der Umformpresse Voraussetzung für eine fehlerfreie Formfüllung des Schmiedegesenkes.

Erwärmung: Eine konstante Erwärmungstemperatur ist Voraussetzung zur Erzielung einer gleichbleibenden Maßgenauigkeit der Schmiedeteile. Temperaturschwankungen von ±15 °C bei einer Temperatur von 1150 °C sind dabei tolerierbar. Die Zunderbildung kann bei einer Erwärmung im Elektroofen durch eine Schutzgasathmosphäre verhindert werden. Bei der induktiven Erwärmung ist dieses aufgrund der kurzen Erwärmungszeit von 6 – 10 s nicht notwendig.

Rohteil: Für das Präzisionsschmieden von Zahnrädern werden z. Z. nahtlos gezogenen Rohre eingesetzt, die durch Abstechdrehen getrennt werden. Die Volumenschwankungen dürfen dabei nicht mehr als ±0,5% betragen. Weiterhin sind für eine fehlerfreie Wärmebehandlung gleichbleibende Werkstoffeigenschaften von Bedeutung.

Zu den zentralen Aufgaben der Fertigungsplanung innerhalb der Qualitätsplanung zur Null-Fehler-Produktion gehört auch das Erkennen von Schwierigkeiten, die während der Fertigung auftreten können. Wichtig ist vor allem, den Grad der möglichen Probleme richtig einzuordnen, um so den Handlungsbedarf und die Verbesserungsmaßnahmen zu erkennen. Die hierbei gewonnenen Daten können darüber hinaus im Sinne einer umfassenden Prüfplanung genutzt werden.

- Erkennen des Verbesserungspotentials durch die Fertigungsplanung

Die durch falsche Bedienung bzw. Einstellung der Machinenwerte (zum Beispiel Abrichtregime) entstandenen Abweichungen bzw. Fehler lassen sich durch Schulungsmaßnahmen reduzieren. In der QFD-Tafel (Bild 3.12) ist diese Maßnahme unter dem Begriff Ausbildung aufgeführt. Der Ausbildungsstand der Mitarbeiter muß soweit gehoben werden, daß ein unkorrektes Einrichten ausgeschlossen werden kann. Die Mitarbeiter müssen sich darüber im klaren sein, daß die Qualität ihrer Arbeit (in diesem Fall das korrekte Einstellen des Abrichtregimes) entscheidend zur Qualität des Produktes und damit auch zum Wettbewerbserfolg des Unternehmens beiträgt.

Literaturverzeichnis

AKA90 Akao, Y. Quality Function Deployment: Integrating Customer Requirements into Product Design. Productivity Press, Cambrige, Mass., 1990

AKA92 Akao, Y. QFD Quality Function Deployment wie Japaner Kundenwünsche in Qualität umsetzen Japan Service, Verlag Moderne Industrie, Landsberg, 1992

SIM94 Simon, H. Conjoint Measurement. Was ist dem Kunden Leistung wert?, Absatzwirtschaft, Heft2, 1994, S. 74-77

PFE93 Pfeifer, T. Qualitätsmanagement Strategien-Methoden-Techniken Carl Hansa Verlag, München, Wien, 1993

Abkürzungsverzeichnis

QFD: Quality Function Deployment
CAS: Computer-Aided-Service
EDV: Elektronische Datenverarbeitung

4 Störungen und Fehler in der Getriebeproduktion und Instandhaltung

D. Schömig,
K. Brüggemann,
E. Nicolaysen,
B. Schröder und
B. Sterrenberg

4.1 Begriffe und Zusammenhänge

Zur einheitlichen Sprachregelung und zum besseren Verständnis des Themas Null-Fehler-Produktion werden im Folgenden Begriffe wie Abweichungen, Fehler, Störung, Ausfall, etc. und ihre Zusammenhänge anhand von Beispielen aus der Getriebefertigung beschrieben.

• Definition: Fehler

Die Schlüsselstellung nimmt in jedem Fall der Begriff ‚Fehler' ein, der nach DIN ISO 8402 und DIN 55350 Teil 11 wie folgt definiert wird:

Fehler = Nichterfüllung einer festgelegten Forderung

• Die vier Merkmalsarten

Unter Forderungen sind im Rahmen der Null-Fehler-Produktion alle internen und externe Forderungen an das Produkt und den Prozeß gemeint. Jede Forderung kann durch ein oder mehrere Merkmale beschrieben werden, wobei folgende vier Merkmalsarten nach DIN 55350 Teil 12 unterschieden werden:

- Qualitative Merkmale:
  Nominalmerkmal
  Ordinalmerkmal
- Quantitative Merkmale:
  Diskretes Merkmal
  Kontinuierliches Merkmal

Kennzeichnend für die Merkmalsarten sind ihre Skalenwerte, welche beim nominalen Merkmal Attribute (z.B. rot, gelb, grün, etc.), beim ordinalen Eigenschaftskategorien mit Rangfolge (z.B. Risikoprioritätszahl bei der FMEA), beim diskreten ganze Zahlen (z.B. Anzahl der Schweißpunkte, etc.) und beim kontinuierlichen Merkmal reelle Zahlen (z.B. alle Meßwerte) sind. Außer bei den attributiven Merkmalen sind immer Toleranzbereiche möglich. Die kontinuierlichen Merkmale haben immer einen Toleranzbereich.

- Abweichungen

Entscheidend ist immer der Sollwert bzw. Bezugswert als ein Skalenwert der entsprechenden Merkmalsart. Stimmt der Wert des Merkmals nicht mit dem Bezugswert überein, so handelt es sich nach DIN 55350 Teil 12 um eine ‚Abweichung'. Eine Abweichung ist aber nur dann ein Fehler, wenn sie größer ist als die Differenz zwischen Höchst- und Bezugswert oder Bezugs- und Mindestwert.

Will man eine Null-Fehler-Produktion verwirklichen, so ist es erforderlich auf Abweichungen zu reagieren, bevor es zu einem Fehler kommt.

- Abweichungen und Fehler bei kontinuierlichen Merkmalen mit Toleranzbereichen am Beispiel einer Zahnradinnenbohrung

Als die am häufigsten vorkommende Merkmalsart werden für die kontinuierlichen Merkmale anhand eines Beispiels die Zusammenhänge und Auswirkungen auf die Toleranzbereiche erläutert (Bild 4.1).

Betrachtet wird die Innenbohrung eines Zahnrades. Hierzu wird von der Konstruktion eine Fertigungszeichnung des Zahnrades erstellt, in der für die Innenbohrung das Maß 38,000 mm und das Toleranzfeld J7 (+14 µm, -11 µm) nach DIN 7155 Teil 1 angegeben wird. Wird das Mindestmaß 37,989 mm unter- bzw. das Höchstmaß 38,014 mm

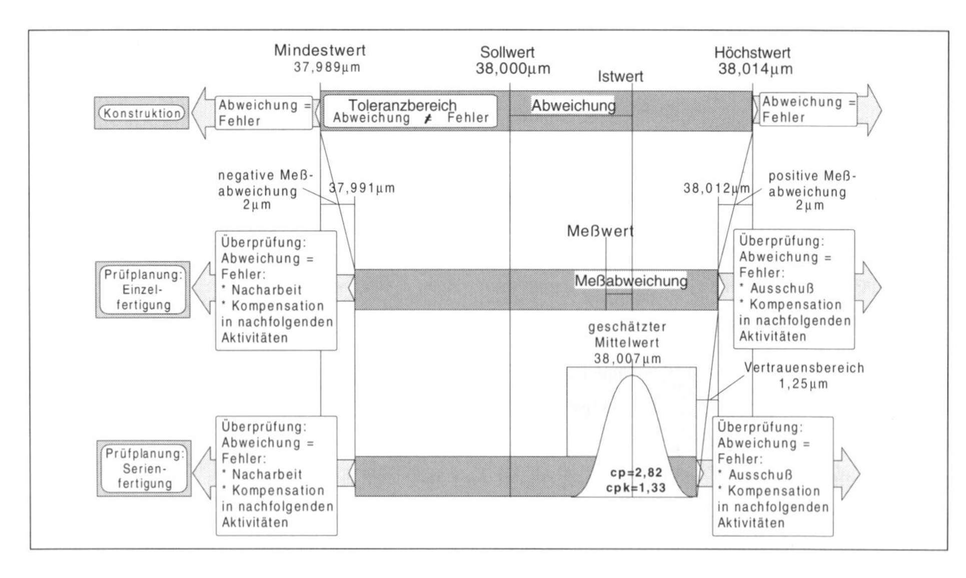

Bild 4.1: Toleranzbereiche kontinuierlicher Merkmale am Beispiel einer Zahnradbohrung

überschritten, so ist die Abweichung immer auch ein Fehler. Abweichungen innerhalb des Toleranzbereiches sind keine Fehler.

Will man eine Null-Fehler-Produktion verwirklichen, so bedeutet das für den Meßvorgang, daß die Eigenschaften bzw. die Kenngrößen des eingesetzten Meßmittels berücksichtigt werden müssen, da der Meßwert nicht gleich dem Istwert ist und jedes Meßmittel über eine Meßabweichung verfügt. In unserem Fall wurde ein Koordinatenmeßgerät UMG 850 der Firma Zeiss eingesetzt, welches für diesen Durchmesserbereich über eine positive und negative Meßabweichung von 2 µm besitzt. Somit verkleinert sich der Toleranzbereich für die Null-Fehler-Produktion um 4 µm.

- Einfluß der Meßmittel auf den Toleranzbereich

Überträgt man diese Angaben auf die Produktion, so muß man zwischen einer 100%-Prüfung und Prüfungen unter statistischen Gesichtspunkten unterscheiden. Bei der 100%-Prüfung läßt sich mit dem reduzierten Toleranzbereich eine Null-Fehler-Produktion verwirklichen. Wird jedoch mit statistischen Prüfverfahren gearbeitet, wie sie zum Großteil in der Serienfertigung eingesetzt werden, dann sind Kenngrößen wie z. B. Prozeßfähigkeitsindizes und Vertrauensbereiche von entscheidender Bedeutung. Die Prozeßstreuung und die Prozeßlage werden mittels der beiden Prozeßfähigkeitsindizes cp und cpk bestimmt /HER94/. Je sicherer der Prozeß sein soll, desto größer müssen die beiden Werte sein. Erfahrungen aus der Großserienfertigung haben gezeigt, daß die Prozeßstreuung maximal 75% der Toleranz betragen sollte, d.h. daß cp mindestens 1,33 betragen sollte. Ist auch cpk >1,33, so handelt es sich um einen 'fähig beherrschten' Prozeß.

- Null-Fehler-Produktion bei 100%-Prüfung
- Null-Fehler-Produktion bei statistischen Prüfverfahren

In unserem Beispiel ergaben zehn Stichproben von je 10 Messungen einen Schätzwert der Standardabweichung von 1,035 µm und damit einen cp-Wert von 2,82. Mit dem Mittelwert der Stichprobe von 38,007 µm erhält man einen cpk-Wert von 1,33.

Nach /ABE94/ setzt die mathematische Statistik bei den Berechnungen unabhängige Meßwerte, einen beherrschten Prozeß und eine Normalverteilung der Meßwerte voraus. Rückschlüsse von cp-Werten auf Ausschußquoten etc. sind somit nur grobe Näherungen, da es in der Rea-

- Prozeßsicherheit und Null-Fehler-Produktion

lität z.B. keine Normalverteilung gibt. Das Arbeiten mit Schätzwerten und Stichprobendaten bei der Ermittlung der Standardabweichung, erfordert für die geschätzten Indizes die Angabe eines Vertrauensbereichs und einer Irrtumswahrscheinlichkeit.

- Irrtumswahrscheinlichkeit

Überträgt man die Betrachtungen und Formeln nach /ABE94/ auf unser Beispiel, so ergeben sich unter der Berücksichtigung einer Irrtumswahrscheinlichkeit von 1% folgende Werte:

cpk	cpk geschätzt	Mittelwert geschätzt	Standardabweichg. geschätzt	cp geschätzt	cp
1,33	1,61	38,003 µm	1,8634	1,88	1,57
1,33	1,61	38,007 µm	1,0352	3,38	2,82
1,33	1,61	38,010 µm	1,4141	8,45	7,05

- Fehler und Störungen

Begriffe wie Irrtumswahrscheinlichkeit, geschätzte Werte, etc. zeigen, daß man bei statistischen Prüfverfahren nie 100 % fehlerfreie Produkte gewährleisten kann.

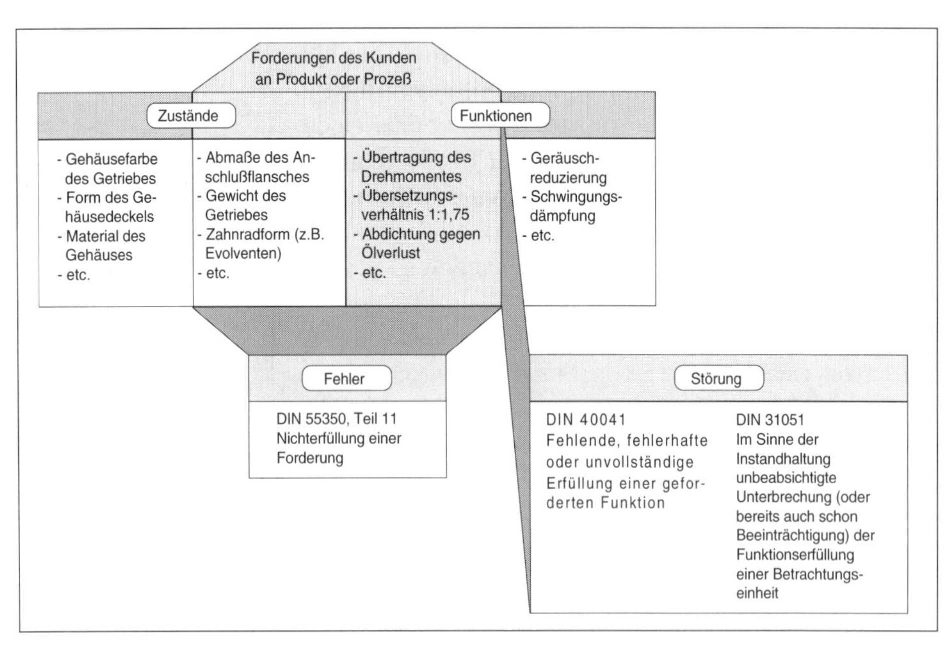

Bild 4.2: Definition von Fehlern und Störungen

Ein weiterer, häufig benutzter Begriff ist die ‚Störung'. Der Zusammenhang mit dem Begriff ‚Fehler' und die entsprechende Definition ist im nächsten Bild anhand von Beispielen aufgezeigt.

Hierbei unterscheidet man die Zustände und die Funktionen einer Betrachtungseinheit (Produkt oder Prozeß). Nur ein begrenzter Anteil dieser Zustände und Funktionen sind auch gleichzeitig festgelegte Forderungen an die Einheit. Ein Fehler tritt dann auf, wenn mindestens eine festgelegte Forderung, gleich ob Zustand oder Funktion, nicht erfüllt wird. Wird eine geforderte Funktion nicht, falsch oder nur teilweise erfüllt, so handelt es sich nach DIN 40041 und DIN 31051 um eine ‚Störung'.

- Verfügbarkeit

Die oben beschriebenen Ausführungen legen nun die Vermutung nahe, daß alle Störungen auch Fehler sind. Das ist jedoch nicht immer so. Der Grund hierfür sind die beiden Qualitätsmerkmale ‚Zuverlässigkeit' und ‚Verfügbarkeit', die in DIN 40041 und DIN 40042 definiert werden.

Diese Forderungen sind zusätzlich zu den geforderten Funktionen zu betrachten. Das kann z.B. bedeuten, daß ein Getriebe nur mit einer Verfügbarkeit von z.B. 98% ein Drehmoment übertragen muß. Das wiederum heißt, daß das Getriebe in 2% der Zeit diese geforderte Funktion nicht

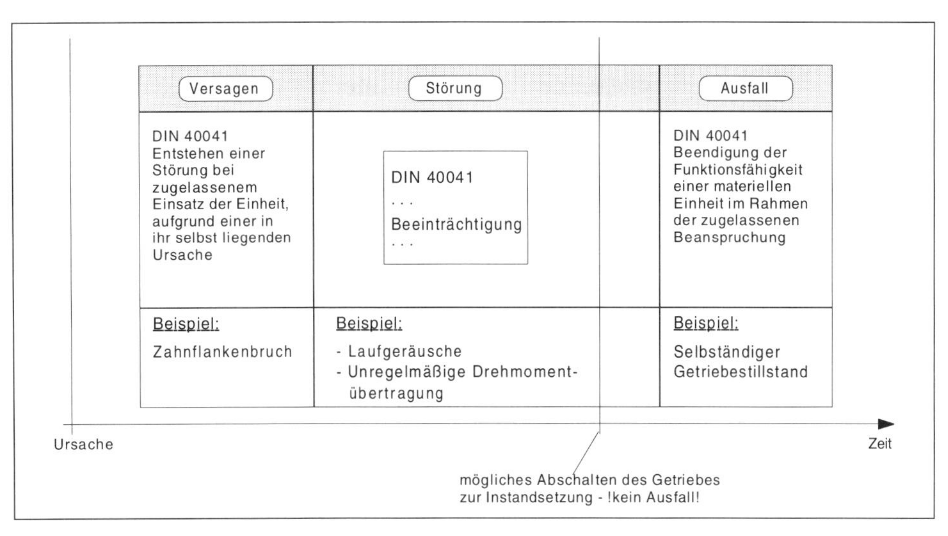

Bild 4.3: Zusammenhang von Versagen, Störung und Ausfall

erfüllen muß. Erst wenn diese zwei Prozent überschritten werden, handelt es sich um ein Fehler.

• Versagen, Störung, Ausfall

In direkter Verbindung zur Störung stehen die beiden Begriffe ‚Versagen' und ‚Ausfall', die ebenfalls in DIN 40041 definiert sind. Während das Versagen das Entstehen einer Störung ist, beendet der Ausfall die Funktionsfähigkeit. Eine durch eine Störung beeinträchtigtes Getriebe kann zur Instandsetzung abgestellt werden um einen Ausfall zu verhindern. Wird die Instandsetzung in arbeitsfreie Zeiten (Pausen, Freischichten, etc.) gelegt, so hat dies eine positive Auswirkung auf die Nutzungsdauer des entsprechenden Produktes.

4.2 Vorgehensweise zur Erfassung von Fehlern, Störungen und Abweichungen

• Automatische und manuelle Datenerfassung

Die Grundlage einer erfolgreichen Fehler-Ursachen-Analyse ist die regelmäßige Erfassung von Daten zu Abweichungen, Fehlern und Störungen. Dabei unterscheidet man zwei prinzipielle Vorgehensweisen. Zum einen die automatische Erfassung durch fest installierte Überwachungs- und Prüfsysteme und zum anderen die Erfassung durch die Mitarbeiter (siehe auch Kapitel 6.1.3.3.2).

Bei der Erfassung durch die Mitarbeiter kann man zwischen rechnerunterstützter und manueller Erfassung unterscheiden. Beide Arten zeichnen sich durch große Flexibilität und einen hohen Informationsgehalt aus

• Manuelle Datenerfassung mit Erfassungsformularen

Bei der im Rahmen der Forschergruppe „Null-Fehler-Produktion in der Prozeßkette" durchgeführten Fehler-, und Störungserfassung wurden die Daten manuell erfaßt. Zu diesem Zweck wurden Erfassungsformulare bei der Befragung im Dialog ausgefüllt. Bild 4.4 zeigt ein Beispiel für ein Erfassungsformular, in die entsprechende Informationen handschriftlich eingetragen werden.

Gibt es in dem Unternehmen noch keine Datenbank so werden die Erfassungsbögen in Ordnern gesammelt und archiviert. Zur Durchführung einer effektiven Fehler-Ursachen-Analyse ist diese Methode jedoch nicht geeignet. Um wirtschaftlich sinnvoll mit diesen Daten arbeiten zu können sollten sie zentral in eine Datenbank eingegeben

Abweichungs-/Fehler-/Störungsmeldung					1/2
Name: Neumann		Vorname: Alfred		Pk: 006	
Datum: 29.02.93		Uhrzeit: 12:00 Uhr			
Aktivität: Werkstück einspannen			Arbeitsplatz-Nr.: 021148		
Teile-Nr.: 343434	Auftrags-/Los-Nr.: 6767		Losgröße (Anzahl): 10		
Fehlerbezeichnung: Exzentrisches Werkstück			Fehlerhäufigkeit: 1		

Fehlerbeschreibung:

Beim Einspannen einer geradverzahnten Ritzelwelle läßt sich das Werkstück nicht genau genug ausrichten, d.h. die Exzentrizität liegt bei 0,025 mm (>0,02 mm). Die Pinole verschiebt dabei das Werkstück in der Spannvor=richtung.

mögliche Fehlerursache:

Das Spiel der Pinole liegt bei 0,03 mm

mögliche Gegenmaßnahme:

Eventuell neue Pinole.
Die Verzahnung mußte mit Exzentrizität gefertigt werden, da eine Nacharbeit nicht möglich ist.

Bild 4.4: Erfassungsformular für Abweichungen, Fehler und Störungen

werden. Das erleichtert das Erstellen von Statistiken, das sortierte Ablegen und Wiederfinden der Daten und damit die komplette Auswertung.

4.3 Auswertung der Abweichungen, Fehler- und Störungsdaten

- Einsatz von Teams zur Problembearbeitung

Für die Entwicklung von Maßnahmen zur Beseitigung von Ursachen müssen die erfaßten Daten systematisch ausgewertet werden. Hierzu sind verschiedene Vorarbeiten erforderlich. Organisatorisch muß ein abteilungsübergeifendes Team, das die infragekommenden Abschnitte der Prozeßkette genau kennt, gebildet und Verantwortlichkeiten festgelegt werden. Ebenso wichtig ist die im vorhergehenden Kapitel beschriebene Datenerfassung.

- Ablauf der Ursachen-Therapie mit Erfassungsbögen

Werden alle Voraussetzungen erfüllt, so kann mit der eigentlichen Ursachen-Therapie begonnen werden. Bild 4.5 zeigt das Arbeitsblatt und die schematisch dargestellten Abläufe zu der entwickelten Methode. In der linken Spalte (Ordinate) werden alle erfaßten Abweichungen, Fehler und Störungen eingetragen. Diese werden von dem eingesetzten Team nach vorher vereinbarten Richtlinien mit Hilfe von Kennzahlen (1, 2, 3: gering, mittel, stark) bewertet, wobei Häufigkeiten, Kosten, Auswirkungen auf andere Bereiche, etc. berücksichtigt werden.

Im nächsten Schritt werden den erfaßten Abweichungen, Fehlern und Störungen verursachende Prozesse zugeordnet, die im Diagramm auf der Abszisse aufgetragen wurden. Da es zu einem Fehler mehrere Ursachen geben kann, müssen diese ebenfalls anteilig bewertet werden. Hat z.B. eine Störung die Kennzahl 3 und es gibt drei verursachende Prozesse die einen geringen, mittleren bzw. hohen Anteil an der Fehler-Ursache haben, so wird den

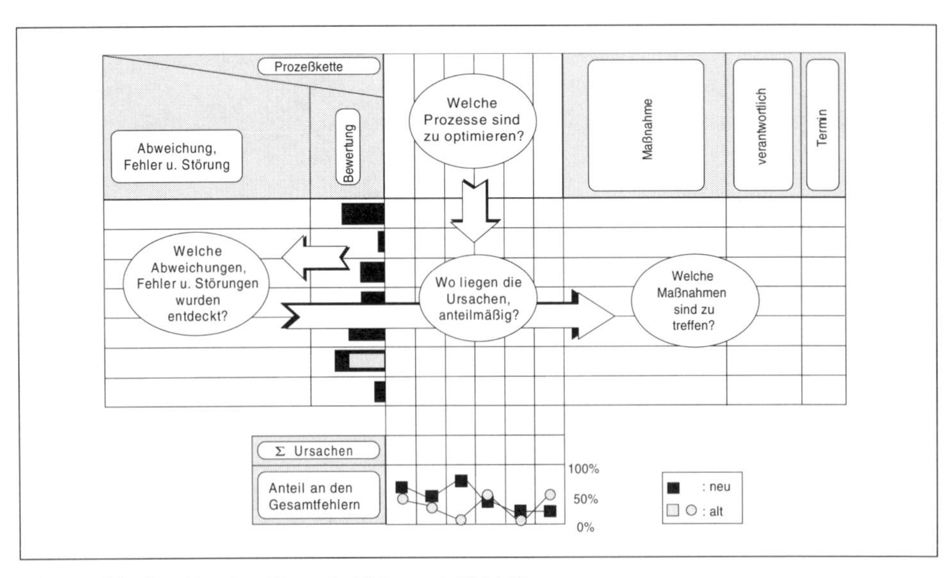

Bild 4.5: Ablauf zur Ursachen-Therapie (siehe auch Bild 4.7)

entsprechenden Prozessen die Werte 3, 6 bzw. 9 zugewiesen. Auf der Basis dieser errechneten Daten kann jeder Prozeß getrennt bewertet werden. Man kann den so ermittelten IST-Zustand mit früheren Ergebnissen vergleichen und prozeßbezogene Optimierungsziele festlegen. Die Angabe des prozentualen Anteils an den Gesamtursachen bezieht sich auf den betrachteten Zeitraum und läßt einen direkten Vergleich der verschiedenen Prozesse zu.

Für die daran anschließende Umsetzungsphase werden mögliche Maßnahmen ausgewählt und verantwortliche Personen und Termine festgelegt. Dadurch wird der komplette Problemlösungsablauf dokumentiert und die anschließende Maßnahmenverfolgung erleichtert.

4.4 Ergebnisse der Analyse in einem Maschinenbau-Unternehmen

- Unternehmensanalyse zum Thema Qualitätsprobleme (ca. 300 Betriebe)

Eine Breitenerhebung der Forschergruppe „Wechselwirkung zwischen Qualität und Organisation", vom Bundesministerium für Bildung, Wissenschaft, Forschung und Technologie gefördert, ergab in 307 Betrieben, daß etwa die Hälfte aller Betriebe erhebliche Qualitätsprobleme haben (Bild 4.6), von denen wiederum die Hälfte (24% absolut) die Ursachen der Probleme nicht genau lokalisieren konnten. Dabei ist die große Dunkelziffer nicht erkannter bzw. nicht erfaßter Probleme noch nicht berücksichtigt worden.

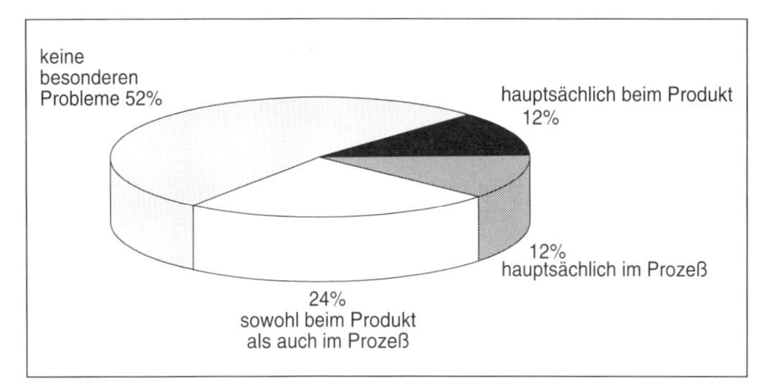

Bild 4.6: Bereiche der Qualitätsprobleme (307 Betriebe)

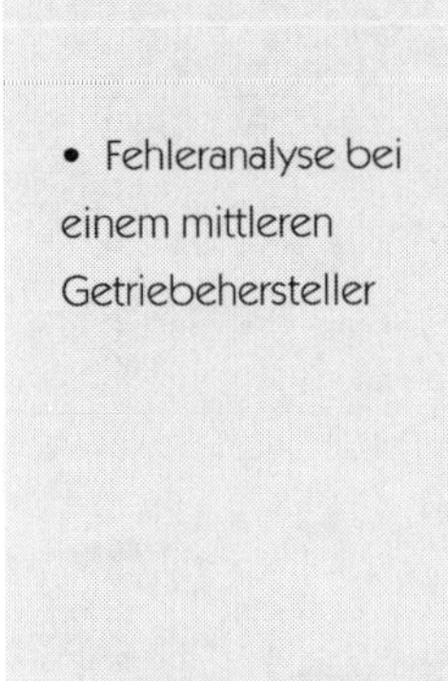
• Fehleranalyse bei einem mittleren Getriebehersteller

In diesem Zusammenhang leitete sich der Bedarf nach einer umfassenden Fehleranalyse eines kleinen oder mittleren Unternehmens ab, die am Beispiel eines Getriebeherstellers durchgeführt wurde.

Im Rahmen dieser Fehleranalyse wurden in einem Zeitraum von drei Wochen ca. 400 Fehler und Störungen erfaßt. Parallel dazu wurde ein Prozeßkettenmodell des Unternehmens erstellt, um die Ursachen, die meist vom Ort der Fehlererfassung entkoppelt waren, besser nachvollziehen bzw. ermitteln zu können. Da diese Datenbasis für eine erfolgreiche Fehler-Ursachen-Analyse eher zu klein ausgefallen war, wurde besonderen Wert auf die Qualität der Daten gelegt. So wurden alle beobachteten Fehler und Störungen sowie deren Symptome und Ursachen in Textform dokumentiert und nicht wie oft üblich mit Hilfe eines Fehlerschlüssels erfaßt.

Im Bild 4.7 wurde die in Kapitel 4.3 beschriebene Methode zur Fehler-Ursachen-Bearbeitung der übergeordneten Prozeßkette an verschiedenen Beispielen dargestellt.

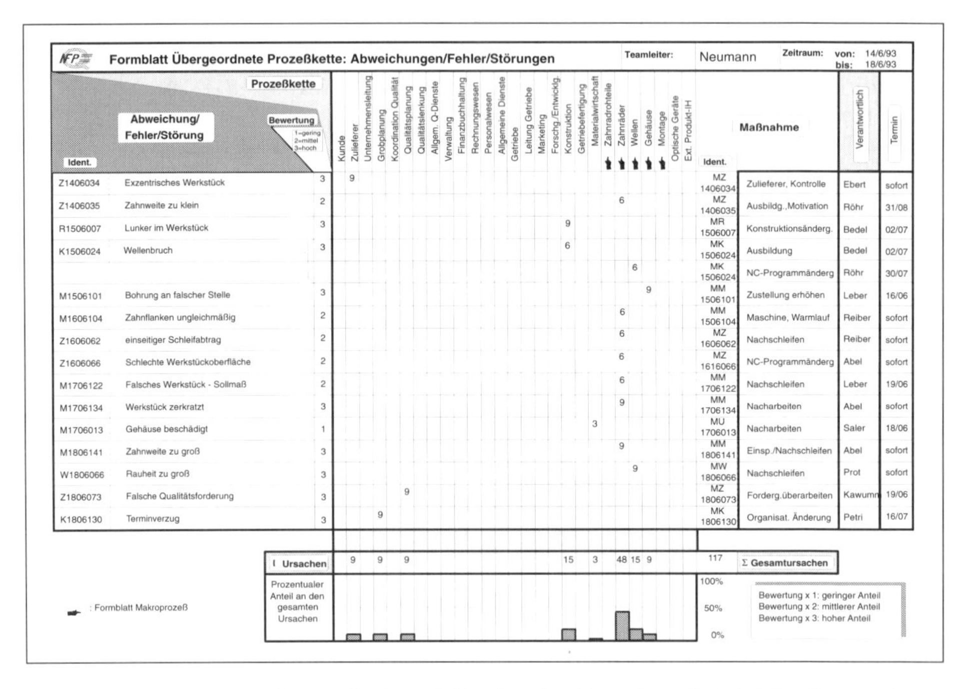

Formblatt Übergeordnete Prozeßkette: Abweichungen/Fehler/Störungen — Teamleiter: Neumann — Zeitraum: von: 14/6/93 bis: 18/6/93

Ident.	Abweichung/ Fehler/Störung	Bewertung (1=gering, 2=mittel, 3=hoch)	Kunde	Zulieferer	Unternehmensleitung	Grobplanung	Koordination Qualität	Qualitätsplanung	Qualitätslenkung	Allgem. Q-Dienste	Verwaltung	Finanzbuchhaltung	Rechnungswesen	Personalwesen	Allgemeine Dienste	Getriebe	Leitung Getriebe	Marketing	Forschg./Entwicklg.	Konstruktion	Getriebefertigung	Materialwirtschaft	Zahnradrohteile	Zahnräder	Wellen	Gehäuse	Montage	Optische Geräte	Ext. Produkt-IH	Ident.	Maßnahme	Verantwortlich	Termin
Z1406034	Exzentrisches Werkstück	3		9																										MZ 1406034	Zulieferer, Kontrolle	Ebert	sofort
Z1406035	Zahnweite zu klein	2																						6						MZ 1406035	Ausbildg.,Motivation	Röhr	31/08
R1506007	Lunker im Werkstück	3																		9										MR 1506007	Konstruktionsänderg.	Bedel	02/07
K1506024	Wellenbruch	3																		6										MK 1506024	Ausbildung	Bedel	02/07
																									6					MK 1506024	NC-Programmänderg	Röhr	30/07
M1506101	Bohrung an falscher Stelle	3																								9				MM 1506101	Zustellung erhöhen	Leber	16/06
M1606104	Zahnflanken ungleichmäßig	2																						6						MM 1506104	Maschine, Warmlauf	Reiber	sofort
Z1606062	einseitiger Schleifabtrag	2																						6						MZ 1606062	Nachschleifen	Reiber	sofort
Z1606066	Schlechte Werkstückoberfläche	2																						6						MZ 1616066	NC-Programmänderg	Abel	sofort
M1706122	Falsches Werkstück - Sollmaß	2																						6						MM 1706122	Nachschleifen	Leber	19/06
M1706134	Werkstück zerkratzt	3																						9						MM 1706134	Nacharbeiten	Abel	sofort
M1706013	Gehäuse beschädigt	1																				3								MU 1706013	Nacharbeiten	Saler	18/06
M1806141	Zahnweite zu groß	3																						9						MM 1806141	Einsp./Nachschleifen	Abel	sofort
W1806066	Rauheit zu groß	3																							9					MW 1806066	Nachschleifen	Prot	sofort
Z1806073	Falsche Qualitätsforderung	3						9																						MZ 1806073	Forderg.überarbeiten	Kawumn	19/06
K1806130	Terminverzug	3				9																								MK 1806130	Organisat. Änderung	Petri	16/07
	Σ Ursachen			9		9		9												15		3		48	15	9				117	Σ Gesamtursachen		

Prozentualer Anteil an den gesamten Ursachen: 100% / 50% / 0%

Bewertung x 1: geringer Anteil
Bewertung x 2: mittlerer Anteil
Bewertung x 3: hoher Anteil

➡ : Formblatt Makroprozeß

Bild 4.7: Formblatt zur prozeßkettenorientierten Fehler-Ursachen-Therapie am Beispiel der übergeordneten Prozeßkette

Zu jedem Fehler und jeder Maßnahme gibt es noch ein zugehöriges Erfassungsformular mit der gleichen Identnummer in dem alle Daten detaillierter und in Klartext eingetragen wurden.

4.4.1 Übergeordnete Prozeßkette

Betrachtet man die komplette Getriebefertigung mit allen Makroprozessen, so traten die meisten Fehler (53%) am Werkstück selbst auf (Bild 4.8). 18% der Fehler waren an den Maschinen (Mechanismen) und 15% in den immateriellen Produkten, sprich Plänen, Zeichnungen, Programmen, etc.

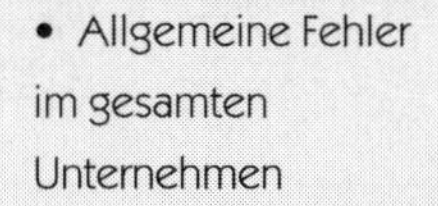

Die Auswertung der Ursachen ergab (Bild 4.9), daß die Hälfte aller Fehler und Störungen auf Mängel in der Fertigung zurückzuführen waren. Die Gründe dafür waren z. B. komplexe Betriebsmittel und Vorrichtungen, bedienungsunfreundliche Maschinen und Überwachungseinrichtungen und störungsanfällige Maschinensteuerungen.

Den zweiten Schwerpunkt bildete die Arbeitsplanung mit 15%. Hier waren vor allem fehlerhafte NC-Programme mit einem Gesamtfehleranteil von 2% kennzeichnend. Auf dieses Thema wird im Kapitel 6.3 noch genauer eingegangen.

• Allgemeine Ursachen im gesamten Unternehmen

An dritter Stelle der Ursachen stand die Werkstattsteuerung, bei der die Fehler in der Auftragsplanung (5,5% der Gesamtfehler) überwiegend auf organisatorische Probleme zurückzuführen waren.

Auffällig sind auch die „Sonstigen Ursachen", die ca. 41,5% aller Ursachen bildeten. Hierunter versteht man die Ursachen, die nicht klar klassifiziert werden konnten. Ein

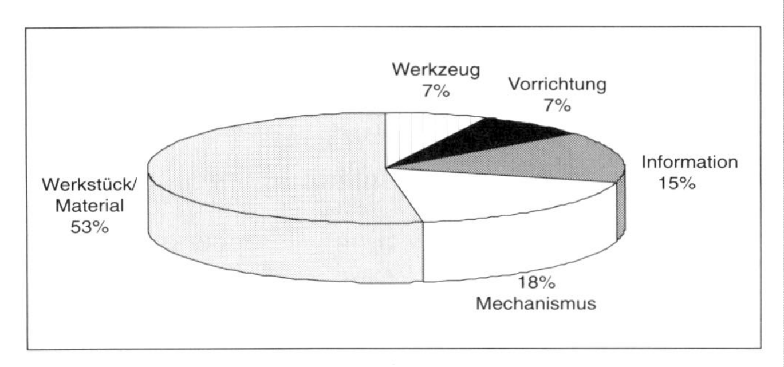

Bild 4.8: Fehler – Getriebe gesamt

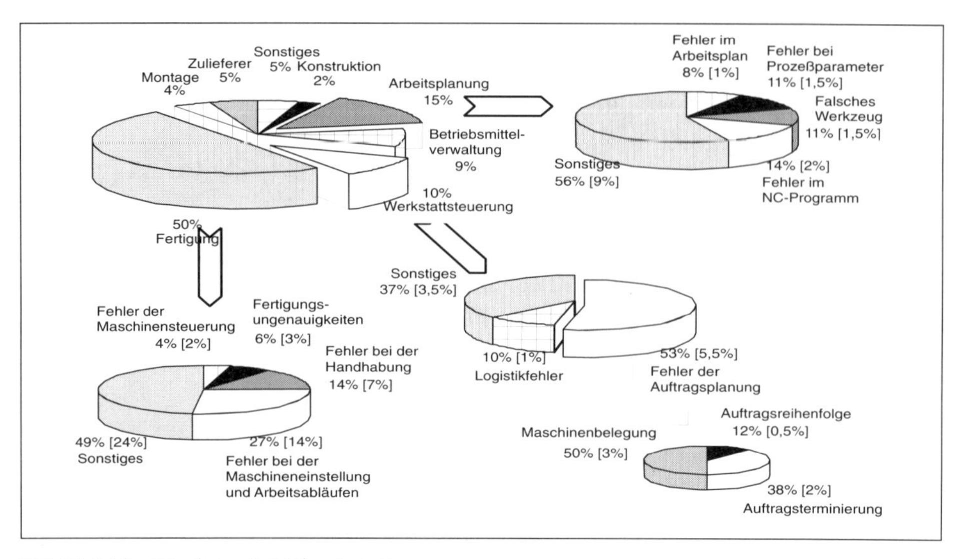

Bild 4.9: Fehler-Ursachen – Getriebe gesamt

Problem, welches sich in den meisten Unternehmen aufgrund überholter Organisationsstrukturen und falscher Führungsmethoden darlegt.

4.4.2 Makroprozeßkette Zahnradrohteilefertigung

Stellvertretend für alle betrachteten Makroprozeßketten, wird am Beispiel der Zahnradrohteilefertigung das Ergebnis der Analyse vorgestellt.

Dazu wurden im Vorfeld der Analyse die Fertigungsunterbrechungen nach Tabelle 4.1 in technisch und organisatorisch bedingte Störungen unterteilt.

- Fehler und Störungen im Makroprozeß „Zahnradrohteilefertigung"

Tabelle 4.1: Unterteilung der beobachteten Fertigungsunterbrechungen

Technisch bedingte Fertigungs-unterbrechungen	Organisatorisch bedingte Fertigungs-unterbrechungen
System Maschine System Werkzeug System Peripherie Sonst	System Peripherie Geplante Stillstandszeiten Ungeplante Stillstandszeiten Sonst

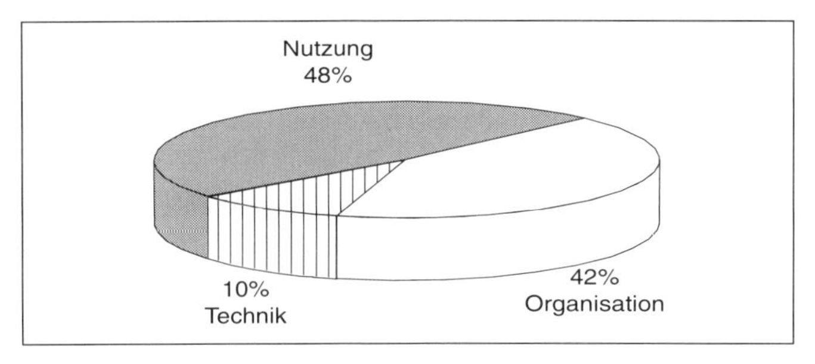

Bild 4.10: Fehler/Störungen – Makroprozeß Zahnradrohteilefertigung

Eine auftragsabhängige Summation aller im Untersuchungszeitraum aufgetretenen Fertigungsunterbrechungen führt auf einen zeitlichen Maschinennutzungsanteil von 48%. Die organisatorisch bedingten Fertigungsunterbrechungen verursachen eine relative Stillstandsdauer von 42%. Die restlichen 10% entfallen auf technisch bedingte Störungen (Bild 4.10).

Bei den technisch bedingten Störungen (Bild 4.11) nehmen die Störanteile des „Systems Werkzeug" mit 48% fast die Hälfte ein. Der Störanteil „System Maschine" kommt überwiegend durch selten auftretende, jedoch mit langen Ausfallzeiten verbundenen Störungen an der Maschinensteuerung zustande. Im „System Peripherie" sind Störungen der Erwärmungsöfen zusammengefaßt. Sie tragen zu fast 20% der technisch bedingten Störzeiten bei.

Die „geplanten Stillstandszeiten" betragen über 50% aller organisatorisch bedingten Unterbrechungszeiten. Der

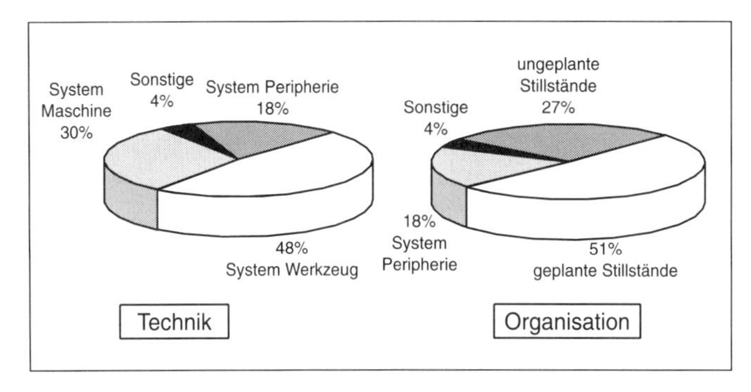

Bild 4.11: Fehler- und Störungsursachen – Makroprozeß Zahnradrohteilefertigung

• Ursachen im Makroprozeß „Zahnradrohteilefertigung"

zweitgrößte Anteil entfällt mit knapp 30 % auf die „ungeplanten Stillstände". Knapp 20 % entfallen auf organisatorisch bedingte Stillstandszeiten infolge Wartezeiten an den Erwärmungsanlagen („System Peripheric").

Auf organisatorisch bedingte Fertigungsunterbrechungen infolge Rüsten entfällt während des Untersuchungszeitraumes ein Anteil von 16 %, der den „geplanten Stillstandzeiten" zuzurechnen ist.

Insgesamt gesehen sind von allen beobachteten organisatorischen und technischen Fertigungsunterbrechungen 73 % als ungeplant einzustufen. Bei diesen Fertigungsunterbrechungen ist nach der eigentlichen Ursache zu suchen, um die Maschinennutzungsdauer und die Gleichmäßigkeit der Fertigung zu erhöhen.

4.4.3 Externe Produktinstandhaltung

In einem Betrieb der handwerklichen Instandhaltung wurden über einen Monat die eingehenden Getriebe auf vorhandene Schäden untersucht (z. T. Mehrfachschäden) und die am jeweiligen Objekt arbeitenden Handwerker über mögliche, vermutete Schadensursachen befragt sowie die schadhaften Bauteile bekannten Schadensbildern zugeordnet (Bild 4.12). Den größten Anteil an Schäden weisen Wellen, Paßfedern und Gehäuse auf (51 %), die bei fehlerfreier Herstellung, Nutzung und Instandhaltung i. a. kaum Verschleiß aufweisen. Insbesondere während der Nutzung herbeigeführte Überbelastungen von Getrieben führen oft

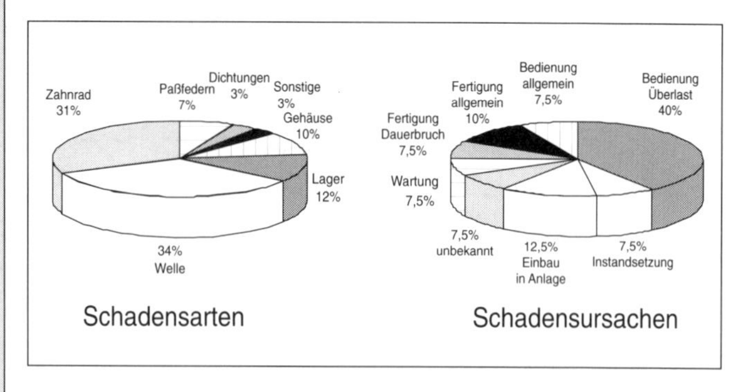

Bild 4.12: Schadensarten und -ursachen der externen Produktinstandhaltung

entweder spontan zu tordierten oder verbogenen Wellen sowie zu Zahnabbrüchen oder mittelfristig zu raschem Zahnverschleiß bzw. schweren Lagerschäden. Die beiden letztgenannten haben auch Schmierstoffmangel aufgrund der mangelnden Wartung als Ursache.

- Schadensarten und -ursachen der externen Produktinstandhaltung

Fehlerhafte Montagen von Getriebe in neue oder eine vorhandene technische Anlage führen zu Gehäusebrüchen, Lager- oder Wellenschäden. Während der Nutzung nicht durchgeführte Überwachungen der Getriebe oder die Strategie des „Fahrens bis zum Bruch" hat oft gravierende Schäden zur Folge bei dem ein leichter, nicht behobener Schaden einen weiteren Schaden hervorruft: Ein defektes Lager wird nicht beachtet, gibt z.B. Metallteile in den Schmierstoff ab und stört so die Reibung der tragenden Zahnflanken erheblich und hat einen Zahnradschaden zur Folge. Bei weiterer Nichtbeachtung eines geschädigten Lagers werden Totalschäden der Lager mit Zahnradbrüchen und Wellenschäden als Folgeschäden beobachtet.

Die auf einen Fehler bei der Herstellung zurückzuführenden Schäden nehmen mit 17,5% einen vergleichsweise geringen Umfang ein. Hier werden Dauerbrüche infolge eines falsch ausgeführten Übergangs im Wellendurchmesser und Härtefehler bei Zahnräder als Ursachen angenommen.

Literaturverzeichnis

DIN ISO 8402 Entwurf, März 1992: Qualitätsmanagement und Qualitätssicherung, Begriffe

DIN 7155 Teil 1, Aug. '66: ISO-Passungen für Einheitswelle

DIN 31051, Jan.'85: Instandhaltung, Begriffe und Maßnahmen

DIN 40041, Dez.'90: Zuverlässigkeit, Begriffe

Vornorm DIN 40042, Juni '70: Zuverlässigkeit elektrischer Geräte, Anlagen und Systeme, Begriffe

DIN 55 350, Teil 11, Mai 1987: Begriffe der Qualitätssicherung und Statistik, Grundbegriffe der Qualitätssicherung

DIN 55350, Teil 12, März 1989: Begriffe der Qualitätssicherung und Statistik, Merkmalsbezogene Begriffe

ABE94 Abel, V.: Vertrauensbereiche für Prozeßfähigkeitsindizes, Qualität und Zuverlässigkeit 39 (1994), Carl Hanser Verlag, München 1994

BAE94 Baethge-Kinsky,V.; Betze,K.; Noldaschl,M.: Innovatives Qualitätsmanagement – Alltag oder Schwachstelle im Unternehmen; QZ39 (1994)2, Carl Hanser Verlag, München 1994

DUB93 Dube, R.: Konzeption von Maßnahmen zur Null-Fehler-Produktion in der Getriebemontage. Diplomarbeit am Institut für Werkzeugmaschinen und Fertigungstechnik der TU Braunschweig, 1993.

EVE92 Eversheim, W.: Störungsmanagement in der Montage – Erfolgreiche Einzel- und Kleinserienproduktion. VDI-Verlag, Düsseldorf, 1992.

HES93 Hesselbach, J.: Störungsvermeidung und -behandlung in der automatisierten Fertigung. In: VDI-Berichte 1042; Produktionslogistik, S.53 ff. 1993.

HER94 Hering, E.; Triemel, J.; Blank, H-P.: Qualitätssicherung für Ingenieure, VDI-Verlag, Düsseldorf, 1993, 1994

5 Prozeßketten in modernen Produktionsorganisationen

5.1 Segmente als Prozeßketten und ihre Nahtstellen

D. Schömig,
A. Kwam,
B. Schröder,
B. Sterrenberg
und
E. Nicolaysen

Um die Reaktionsfähigkeit auf sich ständig ändernde Markterfordernisse zu verbessern, sollen neue, dezentrale Unternehmensstrukturen die alten verrichtungsorientierten und gewachsenen Organisationsformen ablösen /WES 94/. Hierbei werden die zum Teil komplexen Prozeßketten in kleine, eigenverantwortliche Organisationseinheiten untergliedert. Das hat den Vorteil, daß die Abläufe transparenter werden und der übergeordnete Koordinierungsaufwand sinkt.

- Dezentrale Organisationsformen

Darüberhinaus ist es dann sehr einfach, klar definierte Kunden-Lieferanten-Beziehungen aufzubauen und dafür zu sorgen, daß alle Probleme, wie z.B. Abweichungen, Fehler oder Störungen, verursachungsgerecht beseitigt werden können.

Durch die hohe Eigenverantwortung der Segmente und seiner Mitarbeiter läßt sich das Prinzip des internen Kunden leicht verwirklichen. Jeder Abnehmer bzw. Auftraggeber muß somit alle Forderungen an die zu liefernden materiellen oder immateriellen Produkte genau definieren, wobei vor allem Qualitätsmerkmale und die zugehörigen Toleranzbereiche von besonderer Bedeutung sind. Neben den Qualitätsmerkmalen und Kosten spielen aber auch die Liefertermine eine wichtige Rolle, da auch sie zu Fehlern führen können.

- Eigenverantwortung der Segmente

Fließen materielle oder immaterielle Produkte in ein Segment ein, so müssen sie vor der Weiterbearbeitung bzw. vor dem Gebrauch identifiziert werden. Nach bzw. während der Bearbeitung in dem entsprechenden Segment,

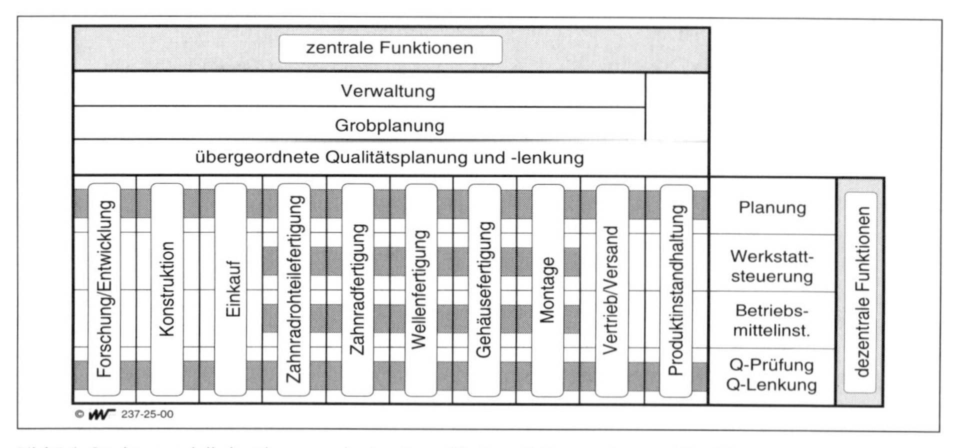

Bild 5.1: Strukturmodell der übergeordneten Prozeßkette mit Segmenten und Funktionen.

müssen die vom nachfolgenden Segment geforderten Merkmale überprüft werden. Treten Fehler auf, so müssen diese z.B. durch Nacharbeit, bzw. Ausschuß abgestellt werden. Parallel dazu muß die Fehler-Ursache ermittelt und beseitigt werden.

- Dezentrale Unternehmensstrukturen am Beispiel eines Getriebeherstellers

Am Beispiel eines Getriebeherstellers wurde in Bild 5.1 die Unternehmensstruktur eines segmentierten Unternehmens dargestellt. Generell werden zwei Kategorien unterschieden. Es besteht zum einen aus den bereits erwähnten Segmenten und zum anderen aus zentralen und dezentralen Funktionen.

- Definition von Segmenten und Funktionen

Während die Segmente wie z.B. Konstruktion, Zahnradfertigung, Montage etc. vorher definierte, materielle oder immaterielle Produkte bzw. Dienstleistungen vollständig herstellen, verrichten die Funktionen nur indirekte Tätigkeiten, die jedoch Einzel- und Gemeinkosten verursachen. Bei den Funktionen unterscheidet man zentrale oder übergeordnete Funktionen wie z.B. Qualitätsplanung und -lenkung oder Grobplanung und dezentrale Funktionen wie z.B. Qualitätsprüfung und -lenkung oder Werkstattsteuerung.

- Übergeordnete Qualitätsplanung und -lenkung

Die übergeordnete Qualitätsplanung und -lenkung koordinieren lediglich zentral, segmentübergreifend die Aktivitäten sämtlicher Segmente und der zugehörigen Prozeßketten. Da es auch Aufgaben der Qualitätsplanung und -lenkung gibt, die innerhalb der Segmente geplant, ausgeführt und koordiniert werden müssen, ist neben der übergeordneten Qualitätsplanung und -lenkung auch eine dezentrale Querschnittsfunktion mit ähnlichen Aufgaben erforderlich, die jedoch eigenverantwortlich in den einzelnen Segmenten durchgeführt wird.

Von entscheidender Bedeutung für die Abläufe in einer Null-Fehler-Produktion und zur Vermeidung redundanter oder widersprüchlicher Datenbestände sind gut funktionierende Informationsflüsse (Kapitel 6.1.1.), sowie genau festgelegte Zuständigkeiten zur Datenverwaltung erforderlich.

- Nahtstellen der übergeordneten Qualitätsplanung und -lenkung

In Bild 5.2 sind alle Nahtstellen der übergeordneten Qualitätsplanung und Qualitätslenkung dargestellt. Die Qualitätsplanung wählt die Qualitätsmerkmale aus und legt die zulässigen Werte bzw. Toleranzbereiche fest, die der übergeordneten Qualitätslenkung, den entsprechenden Segmenten und der zugehörigen Makro-Qualitätsplanung übergeben werden. Letztere setzt die segmentbezogenen Merkmale in mikroprozeßkettenbezogene Merkmale um. Über die Makro-Qualitätsplanung werden von sämtlichen Mi-

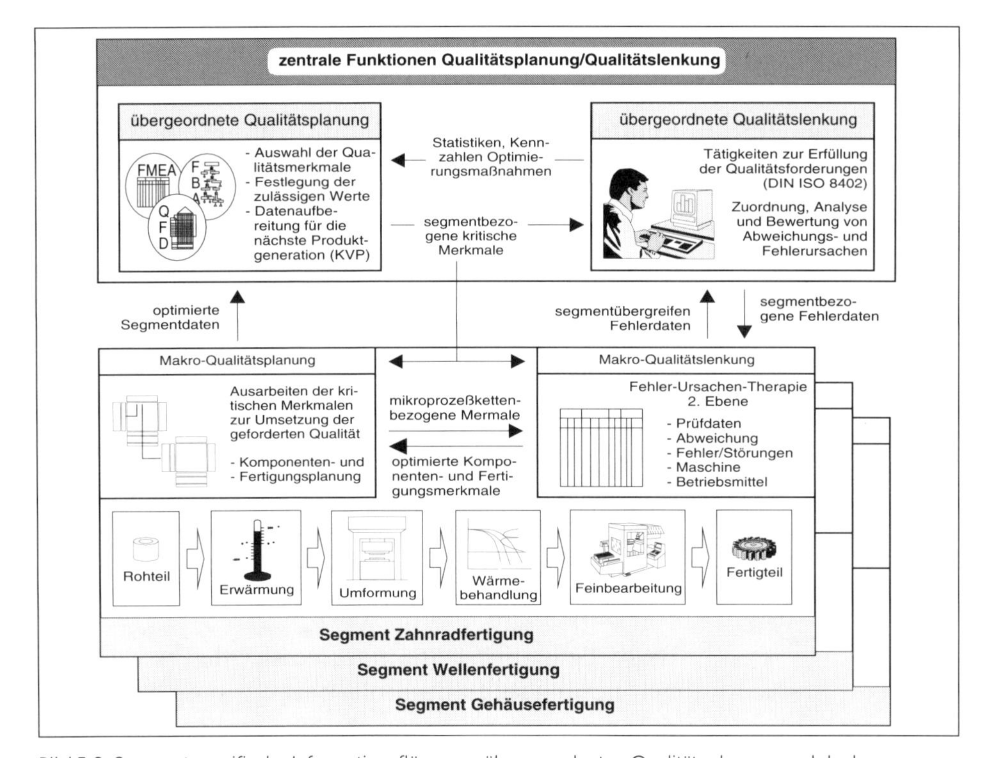

Bild 5.2: Segmentspezifische Informationsflüsse zur übergeordneten Qualitätsplanung und -lenkung.

kroprozessen die optimierten Merkmale bzw. Maßnahmen wie z.B. Parameteränderungen, etc. der übergeordneten Qualitätsplanung bereitgestellt. Die Maßnahmen zur Beseitigung von Ursachen segmentübergreifender Abweichungen, Fehler oder Störungen erhält die übergeordnete Qualitätsplanung von der übergeordneten Qualitätslenkung.

Auf die Nahtstelle zwischen Makro-Qualitätsplanung und operativer Ebene der Segmente wird in Kapitel 6.1.1. und auf die Nahtstelle zwischen übergeordneter Qualitätslenkung und Segment wird in Kapitel 6.1.2. noch näher eingegangen.

H. Timmer,
K. Brüggemann,
U. Böhm,
K. Henning und
E. Nicolaysen

5.2 Darstellung der Makroprozeßkette

- Wahl der richtigen Fertigungsschritte

Die von der Konstruktion mit sämtlichen Qualitätsdaten gelieferte Zeichnung wird durch die Fertigungsplanung umgesetzt. Deren Aufgabe besteht darin, eine in Bezug auf das Produkt optimale, qualitätsgerechte Fertigung zu planen. Die zu Beginn vorgenommene Prozeßplanung legt ein ein- oder mehrstufiges Fertigungsverfahren unter Berücksichtigung des Toleranzkanals fest, so daß das Werkstück nach dem letzten Fertigungsschritt den geforderten Qualitätsanforderungen genügt. Die Auswahl an Betriebsmitteln wie Werkzeuge und Vorrichtungen erfolgt zumeist während der NC- Programmierung. All diese Tätigkeiten in der Prozeß- und Betriebsmittelplanung können durch ein Informations- Tool unterstützt werden, das als Speicher für betriebsinterne Prozesse und Betriebsmittel dient und deren Qualitätsfähigkeit dokumentiert. Im Betriebsmittelbau werden daraufhin innerhalb der Makroprozeßkette:

- Werkzeuge montiert und voreingestellt,
- Vorrichtungen angefertigt oder probemontiert, mit einem Photo und einer Stückliste versehen, an die Mikroprozeßkette (Maschinenführer) weitergegeben und
- eventuell nötige Hilfsvorrichtungen gebaut

- Überprüfung der Betriebsmittel

Bevor die Betriebsmittel eingesetzt werden, ist eine Prüfung notwendig. Das bedeutet beispielsweise für die Vorrichtung eine Funktions- und Qualitätsprüfung, für die NC-Programme eine NC- Programm- Simulation. Nach Fertig-

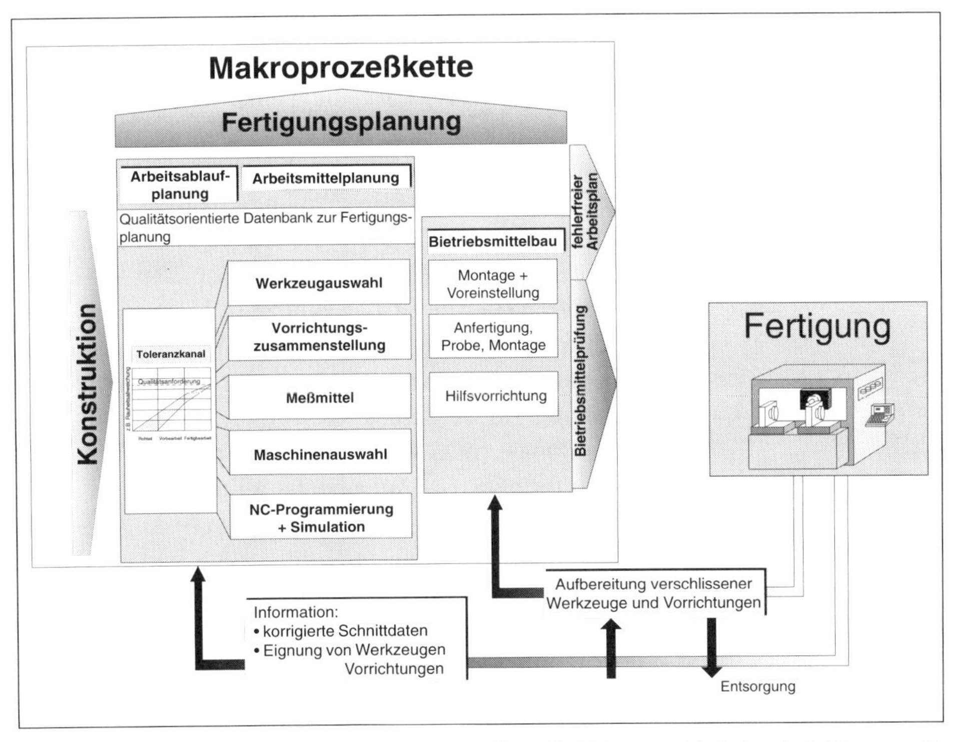

Bild 5.3: Tätigkeiten und Schnittstellen der MakroprozeßketteDie Makroprozeßkette beinhaltet im wesentlichen die Fertigungsplanung und die von ihr ausgeführten Tätigkeiten.

stellung des Werkstückes in der Mikroprozeßkette werden die Betriebsmittel der Betriebsmittelverwaltung wieder zugeführt, demontiert, geprüft und wenn nötig als Ausschuß deklariert. Informationen, die in Form von NC-Programmen den Werkstücklebenslauf festlegen und diesen mit Arbeits- und Prüfplänen begleiten und dokumentieren, bedürfen einer Rückführung. Zentrale Orte der Informationsentstehung wie die Mikroprozeßketten Betriebsmittelaufbereitung oder Fertigung, müssen Informationen an vorgelagerte Bereiche wieder zurückführen.

5.3 Darstellung der Mikroprozeßkette

A. Gente und
H. Hinkenhuis

Die Mikroprozeßkette beschreibt den Teil der Handlungsabläufe in einem Unternehmen, innerhalb dessen wertschöpfend am Produkt gearbeitet wird. Dies könnte grundsätzlich jeder Arbeitsschritt am Endprodukt oder einer seiner Komponenten sein, jedoch wurde innerhalb des Projektes die spanende Bearbeitung eines Getriebegehäuses exemplarisch herausgegriffen.

Bild 5.4 zeigt die Einbettung der Mikro- in die Makroprozeßkette. Die Fertigungsplanung erhält als Eingangsgröße die Spezifikation des Werkstücks von der Konstruktion, die im Kern aus der Zeichnung , aber auch aus weiteren Unterlagen wie zu beachtenden Normen und Vorschriften besteht. Dagegen stehen dem Maschinenbediener in der Mikroprozeßkette als Eingangsgrößen alle Betriebsmittel zur Verfügung, die er benötigt, um die Produktmerkmale (oder einen Teil davon) spezifikationsgerecht zu fertigen. Die Aufgabe der Mikroprozeßkette besteht also darin, unter den vorgegebenen Bedingungen einen bestimmten Fertigungsschritt qualitätsgerecht durchzuführen.

- Bedeutung des Rüstprozesses

Der Handlungsablauf in der Mikroprozeßkette beginnt mit dem auftragsbezogenen Aufrüsten der Maschine, in-

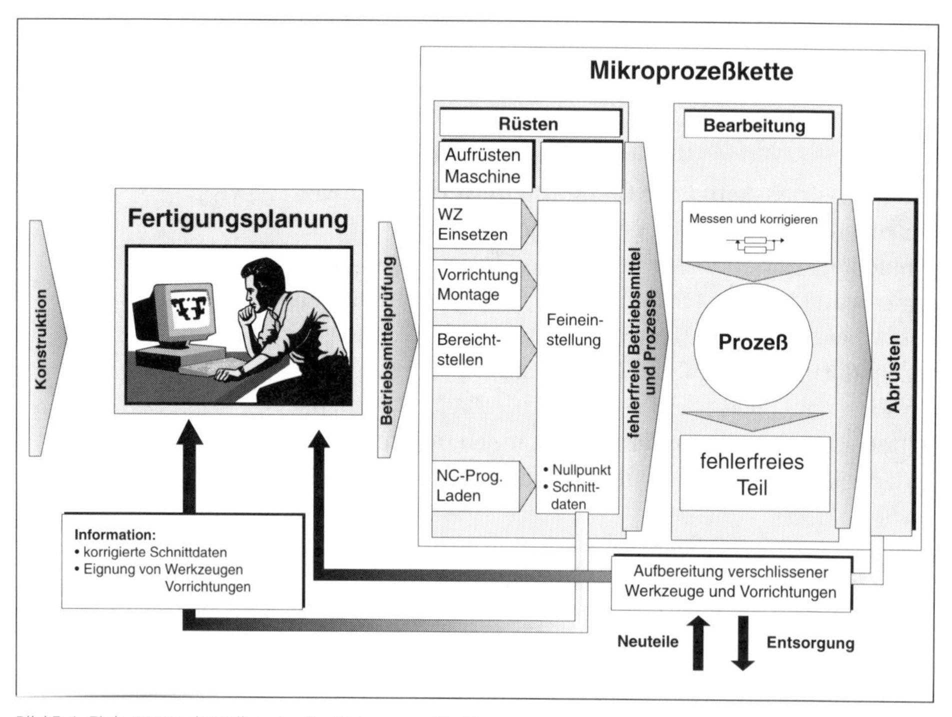

Bild 5.4: Einbettung der Mikro- in die Makroprozeßkette

nerhalb dessen die Maschine auf den speziellen Einsatz vorbereitet wird. Dazu zählen das Einsetzen der Werkzeuge, der Aufbau der Vorrichtung und das Laden des NC-Programmes. Anschließend erfolgt die ebenfalls noch unter das Rüsten fallende Tätigkeit der Einrichteteilfertigung, während der Nullpunkte korrigiert, Schnittdaten angepaßt und der Programmablauf kontrolliert wird.

Wenn das Einrichteteil als fehlerfrei erkannt wurde, beginnt die eigentliche Fertigung. Der Handlungsablauf besteht dann im Kern aus Handhaben, Spannen, Bearbeiten, Abspannen und wieder Handhaben. Begleitend tauscht der Maschinenbediener verschlissene Werkzeuge und führt Korrekturen aus, da beispielsweise eine langsame Drift eines Maßes durch Temperatureinfluß nicht einmalig während des Rüstens berücksichtigt werden kann. Die notwendigen Daten ermittelt der Maschinenbediener entweder selbst (Werkerselbstprüfung), oder sie werden ihm von extern (z.B. CNC-Vermessung) zur Verfügung gestellt.

- Mikroprozesskette als Bestandteil übergreifender Qualitätsregelkreise

Die Mikroprozeßkette ist Bestandteil verschiedener Qualitätsregelkreise. Korrekturen, die der Werker während der Bearbeitung ausführt, bilden den einen maschinennahen Regelkreis. Darüberhinaus bildet aber auch die Mikroprozeßkette als Ganzes in Verbindung mit der Fertigungsplanung einen bereichsübergreifenden Regelkreis. Die Eignung von Vorrichtungen, Werkzeugen in Verbindung mit ihren Schnittdaten und sonstiger Betriebsmittel ist zum Zeitpunkt ihrer erstmaligen Festlegung häufig nicht vollständig bekannt. Es bedarf der Ergänzung durch die Erfahrungen, die bei der Anwendung dieser Betriebsmittel gemacht werden.

Die genannten Qualitätsregelkreise können nur funktionieren, wenn der Informationsfluß aus der Fertigung heraus funktioniert. Dabei ist die größte Schwierigkeit im Personal zu sehen, welches zuerst mit diesen Erfahrungen in Berührung kommt. Es ist kaum zu erwarten, daß der Mann an der Maschine seine Anmerkungen über Fehler an Betriebsmitteln so formulieren kann, daß er diese direkt verwertbar in einen Rechner eingibt. Alternativ wäre ein System denkbar, in welchem der Maschinenbediener aus einem Fehlerkatalog eine Auswahl trifft. Dies setzt aber voraus, daß Fehlermöglichkeiten schon einmal vorgedacht wurden. Vorher denkbare Fehlermöglichkeiten stellen aber innerhalb von Qualitätsregelkreisen nicht das zu lösende Problem dar. Vielmehr ist die Rückführung von Informationen wichtig, die bei der ursprünglichen Planung der Prozesse gar nicht zur Verfügung standen.

Literaturverzeichnis

WES94 E.Westkämper, O.Laucht: Dezentralität als Basisprinzip zeitgemäßer Unternehmensorganisation; wt-Produktion und Management 84 (1994) 421-425, Springer-Verlag 1994

6 Maßnahmen, Methoden und Systeme

6.1 Segmentübergreifende Qualitätsplanung und -lenkung zur Null-Fehler-Produktion

D. SCHÖMIG,
A. KWAM und
E. NICOLAYSEN

Qualitätsplanung und -lenkung sind laut DIN ISO 8402 neben der Qualitätssicherung und der Qualitätsverbesserung Mittel zur Verwirklichung eines Qualitätsmanagementsystems. Sie werden wie folgt definiert:

- Definition Qualitätsplanung

Qualitätsplanung: Die Tätigkeiten, welche die Zielsetzungen und Qualitätsforderungen sowie die Forderungen für die Anwendung der Elemente des Qualitätsmanagementsystems festlegt.

- Definition Qualitätslenkung

Qualitätslenkung: Die Arbeitstechniken, die zur Erfüllung der Qualitätsforderungen angewendet werden.

Zu den Aufgaben der Qualitätslenkung gehören nach DIN 55350, Teil 11 die vorbeugenden, überwachenden und korrigierenden Tätigkeiten bei der Realisierung der Einheit mit dem Ziel, die Qualitätsforderungen zu erfüllen.

- Maßnahmen zur Null-Fehler-Produktion

Betrachtet man die im Kapitel 5.1 beschriebene Unternehmensorganisation, so unterscheidet man die Qualitätsplanung und -lenkung als zentrale und dezentrale Funktionen, für die es jeweils unterschiedliche Maßnahmen zur Realisierung einer Null-Fehler-Produktion gibt. Aus diesem Grund wird neben der übergeordneten Qualitätslenkung die dezentrale Qualitätslenkung am Beispiel der Montage vorgestellt.

Die Ausgangssitutation für die im Rahmen der Forschergruppe entwickelten Methoden bilden Kenntnisse und Erfahrungen aus der Industrie und Analysen wie z.B. die im Kapitel 4.4 beschriebene, die zwar nicht repräsentativ ist, aber dennoch informativen Charakter hat.

In der folgenden Tabelle wurden dazu verschiedene Maßnahmen aufgabenspezifisch aufgelistet und bewertet.

Funktion	Maßnahme	Bewertung
Übergeordnete Qualitätsplanung	Unternehmenswerte Planung und Umsetzung der Kundenanforderungen	
	Kohärente Qualitätsplanung	Kapitel 6.1.1
	Integration der QM-Methoden (FMEA, Fehlerbaumanalyse, QFD, etc.)	siehe unten
Übergeordnete Qualitätsdenkung	Unternehmenswerte Fehler-Ursachen-Therapie	Kapitel 6.1.2
	Präventive und laufende Instandhaltung	Routinearbeiten in jedem Unternehmen.
	Qualitätsregelkreise	Zur Erfüllung der Forderungen eingerichtete Abläufe, sowwohl intern als auch übergreifend (horizontal und vertikal)
	FMEA, Fehlerbaumanalyse	Präventive Maßnahmen, die nicht alle Fehler erfassen. Die Daten können jedoch weiter verwendet werden.
	Kontinuierlicher Verbesserungsprozeß	Parallel zu allen Abläufen durchzuführende Tätigkeiten; nie endend.
Qualitätsdenkung Montage	FMEA	Präventive Maßnahme; kann nicht alle potentiellen Fehler erfassen; die Ergebnisse der FMEA können als Fehlermöglichkeiten in das neue Konzept (Kap.6.1.3) übernommen werden.
	QFD	Präventive Maßnahme zur Produkt- und Prozeßplanung, kann ein Auftreten von Fehlern nicht ganz ausschließen; Solldaten und kritische Parameter können in dieses Konzept übernommen werden.
	Poka-yoke	Gute Möglichlichkeit zur Vermeidung erkannter Schwachstellen; setzt aber die Erkennung dieser voraus.
	SPC	Prozeßregelung, die auf meßbaren Größen beruht; keine attributiven Merkmale bewertbar, kann nur vordefinierte Parameter behandeln; große Stichproben erforderlich.
	CAQ-Systeme	Beruht auf Prüfplanung und kann nur vordefinierte Größen behandeln; ähnlich wie SPC nur für meßbare Größen.

Von den unten aufgelisteten Maßnahmen werden die drei wichtigsten im Folgenden genauer beschrieben.

6.1.1 Kohärente Qualitätsplanung durch integrierten Informationsaustausch

Bei der Ermittlung der Ursachen für die Nichterfüllung der geforderten Qualität stellt man oft fest, daß neben Produkt und Prozeß, diese vor allem auf Schwierigkeiten beim Übermitteln und Aufnehmen von Informationen, insbesondere während der planerischen Tätigkeiten zurückzuführen, sind. Die Analyse der im Rahmen des Forschungsprojektes betrachteten Getriebeproduktion zeigt, daß etwa 16% der Gesamtfehler in der Fehlerklasse Information (Bild „Fehlerklasse und Fehlerquelle in der Getriebeproduktion" Kap. 2) zuzuordnen sind. Bei einer weiteren Untersuchung darüber, wo die Fehlerursachen der jeweiligen Fehlerklasse liegen, wird deutlich, daß die Informationsfehler überwiegend aus der Arbeitsplanung (ca. 79%) d.h. den Phasen vor der eigentlichen Fertigung stammen.

Ein unumstrittenes Bestreben jeder Qualitätsplanung muß daher die prozeßkettenübergreifende Einflußnahme auf den Informationsaustausch sein. Ziel ist dabei die informationstechnische Integration (Bild 6.1) bis hin zur Übereinstimmung unter den beteiligten Prozeßketten.

Ein integrierter Informationsaustausch bzw. der wechselseitige Informationsfluß an den Schnittstellen der Prozeßketten ist die fundamentale Voraussetzung für Produkt- und Prozeßqualität.

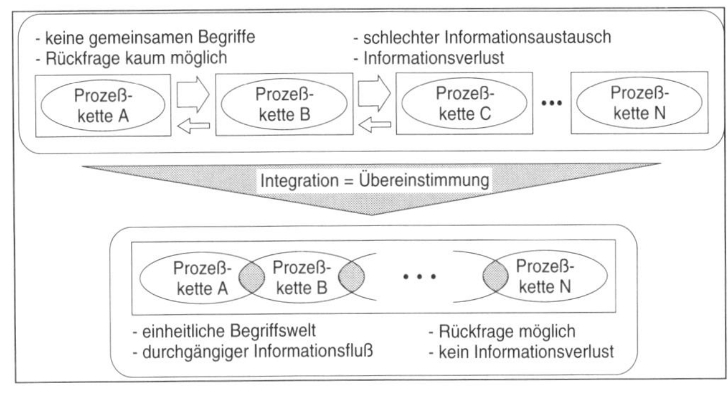

Bild 6.1: Integration als Hilfsmittel zum prozeßkettenübergreifenden Informationsaustausch.

Die im Kapitel 3 mit Hilfe der QFD-Methode erzielten Ergebnisse der Qualitätsplanung stellen das Fundament einer prozeßkettenübergreifenden Informationsbasis dar. Darauf aufbauend wird in diesem Abschnitt das Konzept einer kohärenten Qualitätsplanung durch integrierten Informationsaustausch unter den Prozeßketten entwickelt.

Der Informationsfluß soll ein natürliches Abbild der tatsächlichen Zusammengehörigkeit aller Vorgänge in der Makro- und Mikroprozeßkette darstellen.

6.1.1.1 Bedeutung der Schnittstellen zur Qualitätsplanung

Zur Auswahl kritischer Qualitätsmerkmale bieten sich zur Unterstützung des QFD die Verfahren der Fehlermöglichkeits- und -einflußanalyse (FMEA) und der Fehlerbaumanalyse (FBA) an. Die nachgelagerten Unternehmensbereiche müssen diese kritischen Merkmale durch qualitätsgerechte Entwicklung und Konstruktion, Arbeitsvorbereitung, Fertigung, Montage sowie Instandhaltung realisieren.

An den Informationsschnittstellen zur Qualitätsplanung findet ein bidirektionaler Informationsfluß (Bild 6.2) zwischen planerischen und ausführenden Tätigkeiten statt, der einerseits durch die Weitergabe qualitätsbestimmender bzw. kritischer Merkmalsinformationen an die entsprechenden Prozeßketten, und andererseits durch einen Informationsrückfluß aus den Prozeßketten geprägt ist.

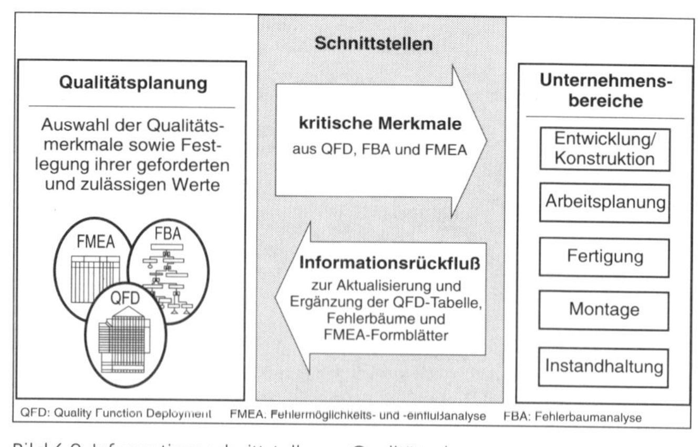

Bild 6.2: Informationsschnittstelle zur Qualitätsplanung.

Den fertigenden Unternehmensbereichen fehlen aufgrund der Komplexität der Einflußgrößen auf Produkte und Produktionsprozesse häufig die Möglichkeiten zur Abweichungs-Ursachen-Analyse. Der Informationsrückfluß aus den Prozeßketten besteht daher i.d.R. aus Fehler- bzw. Schadensstatistiken, Qualitätsregelkarten sowie Prozeß- und Maschinenfähigkeitsdaten. Ein Informationsrückfluß ist also hauptsächlich durch eine symptomatische Fehlerbeschreibung innerhalb der Prozeßkette gekennzeichnet, wobei neben der Zuordnung von Fehlerursachen zu den Symptomen jeweils eine Fehlerbewertung stattfindet. Dies ist Aufgabe der Qualitätslenkung (Abschnitt 6.1.2). Zur weiteren Bearbeitung dieser Informationen im Sinne der Null-Fehler-Prinzipien ist es notwendig, einen prozeßkettenübergreifenden Qualitätsregelkreis zu realisieren.

6.1.1.2 Das Prinzip des Qualitätsregelkreises

Beachtet man die Verknüpfung zwischen Qualitätsplanung, Qualitätslenkung und den verschiedenen Produktentstehungsprozessen, so ist die Analogie zum Regelkreis, wie er aus der klassischen Regelungstechnik bekannt ist, deutlich erkennbar. Die Begriffe aus der Regelungstechnik können auf Begriffe aus der Qualitätssicherung (Bild 6.3) übertragen werden.

Mittels dieser Analogien und unter Einführung der Abweichungserkennung und Abweichungsursachenbehebung als

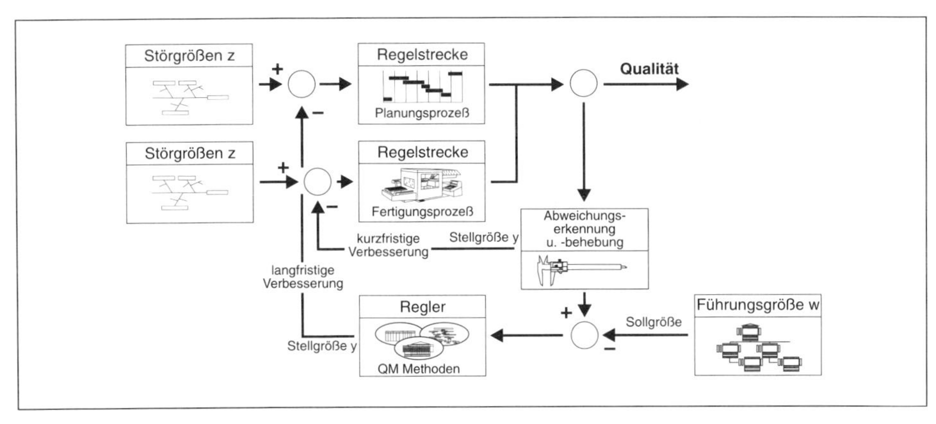

Bild 6.3: Ableiten des Qualitätsregelkreises zur Null-Fehler-Produktion.

wichtige Elemente der Qualitätssicherung, läßt sich das Modell des Regelkreises aus der klassischen Regelungstechnik in einen Qualitätsregelkreis zur Null-Fehler-Produktion überführen [PFE93].

Als Regelgröße x wird die Ausgangsgröße des Regelkreises bezeichnet. In der Terminologie der Qualitätssicherung entspricht sie der Qualität [DIN 55350], die möglichst auf die Erfüllung der Kundenwünsche gerichtet werden soll.

Die Störgröße z wirkt neben der Stellgröße y auf die Regelstrecke. In der Qualitätssicherung wird die Störgröße durch die Einwirkung Mensch, Maschine, Material, Management, Meßbarkeit, Mitwelt, Methode (die sogenannten 7M) auf die Regelstrecke beschrieben [PFE93a], die somit direkten Einfluß auf die Ausgangsgröße des Regelkreises haben.

Durch Änderung der Stellgröße y (Qualitätssicherungsmaßnahme) kann die Regelgröße x (Qualität) über die Regelstrecke beeinflußt werden. Sie wird aus einem Vergleich zwischen Regelgröße x und Führungsgröße w gewonnen, wodurch sich direkt die Wirksamkeit der bisherigen Qualitätssicherungsmaßnahmen ablesen läßt. Der Führungsgröße w entsprechen die im Qualitätsplanungsprozeß gewonnenen Qualitätsforderungen und Sollgrößen. Sie stellt somit eine weitere Eingangsgröße für den Regler dar. Die Führungsgrößen werden in der Qualitätsplanung als Produkt-, Komponenten-, Fertigungs- oder Prüfmerkmal ausgewählt, klassifiziert und gewichtet [PFE93a].

Durch die Stellgröße y sollen negative Einflüsse der Störgröße z (7 M) zur Erlangung einer gleichbleibend hohen Qualität kompensiert werden.

Die Auswahl geeigneter qualitätssichernder Maßnahmen und deren Einleitung wird durch die Qualitätslenkung vorgenommen. Sie umfaßt „die vorbeugenden, überwachenden und korrigierenden Tätigkeiten bei der Realisierung der Einheit … mit dem Ziel, die Qualitätsforderung … zu erfüllen“ [DIN 55350]. Die in der Qualitätslenkung gewonnenen Informationen können also zum Eingriff in den laufenden Prozeß (kurzfristige Verbesserung) oder falls dies nicht möglich oder mit nicht vertretbaren Kosten verbunden ist, zur Gewinnung von Qualitätsinformationen für die nächste Produktgeneration (langfristige Verbesserungen) verwendet werden. Für die Qualitätsplanung bedeutet dies, daß die Qualitätslenkung Informationen bereitstellt, die eine Anpassung bzw. Optimierung der QFD-Tabellen, FMEAs und Fehlerbäume ermöglichen.

Die Regelstrecke wird in der Qualitätssicherung durch die für die Produktentstehung notwendigen Prozesse repräsentiert. Dazu zählen sowohl alle technischen Prozesse (Fertigungs-, Montage-, Instandhaltungsprozeß) als auch alle dafür notwendigen Tätigkeiten (Entwicklung, Konstruktion, Arbeitsvorbereitung).

Der Regler entspricht in der Qualitätssicherung der qualitätssichernden Methode. Hier wird die Regelgröße x (Qualität) mit der Führungsgröße w (Qualitätsforderungen, Sollgrößen) verglichen, Abweichungen festgestellt und aus der Differenz die Stellgröße y (Qualitätssicherungsmaßnahme) gebildet.

6.1.1.3 Das Modell des integrierten Informationsaustausches

Die Basis für die Realisierung eines Integrationsmodells des Informationsaustausches stellt das Grundmodell des Informationsflusses zwischen Qualitätsplanung, Qualitätslenkung und den Prozeßketten (Bild 6.4) dar. Ihm lie-

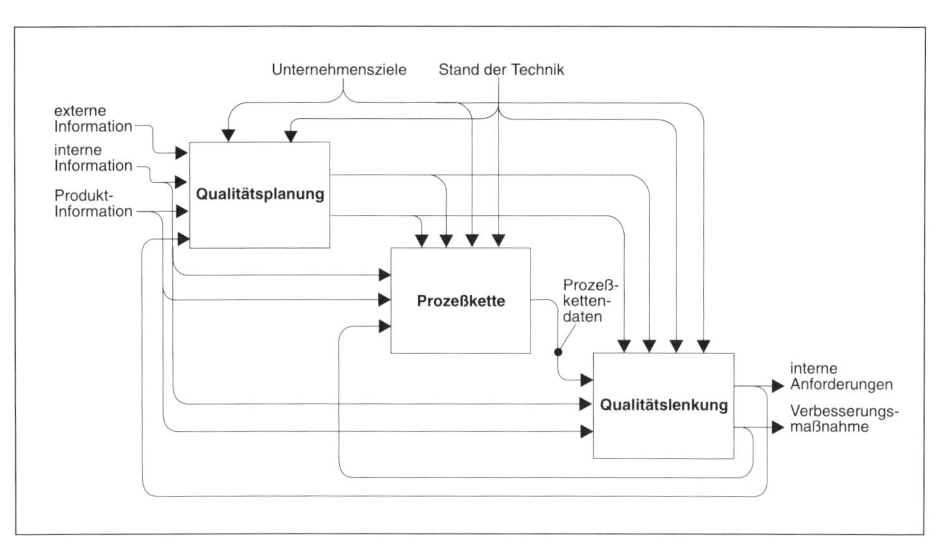

Bild 6.4: Grundmodell des Informationsflusses zwischen Qualitätsplanung, -lenkung und den Prozeßketten.

gen die im Kapitel 2 beschriebenen Grundlagen und Prinzipien zur Null-Fehler-Produktion zugrunde.

Das Modell des integrierten Informationsaustausches besteht aus den vier Modulen Daten-, Funktions-, Methoden- und Programmintegration (Bild 6.5). Sie sollen helfen, einen strukturierten Rahmen für den Informationsaustausch zu schaffen. Ein solches Modell begünstigt die systematische Entstehung von Informationen, da vor allem redundante Daten und Lücken in der Information bzw. im Informationsaustausch innerhalb und außerhalb der Prozeßkette erkannt und vermieden werden können.

Die im Rahmen des Prozeßkettengeschehens zu verarbeitenden Informationen werden zwischen den einzelnen Prozeßketten (z.B. Verzahnungsfertigung, Montage) in Form von Daten ausgetauscht. Um eine Datenintegration zu gewährleisten, müssen daher die Prozeßketten so aufeinander abgestimmt werden, daß die datenempfangende Einheit diese ordnungsgemäß interpretieren kann. Dafür muß insbesondere auf die folgenden Voraussetzungen geachtet werden:

- Nutzung gleicher Daten für gleichen Informationsbedarf
- Gleiche Datenbezeichnung für gleiche Daten
- Eindeutige Verantwortlichkeit für die Festlegung und Änderung von Daten
- Prozeßkettenweit einheitliche Produkt- und Prozeßdaten
- Zeitgerechte Bereitstellung der benötigten Daten
- Frühestmögliche Weitergabe neuer Daten.

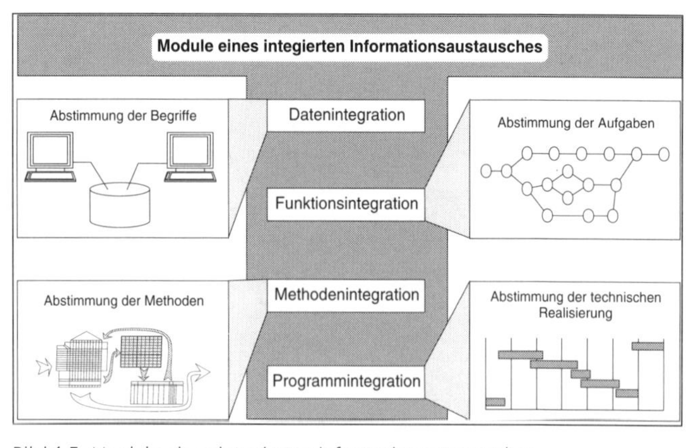

Bild 6.5: Module eines integierten Informationsaustausches.

Datenintegration schafft die Voraussetzung für die Funktionsintegration durch eine optimale Datenversorgung der einzelnen Funktionen.

Funktionsintegration
Unter einer Funktion soll hier eine Tätigkeit verstanden werden, die auf die Zustands- oder Lageveränderung eines Objektes abzielt. Eine Funktionsbezeichnung besteht aus zwei Komponenten, einem Verb (Verrichtung) und einem Substantiv (Objekt) auf das sich dieses Verb bezieht (z.B. Lager montieren).

Die Funktionsintegration beinhaltet, daß die einzelnen Funktionen informationstechnisch miteinander verkettet werden. Sie dient vor allem zur Ableitung von Maßnahmen für die Optimierung der Prozeßkettenabläufe sowie von Kriterien für die Auswahl geeigneter Ressourcen sowohl in der langfristigen Planung als auch in der mittel- und kurzfristigen Steuerung der Prozeßkettenaktivitäten.

Insbesondere ist bei der Funktionsintegration zu prüfen, ob ablauforganisatorisch zusammengehörige Funktionen auf verschiedene Einheiten der Prozeßkette verteilt sind und dadurch Abläufe gehemmt werden. Dafür wurden die folgenden Kriterien erarbeitet:

- Funktionszusammenfassung zur Verringerung der Anzahl durchzuführender Tätigkeiten innerhalb der Prozeßkette
- Synchronisation der Funktionsausführungen
- kurze Regelkreise bei Abweichungen vom geforderten Ergebnis.

Methodenintegration
Methodenintegration bedeutet, daß die in den unterschiedlichen Prozeßketten benutzten Methoden aufeinander abzustimmen sind. Zum Beispiel erfordert die Qualitätsplanung eines komplexen Produktes mit Hilfe der QFD-Methode einen erheblichen Arbeitsaufwand. Eine zusätzliche, separate Durchführung z.B. der FMEA in der Konstruktion würde den Entwicklungsprozeß weiter verzögern. Durch eine aufeinander bezogene Abstimmung und einen gezielten, daß heißt synergienutzenden Informationsaustausch zwischen den beiden Methoden kann

„Doppelarbeit" vermieden und damit ihre Effizienz wesentlich gesteigert werden.

Programmintegration
Die Programmintegration basiert auf der Abstimmung einzelner Programme. Während die Funktionsintegration das fachlich inhaltliche Geschehen in Prozeßketten abbildet, ist das Ziel der Programmintegration ein integrierter Informationsaustausch im Hinblick auf die Vorgänge bzw. Reihenfolge der technischen Realisierung verschiedener Komponenten [SÜS91].

Es muß z.B. entschieden werden, ob zuerst die Planung der Termine für die vorbeugende Instandhaltung und eine anschließende Terminierung des Instandhaltungsprogramms einer Produktion durchgeführt wird oder umgekehrt das Instandhaltungsprogramm die Lücken im Terminkalender sucht, in denen eine zu inspizierende Produktionsanlage durch Fertigungsaufträge nur schwach ausgelastet ist.

6.1.2. Die Fehler-Ursachen-Therapie als Werkzeug der Qualitätslenkung

Die ständige Verbesserung von Prozessen durch die unternehmensweite Analyse von Fehlern, Störungen und ihren Ursachen, sowie deren Beseitigung ist eine der wichtigsten Aufgaben der Qualitätslenkung. Das Ziel sind somit nicht nur fehlerfreie Produkte, sondern auch fehlerfreie und damit sichere Prozesse. Hierbei müssen alle Forderungen der Endkunden, aber auch alle Forderungen interner Kunden – jeder Prozeß ist Kunde des ihm vorgelagerten Prozesses – berücksichtigt und erfüllt werden.

- Bedeutung der Qualitätslenkung

Aufgrund der Entwicklung in den Unternehmen zeichnet sich ab, daß die Qualitätslenkung zunehmend an Bedeutung gewinnt und zu einem Schwerpunkt der Qualitätssicherung wird. Sie arbeitet mit den Vorgaben der Qualitätsplanung und mit den gewonnenen Qualitätsdaten aus Qualitätsprüfungen und dem laufenden Prozeß. Da immer mehr Prüfungen in Form von Werkerselbstprüfungen durchgeführt werden, die operationellen Prüfungen somit zunehmend der Produktion zugeordnet werden und auch die Prozeßdaten dort erfaßt und verwaltet werden, kann die Qualitätslenkung im Rahmen der Dezentralisierung nicht mehr direkt auf die entsprechenden Daten zugreifen. Lediglich Prüfergebnisse aus Qualitätsaudits werden zentral erfaßt und sind somit direkt zugänglich.

- Informationsflüsse in dezentralen Unternehmensstrukturen

Es ist erforderlich sämtliche QS-Tätigkeiten und Informationsflüsse der übergeordneten Qualitätslenkung den dezentralen Unternehmensstrukturen, also der dezentralen Qualitätslenkung der Segmente bzw. den Makroprozessen anzupassen (Bild 6.6). Das betrifft auch die Datenerfassung und -verwaltung mittels Datenbanken und Programmsystemen.

- Die zwei Ebenen der Fehler-Ursachen-Therapie

Aus diesem Grund wird die Fehler-Ursachen-Therapie gemäß der zentralen und dezentralen Qualitätslenkung in zwei Ebenen unterteilt. Die übergeordnete Ebene umfaßt alle zentralen Funktionen und alle Segmente, die keine eigene Qualitätslenkung haben, sowie alle Nahtstellen zur zweiten Ebene, also der Segmente mit eigener Qualitätslenkung. Die Informationen von den Kunden fließen ebenfalls in die erste Ebene mit ein.

- Unternehmensweiter Informationsfluß über zwei Ebenen

Im Rahmen der Null-Fehler-Therapie weden die Informationen, wie im Bild 6.7 dargestellt, ausgetauscht. Die Segmente und die übergeordnete Qualitätslenkung erhal-

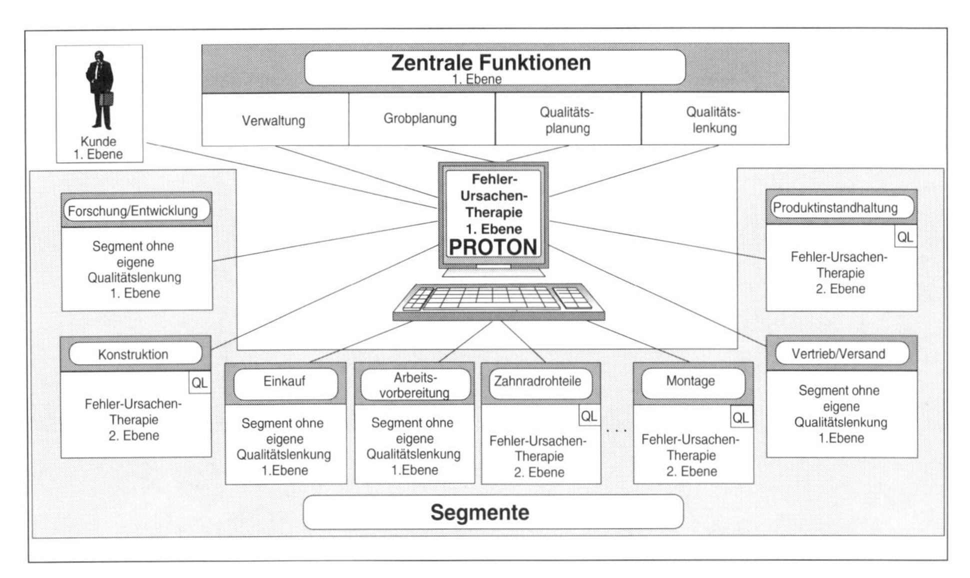

Bild 6.6: Die zwei Ebenen der Fehler-Ursachen-Therapie.

ten von der übergeordneten Qualitätsplanung Vorgaben in Form von Qualitätsforderungen und -merkmalen. Neben den externen Informationsquellen der Kunden und der Produktinstandhaltung werden in den zentralen Funktionen die Daten von Abweichungen, Fehlern und Störungen direkt erfaßt. Liegt die Fehler-Ursache in einem Segment, so werden die zugehörigen Daten vollständig übergeben, damit dieses Segment die Ursachen-Analyse weiterführen kann. Von den Segmenten werden wiederum Daten zu Abweichungen, Fehlern und Störungen an die übergeordnete Qualitätslenkung übergeben, um somit die Nahtstelle zu anderen Segmenten und Funktionen abzudecken und eine segmentübergreifende Analyse zu ermöglichen. Liegt die Ursache außerhalb des entsprechenden Segmentes, so werden alle Daten übergeben. Daten von intern bearbeiteten Abweichungen, Fehler oder Störungen werden in komprimierter Form und in Form von Statistiken zur 1. Ebene übergeben.

- Einsatz von Rechnersystemen

Zur wirtschaftlichen Nutzung dieser neuen Qualitätsmanagement-Methode ist der Einsatz von Rechnersystemen unumgänglich. Es muß eine schnelle Fehlererfassung, eine

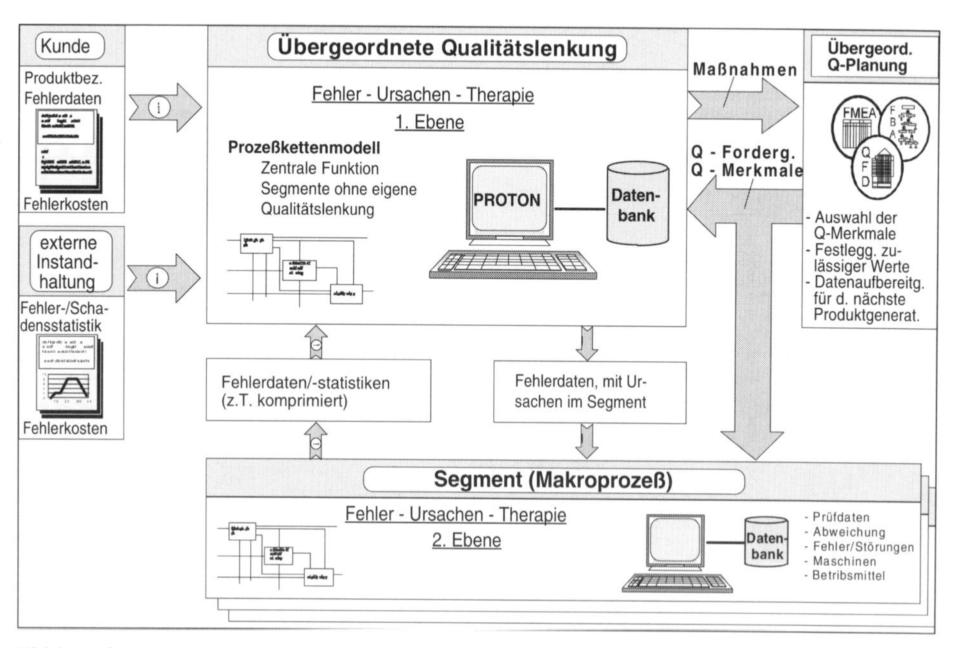

Bild 6.7: Informationsfluß der unternehmensweiten Fehler-Ursachen-Therapie

einfache Datenverwaltung und eine ebenso schnelle Fehlerbearbeitung gewährleistet werden. Hierzu wurde ein Software-Prototyp entwickelt, der in erster Linie das Therapie-Team bei allen nachfolgend beschriebenen Tätigkeiten unterstützt. Daneben kann es auch zur Abweichungs- und Fehler-Erfassung von allen Mitarbeiter eingesetzt werden.

Das Programm mit dem Namen PROTON (PRocess-chain Oriented Therapy Of Nonconformity causes) wurde auf der Basis des relationalen Datenbank-Managementsystems Microsoft AccessTM entwickelt. Es zeichnet sich durch eine interaktive, bedienerfreundliche Oberfläche und eine hohe Ausfallsicherheit gegenüber falschen Eingaben und Störungen aus.

- Entwicklung einer Prototyp-Datenbank

Das System wurde als Werkzeug der übergeordneten Qualitätslenkung entwickelt, kann aber auch in der zweiten Ebene entsprechend eingesetzt werden. Seine Hauptaufgabe ist die Verwaltung aller relevanten Daten. Daneben wird das komplette Unternehmen als Modell dargestellt, in der sämtliche Prozeß- und Teilprozeßketten mit allen Material- und Informationsflüssen ebenenweise erfaßt werden. Somit sind alle, auch abteilungsübergeifende Zusammenhänge bekannt und das Modell kann zur Unterstützung der unternehmensweiten Fehler-Ursachen-Analyse eingesetzt werden. Wissen über den Prozeß, die Anlagen und das Produkt wird ebenfalls mit Hilfe der Datenbank erfaßt und verwaltet.

- Aufgaben der Datenbank einschließlich Bediener-Oberfläche

Die zentrale Datenverwaltung durch die relationale Datenbank stellt sicher, daß alle Teilaufgaben der Fehler-Ursachen-Therapie koordiniert und systematisch ablaufen, daß der Datenaustausch an den Nahtstellen reibungslos abläuft, und daß bei allen Vorgängen auf dieselben Daten zurückgegriffen wird.

Bild 6.1.8 zeigt die Einbindung von PROTON in den strukturellen Ablauf der Fehler-Ursachen-Therapie. Dargestellt ist der übergeordnete, interne Kreislauf Qualitätslenkung, Segmente, Makroprozesse und die Anbindung externer Firmen und Kunden. Aufgebaut ist alles wie ein Regelkreis mit der übergeordneten Qualitätslenkung als Regler, den Maßnahmen als Stellgrößen, den Segmenten bzw. Makroprozessen als Regelstrecke und den Abweichungs- und Fehlerdaten sowie den Prüf- und Prozeßda-

- Einbindung der Datenbank in die Fehler-Ursachen-Therapie

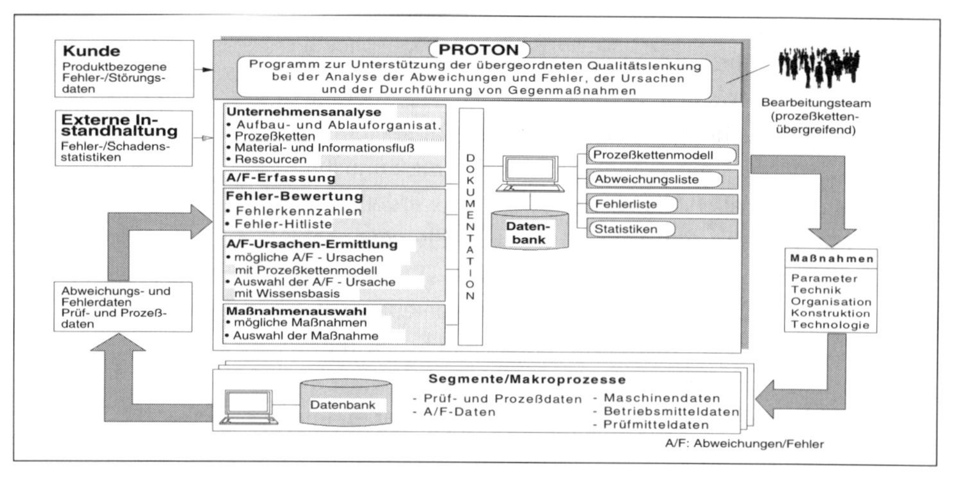

Bild 6.8: Rechnerunterstützte Fehler-Ursachen-Therapie.

ten als Regelgrößen. Das Programm PROTON ist hierbei ein Hilfsmittel der übergeordneten Qualitätslenkung zur Durchführung der Fehler-Ursachen-Therapie, welche von der Analyse ausgehend, die Datenerfassung, die Fehler-Ursachen-Forschung, die Maßnahmenbewertung und -auswahl sowie das Beanstandungsmanagement umfaßt.

Analyse

- Prozeßkettenmodell zur Analyse des Unternehmens

Die Grundlage für den erfolgreichen Einsatz der Fehler-Ursachen-Therapie bildet eine detaillierte Analyse des Unternehmens (Bild 6.9). Dazu wird aus der bestehenden Aufbau- und Ablauforganisation des Unternehmens ein Prozeßkettenmodell erstellt, in welchem alle Zusammenhänge (Material- und Informationsflüsse) erfaßt und in Form von hierarchischen Blockdiagrammen dargestellt werden. Der Detaillierungsgrad hängt von der Unternehmensorganisation ab. Allen Prozessen werden Ressourcen wie z.B. Personal, Maschinen etc. zugeordnet. Zusätzlich wird für jeden Prozeß eine Liste geführt, in der alle Fehler und Abweichungen der betroffenen Aktivität, deren Ursachen in dem entsprechenden Prozeß liegen, aufgelistet werden (Wissensbasis).

Abweichungs- und Fehlererfassung

- Erfassung von Abweichungen, Störungen und Fehler

Bei der Fehlererfassung unterscheidet man externe und interne Datenquellen. Externe Daten sind z.B. Fehlermeldungen und Reklamationen von Kunden oder Fehler- und Schadensstatistiken von externen Instandhaltern (siehe auch Bild 6.7). Bei den internen Daten werden neben den Fehlern und Störungen auch Abweichungen berücksichtigt. Die interne Abweichungs- und Fehlererfassung wird von den Mitarbeitern in Eigenverantwortung durchgeführt. Hierbei unterscheidet man zwei Erfassungsarten. Bei der klassischen Methode wird von dem entsprechenden Mitarbeiter ein Erfassungsbogen ausgefüllt, der die benötigten Daten enthält (siehe auch Kapitel 4). Die zweite Erfassungsmöglichkeit ist mit Hilfe eines Rechners,

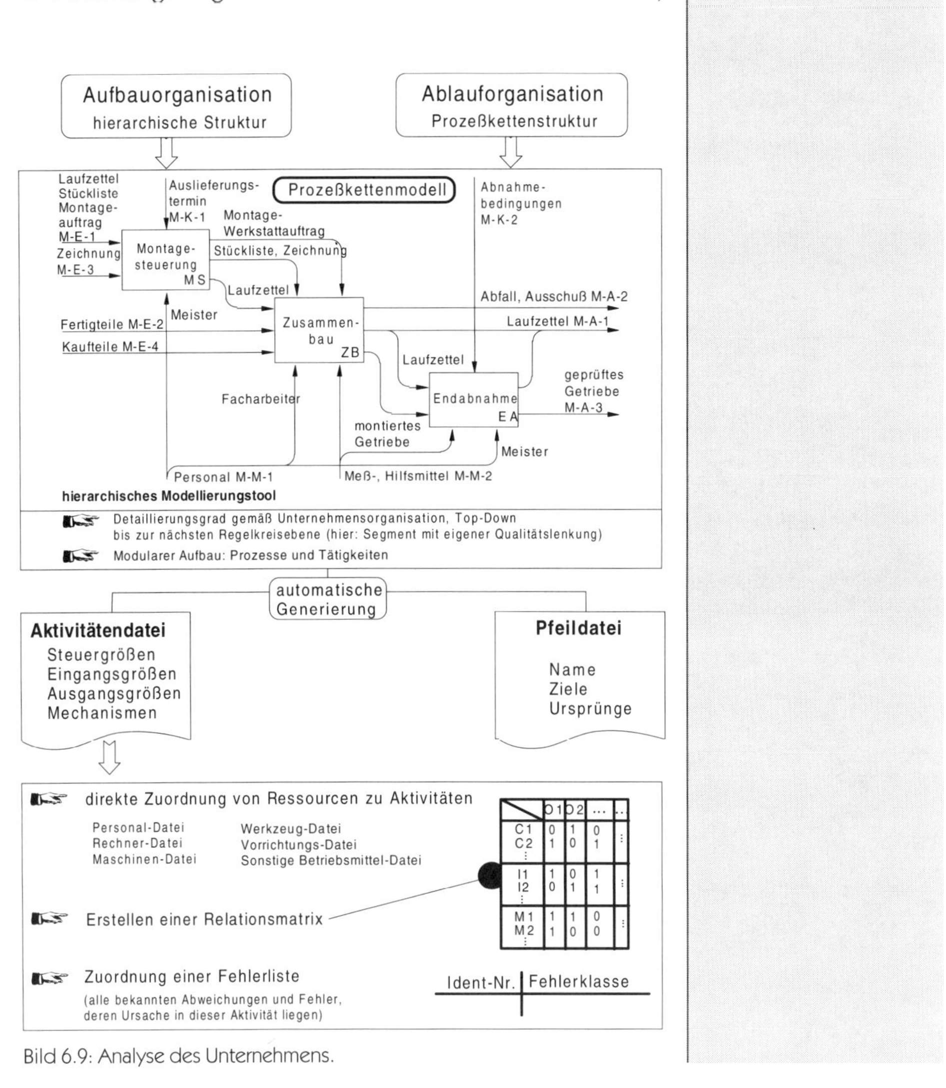

Bild 6.9: Analyse des Unternehmens.

wobei der Mitarbeiter interaktiv die Eingabe der geforderten Daten durchführt. Um ein effektives Arbeiten zu ermöglichen müssen die manuell ausgefüllten Erfassungsbögen zentral in den Rechner eingegeben werden. Nur in diesem Fall läßt sich der Aufwand für die Fehler-Ursachen-Therapie wirtschaftlich vertreten.

Abweichungs- und Fehlerbearbeitung

- Einsatz von Teams zur Problembearbeitung

Nach der Erfassung wird zur eigentlichen Bearbeitung der Abweichungen und Fehler ein Team gebildet, welches aus Mitarbeitern verschiedener Abteilungen (Q-Planung, Q-Lenkung, Konstruktion, Arbeitsvorbereitung, Fertigung, etc.) zusammengesetzt wird.

- Fehlerbewertung

Dieses Team beginnt damit die Fehler der Reihe nach (je nach Datum und Erfassungszeit) zu bewerten und sie mit einer Fehlerkennzahl zu versehen, wobei die Bewertung als eine erste Abschätzung zu sehen ist. In diese Fehlerkennzahl fließt neben den direkt zu ermittelnden Fehlerkosten auch eine Gewichtung mit ein, durch die die wirtschaftliche Bedeutung eines Fehlers zum Ausdruck gebracht wird. Die so bewerteten Fehler werden aufgrund dieser Bewertung sortiert und in eine Liste eingetragen, wodurch gewährleistet wird, daß die Fehler in der Reihenfolge ihrer Wichtigkeit und Kosten abgearbeitet werden.

- Fehlerklassifizierung

Die zweite Aufgabe ist die Abweichungs- und Fehlerklassifizierung. Sie hat das Ziel, aufgetretene Abweichungen und Fehler bzw. deren Merkmale in Klassen einzuteilen, um damit Schwerpunkte herauszukristallisieren. Für die Fehler wurde eine Baumstruktur der Fehlerklassen entworfen, die problemlos dem jeweiligen Unternehmen angepaßt werden kann. Zur Kennzeichnung bzw. Benennung der Fehlerklassen wird ein Zahlenschlüssel (Fehlercode) benutzt, der den Anforderungen der EDV gerecht wird. Hierzu wurde ein Ebenenmodell eingeführt, wobei der Informationsgrad mit steigender Ebenenzahl zunimmt. Als Ausgangsbasis wurden drei Ebenen ausgewählt, welche sich jedoch beliebig erweitern lassen.

- Ursachen-Analyse

Die dritte und weitaus schwierigste Aufgabe des Teams ist die Ermittlung der Abweichungs- und Fehler-Ursachen. Hierfür stehen dem Team in erster Linie zwei Hilfsmittel zur Verfügung. Zum einen das Prozeßkettenmodell, welches in der Analysephase erstellt wurde und zum anderen das bereits vorhandene und in der Datenbank erfaßte Wissen über bekannte Fehler und Abweichungen.

- Das Prozeßkettenmodell als Unterstützung des Teams zur Ursachen-Ermittlung

Das Prozeßkettenmodell stellt alle Teilprozeßketten vom eigentlichen Unternehmen als oberste Ebene in einem hierarchischen Modell dar. Hierzu werden alle Vorgänge bzw. Tätigkeiten als Aktivitäten dargestellt. Jede Aktivität besitzt Ein- und Ausgangsgrößen in Form von Materialien und Informationen, Steuergrößen in Form von Informationen und zugehörige Ressourcen wie z.B. Mitarbeiter, Maschinen oder Rechner. Der Detaillierungsgrad (Anzahl der Modellebenen) richtet sich nach der Aufbau- und Ablauforganisation und der Größe eines Unternehmens. Das Prozeßkettenmodell der übergeordneten Qualitätslenkung muß in jedem Fall soweit detailliert werden, daß alle Segmente und Funktionen berücksichtigt werden. Dazu gehören auch sämtliche externen Partner und Kunden. Interne Nahtstellen bilden alle Segmente oder Makroprozesse, die selbst wiederum über eine eigene Qualitätslenkung und Prozeßkettenmodelle verfügen.

- Fehler-Datenbank als Hilfsmittel

In der Datenbank werden außerdem sämtliche bisher aufgetretenen und den Mitarbeitern bekannten Fehler und Abweichungen aktivitätsbezogen gespeichert. Dazu gehören auch Daten aus bereits durchgeführten Analysen wie z.B. Fehlermöglichkeits- und Einflußanalysen (FMEA) oder Fehlerbaumanalysen (siehe auch Kapitel 6.1.1). Wird in einer Aktivität ein Fehler oder Abweichung erkannt und erfaßt, so kann das Team mit Hilfe der Datenbank sämtliche bekannten Fehler oder Abweichungen einsehen und mit dem erfaßten Fehler oder der Abweichung vergleichen. Darüberhinaus werden die Ursachen aller erfaßten Fehler in Gruppen eingeteilt, um somit Fehlerschwerpunkte, Ähnlichkeiten und Zusammenhänge, z.B. Fehler-Ursachen durch ein und dieselbe Ressource in unterschiedlichen Aktivitäten, zu analysieren.

- Ermittlung der Ursache durch das Team

Mit Hilfe dieser beiden Werkzeuge kann das Team anschließend die Ursachen-Analyse durchführen (Bild 6.10). Ist die Fehler- bzw- Abweichungs-Ursache bekannt, so kann diese direkt in die entsprechende Datei eingetragen und die Analyse abgeschlossen werden. Im anderen Fall

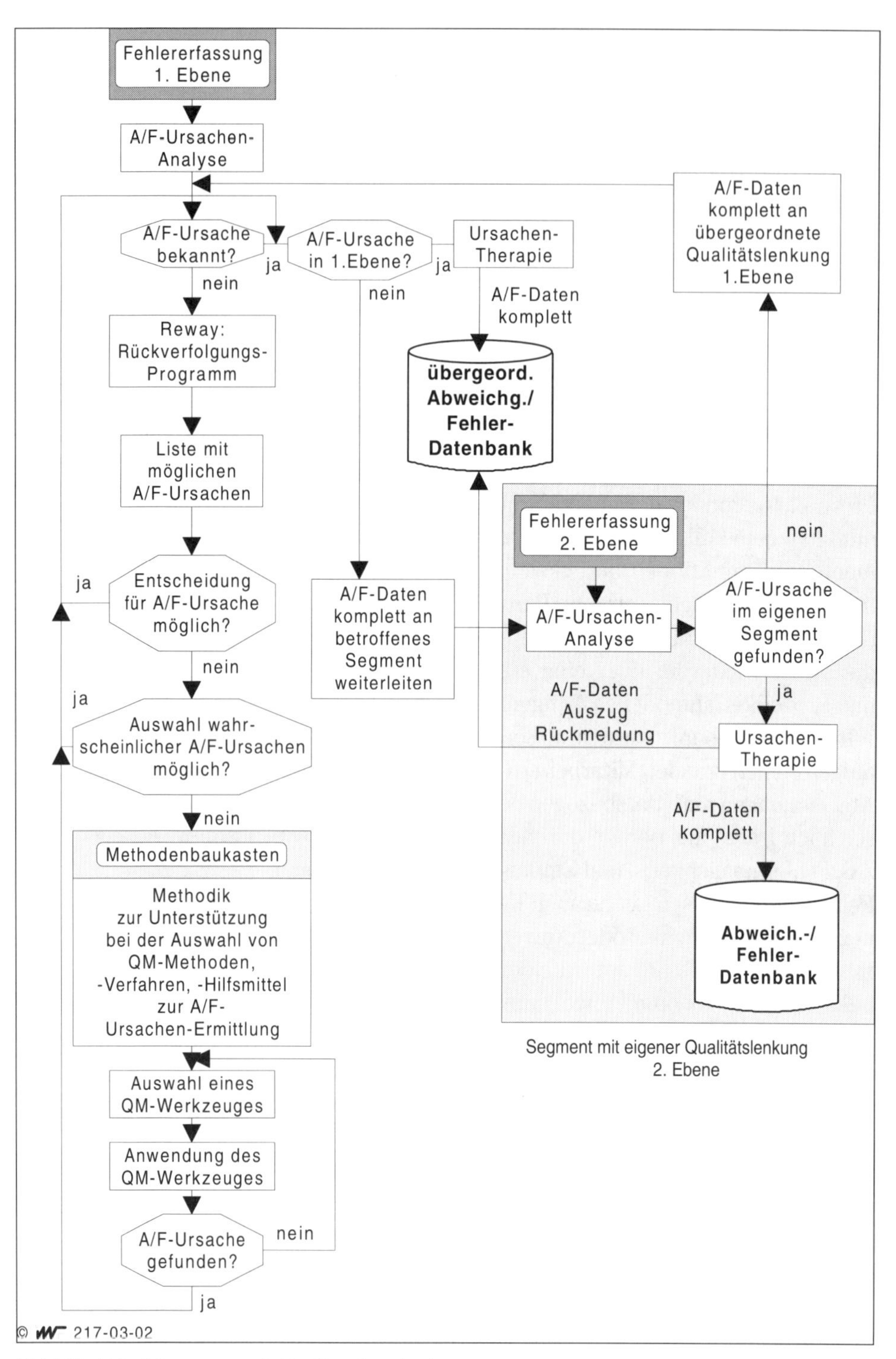

Bild 6.10: Ablaufdiagramm zur Fehler-Ursachen-Analyse.

wird auf der Basis des Prozeßkettenmodells mit Hilfe eines Programms eine Rückverfolgung sämtlicher Material- und Informationsflüsse unter Berücksichtigung der vorhandenen Relationsmatrizen durchgeführt und eine Liste der möglichen Fehler- bzw. Abweichungs-Ursachen erstellt. Die Aufgabe des Therapie-Teams ist es nun, aus den möglichen Ursachen die zutreffende bzw. die wahrscheinlichste Abweichungs- bzw. Fehler-Ursache auszuwählen. Diese werden dann ebenfalls in die zugehörige Fehlerdatei eingetragen. Kann an dieser Stelle noch immer keine Entscheidung bezüglich der Ursache getroffen werden, so müssen zusätzliche Methoden und Werkzeuge des Qualitätsmanagements zur Ursachen-Analyse in den betroffenen Aktivitäten bzw. Makroprozessen eingesetzt werden.

Diese Methoden und Werkzeuge helfen, Fehler bestimmter Klassen früher bzw. einfacher zu erkennen oder durch präventive Maßnahmen zu verhindern. Durch ständig neue Entwicklungen im Bereich Qualitätsmanagement gibt es eine Vielzahl von Methoden, Techniken, Werkzeugen und Empfehlungen. Es ist sehr schwer, alle Abläufe und Vorgehensweisen zu behalten und zu verstehen.

- Einsatz eines Methodenbaukastens zur Unterstützung des Teams bei der Ermittlung der Ursachen

Aus diesem Grund wurde für die Fehler-Ursachen-Therapie ein Methodenbaukasten entwickelt, der das Team bei der Auswahl von QM-Methoden und -Werkzeugen unterstützt. Er bietet die Möglichkeit alternative Methoden auszuwählen, falls die ursprünglich ausgewählte keine neuen Erkenntnisse mehr liefert und die Fehler- und Abweichungs-Ursachen noch nicht ausreichend eingegrenzt werden konnte. Es bietet dem Team eine Auswahl der bestgeeigneten Methoden mit den wichtigsten Werkzeugen.

Maßnahmenauswahl

- Auswahl von Maßnahmen zur Beseitigung von Ursachen

Für die Beseitigung der aufgetretenen Abweichungen, Fehler oder Störungen muß das Team im Anschluß an die Fehlerbearbeitung Maßnahmen ausarbeiten (Bild 6.1.11). Diese werden in fünf Klassen eingeteilt, von denen jede ein eigenes Berechnungsverfahren zur Ermittlung der Kosten beinhaltet. Hierzu stehen Verfahren wie z.B. die Wirtschaftlichkeitsrechnung, die Kosten-/Nutzen-Rechnung oder die Nutzwertanalyse zur Verfügung. Auf der Grundlage dieser Kosten und eventuell erforderlicher Kostenschätzungen werden die Maßnahmen bewertet um im Anschluß daran, ähnlich wie bei der Fehlerbewertung, mit Hilfe von Gewichtungsfaktoren eine Maßnahmenkennzahl zu erhalten. Das Team entscheidet ob eine Amortisation möglich ist und trägt in diesem Fall die Daten in eine Maßnahmen-Datei ein.

- Ermitteln der wirtschaftlichsten Maßnahme

Begonnen wird bei diesem Vorgehen mit der Aktivität, die den Fehler bzw. die Abweichung verursacht hat. Ist diese Aktivität bearbeitet, so wird entschieden ob die Maßnahme durchgeführt und der Ablauf beendet wird oder ob eventuell noch bessere Maßnahmen möglich sind. Entscheidet

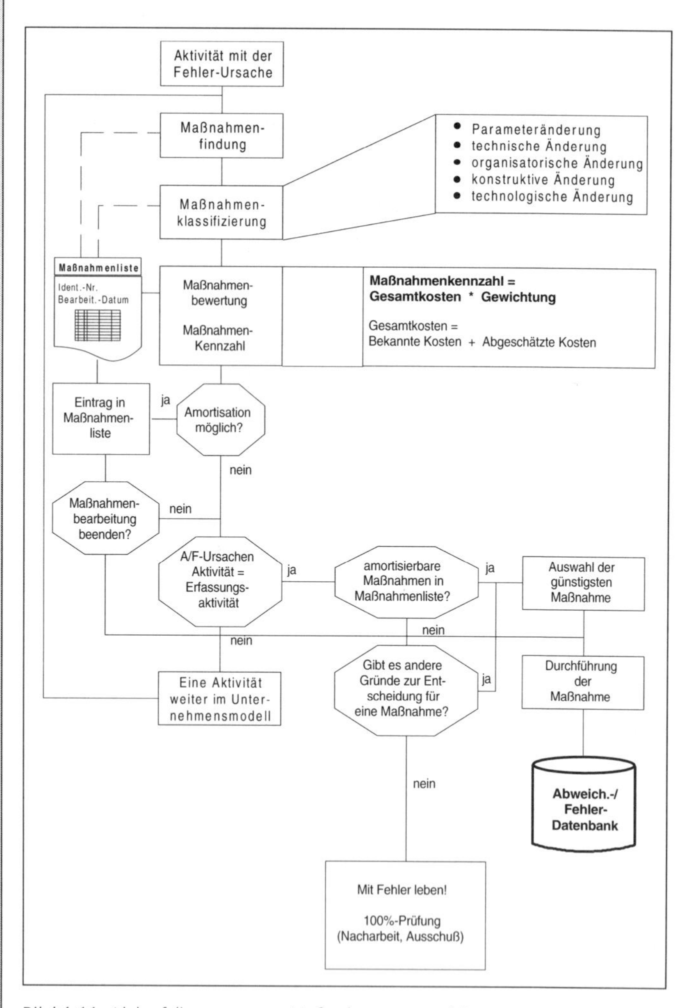

Bild 6.11: Ablaufdiagramm zur Maßnahmenauswahl.

man sich für das Letztere, so wiederholt sich der Ablauf für die jeweils im Prozeßkettenmodell direkt nachfolgende Aktivität solange, bis die Aktivität erreicht ist, in der der Fehler bzw. die Abweichung erkannt und erfaßt worden ist.

Wurden mehrere Maßnahmen in die Maßnahmenliste eingetragen, so wählt das Team die wirtschaftlichste aus und veranlaßt ihre Durchführung unter Festlegung der Verantwortlichkeiten und Termine.

- Maßnahmenverfolgung, statistische Auswertungen und Mitarbeiterinformation

Kann das Team jedoch keine amortisierbare Maßnahme finden, so wird entschieden ob es andere Gründe für die Durchführung einer Maßnahme gibt, die eine Amortisierung nicht zwingend notwendig machen. Ist dies nicht der Fall, so muß man mit diesem Fehler bzw. dieser Abweichung leben und entsprechend nacharbeiten bzw. die fehlerhaften Produkte aussondern.

Beanstandungsmanagement
Den Abschluß der Fehler-Ursachen-Therapie bildet eine Ergebnisbeurteilung mit der Frage inwieweit der Fehler bzw. die Störung durch die eingeleitete Maßnahme beseitigt wurde. Die Aufgaben des Beanstandungsmanagements sind neben der Maßnahmenverfolgung, statistische Berechnungen und die bereichsübergeifende Information aller Mitarbeiter. Die Veröffentlichung der Statistiken, der Arbeitsinhalte bzw. die Bearbeitungsstände des Therapie-Teams, sowie der Erfolgsmeldungen wirkt sich in jeder Beziehung motivierend auf die Mitarbeiter aus. Dem Gedanken der kontinuierlichen Verbesserung als eine der Aufgaben der Qualitätslenkung wird dadurch Rechnung getragen.

6.1.3 Segmentweite Qualitätslenkung am Beispiel der Montage

6.1.3.1 Zielsetzung

- Segmentinterne Fehlerbehandlung

Der Ablauf der segmentinternen Fehlerbehandlung, der sich zyklisch wiederholt, besteht aus den folgenden Schritten (siehe Bild 6.12):

- Abweichungserkennung und -erfassung
- Aus- und Bewertung, Grobdiagnose

– Ursachenanalyse
– Maßnahmenentwicklung

• Erschwerte Fehlerbehandlung in der Montage

Es hat sich gezeigt, daß dieses Vorgehen besonders in der Montage mit den vorhandenen Methoden nicht möglich ist. Die Gründe dafür sind zum einen in Besonderheiten der Montage zu suchen. Teile aus verschiedenen Vorfertigungen werden hier gefügt. Daraus folgt, daß vorher verursachte Fehler teilweise erst hier zum Tragen kommen. Montage wird als Sammelbecken für Fehler angesehen /MIL89/. Außerdem bedeutet Montage eine Vielzahl von unterschiedlichen, teilweise manuell und automatisiert ausgeführten Fügeprozessen. Gleichzeitg kann ein Fügeverfahren aber auch an verschiedenen Bauteilen des Produkts ausgeführt werden.

• Insellösungen in der Praxis

In der Praxis werden häufig Insellösungen eingesetzt /PFE93/. Vielfach sind dabei manuell geführte Strichlisten im Einsatz, die die Fehlerdaten nicht genügend detaillieren. Damit fehlen Ansatzpunkte für eine Qualitätsverbesserung, der Aufwand für Fehlleistungen (Zeit, Material und Kosten) ist häufig nicht bekannt /BLE88/. Daraus folgen zwei Dinge:

• Einheitliche Erfassung von Fehlern in der Montage erforderlich

– Eine einheitliche Struktur in der Fehlererfassung an allen Prozessen ist Voraussetzung für eine Vergleichbarkeit von Fehlern. Diese Vergleichbarkeit wiederum wird

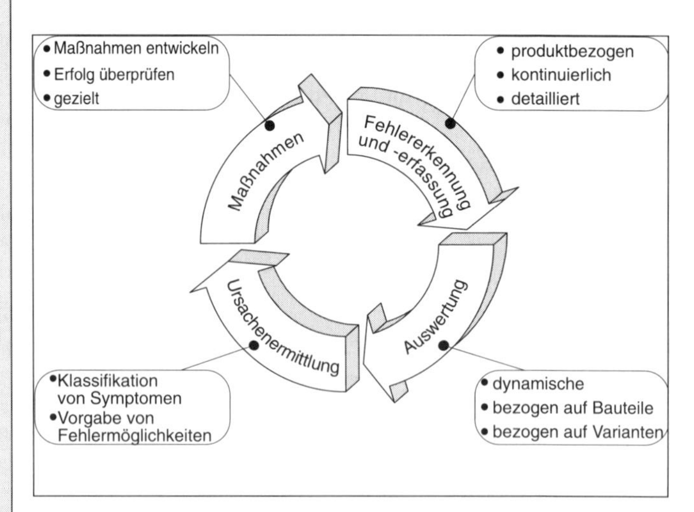

Bild 6.12: Ablauf der segmentinternen Fehlerbehandlung

benötigt, um Fehlerschwerpunkte erkennen zu können. Nach Möglichkeit sollen auch Fehler, die erst während der Nutzung auftreten, aber trotzdem in einem Zusammenhang mit der Montage stehen können, in diesem Format aufgenommen werden.
- Für eine Fehlervermeidung, wie sie das Ziel der Qualitätslenkung ist, werden detaillierte Informationen über den jeweiligen Fehler und das betroffene Produkt benötigt. Erst darauf aufbauend kann eine weitere Fehlerbehandlung erfolgen.

• Detaillierte Informationen über Fehler erforderlich

Im folgenden wird deshalb ein Vorgehen beschrieben, das schon in der Fehlererfassung Daten des Produktes nutzt. Nach der Beschreibung des Konzepts wird der prinzipielle Ablauf dann näher beschrieben. Dabei wird auch auf Anforderungen eingegangen, wie sie aus der DIN ISO 9000 ff erwachsen.

6.1.3.2 Konzeption

Das Konzept besteht aus drei Elementen, einem Teilmodell des Produkts, in dem Daten insbesondere für die Fehlererfassung bereitgehalten werden, einer Falldatensammlung, in der aufgetretene Fehler mit den durchgeführten Maßnahmen dokumentiert sind und dem Ablauf, der diese beiden Elemente nutzt, wobei die Zielsetzung Ablaufs bereits in 6.1.3.1 dargelegt wurde. Diese drei Elemente werden im folgenden beschrieben. Ihr Zusammenwirken ist in Bild 6.13 dargestellt.

• Konzept aus Produktmodell, Falldaten und Ablauf der Fehlerbehandlung

In Rahmen des Konzeptes einer umfassenden Fehlerbehandlung müssen Informationen über das Produkt bereitgehalten werden. Für eine Beschreibung von Fehlersymptomen muß das Produkt mit seinen Eigenschaften und Sollgrößen hinsichtlich der Qualität beschrieben werden. Diese Daten entstehen zum Großteil während der Planung und Konstruktion. Ebenso hilfreich wie die Sollgrößen ist die Angabe von Fehlermöglichkeiten wie sie sich etwa bei einer FMEA (Fehlermöglichkeits- und Einflußanalyse) oder aus Erfahrungen während des Betriebs ergeben.

• Produktmodellierung stellt fehlerrelevante Informationen über das Produkt bereit

Wichtig ist die Unabhängigkeit der Modellierung von konkreten Prozessen und Betriebsmitteln, damit das Modell

• Produktunabhängigkeit durch Trennung von Modell und Ablauf

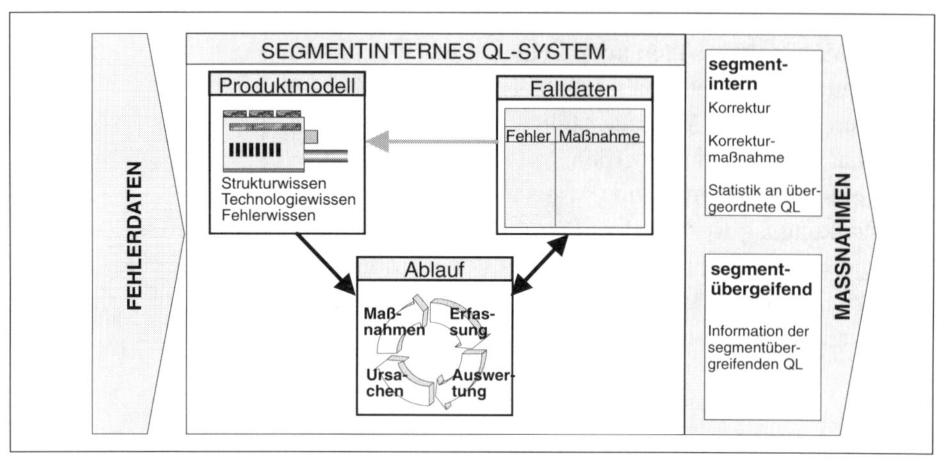

Bild 6.13: Konzeption der segmentinternen Qualitätslenkung

bei Änderungen in diesen Bereichen nicht ebenfalls geändert werden muß und auch ohne Kenntnisse darüber verwendbar ist.

6.1.3.3 Beschreibung des Produktmodells

- Aufteilung des Modells in Sichten und Ebenen

Für eine Fehlerdiagnose in der Montage ist ein Geometriemodell, wie es z.B. CAD-Systeme liefern, nicht ausreichend. Die für eine Fehlerbehandlung wichtigste Sicht auf das Produkt ist die Topologie, die im folgenden beispielhaft betrachtet wird.

- Modell besteht aus Produktstruktur, Beschreibung der Elemente und Fehlerwissen

Das Modell ist in mehreren Ebenen detailliert (siehe Bild 6.14). In einer Art Übersicht werden auf der Strukturebene nur die Beziehungen der einzelnen Elemente untereinander dargestellt. Auf der nächstniedrigen Stufe, der Technologieebene werden die einzelnen Elemente spezifiziert. Die Fehlerebene beschreibt Fehlermöglichkeiten, die spezifisch für das jeweilige Element sind. Die einzelnen Sichten werden mit den jeweiligen Ebenen im folgenden kurz dargelegt.

- Produktmodell besteht aus Teilen und Verbindungen

Strukturebene

Die Strukturebene der topologischen Ebene beschreibt, welche Teile über welche Fügeverbindungen miteinander verbunden sind, wobei die Elemente Verbindung und Teil in der Technologieebene weiter detailliert werden (siehe Bild 6.14). Die Produktstruktur muß für ein sich änderndes Produkt angepaßt werden.

Technologieebene

In der Technologieebene der Topologie werden die Elemente der Strukturebene durch technologische Angaben (Geometrie u.ä.) sowie z.B. Angabe des Orts der vorigen Bearbeitung spezifiziert, worüber sich auch Fehler beschreiben und diagnostizieren lassen, deren Ursachen vor dem aktuellen Arbeitsschritt liegen. Zur eindeutigen Beschreibung von Lagen und zur Identifizierung von Varianten kann das Modell auf der Technologieebene um Photos oder Zeichnungen der Teile ergänzt werden.

- Technologieebene beschreibt Teile und Verbindungen des Produkts

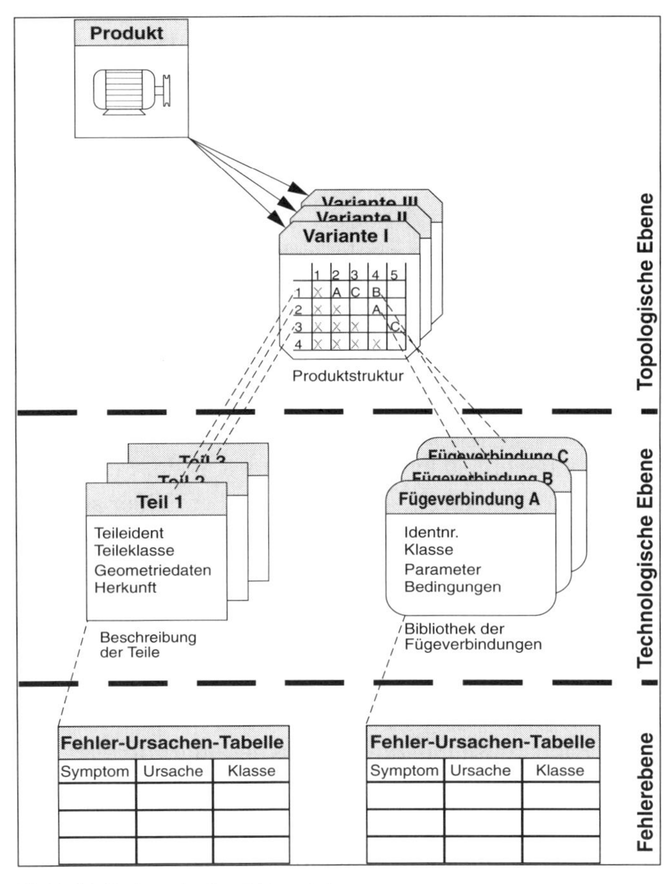

Bild 6.14: Struktur des Produktmodells

• Klassenbildung der Teile und Verbindungen

Ebenfalls auf der Technologieebene werden die Teile klassifiziert und entsprechend zusammengefaßt. Die Elemente Teile werden dabei nach ihrer Funktion im Produkt gegliedert (z.B. Zwischenwelle eines Getriebes), so daß ähnliche Teile in verschiedenen Varianten gemeinsam betrachtet werden können. Für die Elemente Verbindungen wird die Einteilung entsprechend der DIN 8593 übernommen.

Die Elemente Teile sind unterteilt in Fügepartner und Verbindungsteile (in Anlehnung an DIN 918, Mech. Verbindungselemente). Der Unterschied liegt darin, daß Verbindungsteile nur dazu dienen, eine Verbindung zu fixieren. Sie werden folglich einer Fügeverbindung zugeordnet und können nur diese eine Verbindung eingehen. Im Gegensatz dazu können Fügepartner mehrere Verbindungen eingehen.

Die technologische Ebene des Produktmodells und vor allem die Klassenstruktur ist im wesentlichen von der konkreten Struktur des Produkts unabhängig. Die beschriebenen Eigenschaften können damit auch bei Produktvarianten eingesetzt und in Form einer Bibliothek abgelegt werden.

Fehlerebene

• Fehlerebene enthält Fehlermöglichkeiten der Teile und Fügeverbindungen

Die Fehlerebene enthält mögliche Fehlerursachen, die sich nicht aus Daten der Technologieebene ableiten lassen. Sie ist entsprechend der Gliederung der Elemente ebenfalls in zwei Ebenen unterteilt. Auf der unteren Ebene sind Fehlermöglichkeiten enthalten, die nur für ein bestimmtes Element gelten. Dadurch können Fehlermöglichkeiten für eine gesamte Gruppe angegeben werden und müssen nicht für jedes Teil erneut eingegeben werden. In der Fehlerebene wird gleichzeitig eine Klassifikation der Fehler angegeben. Sie wird in der Auswertung (s.u.) benötigt und entscheidet über die weiteren Maßnahmen, die bei einem bestimmten Fehler zu ergreifen sind.

6.1.3.4 Falldatensammlung

• Falldatensammlung dokumentiert die Schritte der Fehlerbehandlung

In der Falldatensammlung wird das gesamte Vorgehen der Fehlerbehandlung dokumentiert. Sie wird mit zunehmender Nutzung gefüllt und enthält das Erfahrungswissen über die Produkte und deren Fehler. Diese Daten stehen für die folgenden Anwendungen zur Verfügung:

- Bei Auftreten und Eingabe eines neuen Fehlers stehen die Fehlerdaten dieses Fehlers und von ähnlichen Fehlern, wie oben beschrieben, zur Unterstützung der Ursachenanalyse bereit. In der Historie dieser Fehler kann nach deren Abstellmaßnahmen gesucht werden.
- Die Falldatensammlung bildet die Basis für Auswertungen, wie sie für mittel- und langfristige Maßnahmen erforderlich sind. Die Falldaten-sammlung kann nach verschiedenen und auch nach produktbezogenen Kriterien ausgewertet und durchsucht werden, da den Fehlerdaten Eigenschaften des betroffenen Produkts zugeordnet werden.

- Falldaten unterstützten die Fehleranalyse
- Falldaten sind für die Suche nach Fehlerschwerpunkten nötig

6.1.3.5 Ablauf der Fehlerbehandlung

Eine konsequente Fehlerbehandlung erstreckt sich von einer detaillierten Fehlererfassung über eine Fehlerklassifikation und Ursachenanalyse bis hin zur Entwicklung und Durchsetzung von Maßnahmen (siehe 6.1.3.1). Aufgrund der Vielzahl an Daten und wegen der besseren Auswertbarkeit ist das Ziel dabei eine möglichst weitgehende Rechnerunterstützung, so daß eine Beschreibung der Randbedingungen dafür am Beginn des Kapitels steht. In den weiteren Abschnitten wird dann das Vorgehen und der Informationsfluß zwischen den beiden Datenbasen „Produktmodell" und „Falldatensammlung" innerhalb der Schritte genauer beschrieben.

- Fehlerbehandlung von der Erfassung über Diagnose bis zur Maßnahmenentwicklung

Dabei erfolgt der Übergang von der Nutzung von Produktdaten vor allem in der Fehlererfassung und bei der Nutzung der Falldaten bei der Ursachenanalyse und Maßnahmenentwicklung.

Ziel einer Rechnerunterstützung in der Fehlerbehandlung ist die Automatisierung der Nebentätigkeiten mit dem Effekt, daß dem Mitarbeiter mehr Zeit für die Haupttätigkeiten bleibt, eine höhere Zuverlässigkeit erreicht wird und langfristige Maßnahmen ermöglicht werden.

- Rechnerunterstützung des Vorgehens

Möglichkeiten der Erfassung

Der Aufnahmeort sollte so nahe am Entstehungsort liegen wie möglich. Als Orte der Fehlererfassung kommen in den Ablauf der Montage integrierte Prüfungen, Baugruppen- und Endprüfungen sowie Nacharbeitsplätze in Frage. Ei-

- Dezentrale Erfassung für detaillierte Daten

ne weitere wichtige Informationsquelle für Fehlerdaten bilden vom Kunden beanstandete Produkte.

• Auswahl von vorgegebenen Fehlermöglichkeiten

Ziel der Erfassung und Diagnose ist es, aus den im Modell abgebildeten möglichen Fehlerursachen die zutreffende auszuwählen und so den Fehler zu beschreiben. Als Möglichkeiten für den Einstieg in die Erfassung stehen die Fehlerarten

- Fehler eines Teils
- Fügefehler
- funktionale Fehler

zur Auswahl. Die Einteilung der Fehlerarten dient vor allem der Einschränkung des Fehlerursachenbereichs. Der Ablauf kann in drei verschiedenen Stufen rechnerunterstützt ablaufen:

• Automatisierte Erfassung der Fehlermeldungen

- Die Erfassung kann vollautomatisiert erfolgen, wobei Qualitäts- und Fehlerdaten ohne menschliche Bedienung erfaßt und abgespeichert werden. Die möglichen Meldungen der – notwendigerweise ebenfalls automatisierten – Montagestationen sind bestimmten Fehlern der Fehlerebene fest zugeordnet. Daher ist es mit Hilfe einer automatisierten Aufnahme nur möglich, vorher definierte Daten aufzunehmen.

• Erfassung im rechnerunterstützten Dialog mit dem Produktmodell

- Als weitere Möglichkeit ist ein rechnerunterstützter Dialog mit dem Produktmodell zu nennen, bei dem ein Benutzer auf Fragen aus einer vorgegebenen Liste eine Antwort auswählt. Das Produktmodell dient auch hier zur Strukturierung der Eingabe und zur Eingrenzung des Ursachenbereichs. Ein Benutzer erkennt, ob ein Fehler an einem Teil oder an einer Fügeverbindung aufgetreten ist. Er wählt das entsprechende Element aus dem Produktmodell aus und erhält eine Liste von Fehlermöglichkeiten. Stimmt keine der hier beschriebenen Fehlermöglichkeiten mit seiner Feststellung überein, so dient die Produktstruktur dazu, andere Fehlerorte zu wählen und deren Fehlermöglichkeiten abzuleiten. Erst wenn keine der vorgegebenen Möglichkeiten zutrifft, besteht die Möglichkeit, eine neue Fehlermöglichkeit einzutragen, die dann bei den Fehlermöglichkeiten der betreffenden Klasse hinzugefügt wird.

– Als letzte Möglichkeit können aus dem Produktmodell produktspezifische Fragebögen abgeleitet werden. Sie müssen ähnlich strukturiert sein wie der rechnerunterstützte Dialog, können aber nur einen geringeren Detaillierungsgrad abbilden. Auch wenn in diesem Fall ein rechnerlesbares Format verwendet wird, muß die Wirksamkeit dieser Methode in Frage gestellt werden. Sie stellt jedoch in rein manuellen Bereichen die einzige Möglichkeit dar. Die drei Erfassungsarten sind in Bild 6.15 dargestellt.

- Erfassung mit maschinenlesbaren Fragebögen

Auswertung der Fehlerdaten

Der erste Schritt der Auswertung nach Erfassung eines Fehlers ist dessen Klassifizierung und eine Grobdiagnose. Das Ergebnis der Fehlerklassifikation bestimmt das weitere Vorgehen. Bei einem kritischen Fehler muß für die sofortige Sperrung des Produkts gesorgt werden. Hauptfehler erfordern ebenso wie kritische Fehler falls möglich eine Fehlerkorrektur. Die Fehlerklassifizierung kann nur nach vorgegebenen Klassen erfolgen.

- Fehlerklassifikation aus den Produktdaten

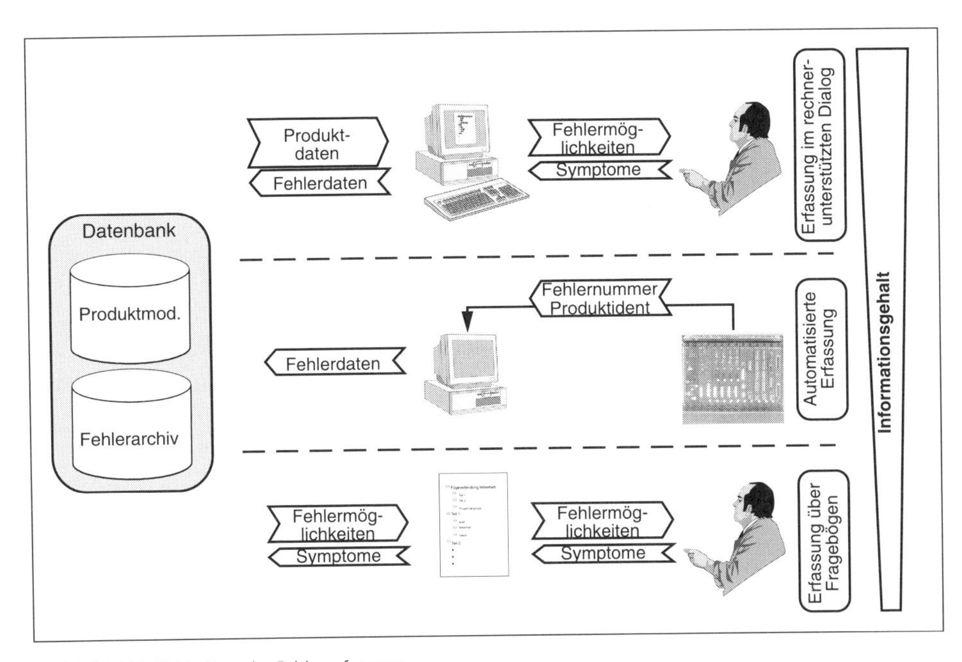

Bild 6.15: Möglichkeiten der Fehlererfassung

Im Rahmen der Grobdiagnose muß ein möglicher Verursacher ermittelt werden, um zu entscheiden, ob eine Behandlung innerhalb des Segments möglich oder eine Übergabe der Fehlerdaten an die übergeordnete QL erforderlich ist. Ähnlich wie die Fehlerklassifikation kann die Grobdiagnose rechnerunterstützt nur nach vorgegebenen Klassen erfolgen.

- Verursacher aus Produktmodell bestimmen

Bei den mittel- und langfristigen Auswertungen handelt es sich vor allem um statistische Methoden, die auf der Basis der aufgenommenen Daten sehr gut automatisiert ablaufen können. Für die Ermittlung von Schwerpunkten und zur Bewertung der Qualität können absolute oder relative Häufigkeiten jeweils für einzelne Fehler, für Fehlerarten oder für Produkte ermittelt werden. Darüber hinaus kann auch der zeitliche Verlauf und ein Vergleich dieser Daten zwischen z.B. verschiedenen Varianten weitere Hinweise über die Ursachen geben.

- Statistische Auswertungen der Falldaten

Entwicklung von Maßnahmen

Maßnahmen können nur in Ausnahmefällen automatisiert abgeleitet oder gar durchgeführt werden. Derartig regelnde Systeme sind nur auf der Prozeßebene und hier vor allem aus der Teilefertigung bekannt, wo das Prozeßverhalten genau beschrieben werden kann und aufgrund eines mathematischen Prozeßmodells Art und Größe des Eingriffs ermittelt werden können. Die Maßnahmenentwicklung wird durch die Falldaten unterstützt.

- Maßnahmenentwicklung durch Falldaten unterstützen

Bei den Maßnahmen muß unterschieden werden zwischen einer Fehlerfolgenminimierung (Korrektur des Fehlers oder verstärkte Prüfungen) und Schritten zur Fehlervermeidung. Eine Fehlerkorrektur (Nacharbeit) wird falls möglich und wirtschaftlich vertretbar durchgeführt. In Abhängigkeit von der Fehlerklassifikation kann jedoch außerdem eine Verstärkung von Stichprobenprüfungen, eine Prüfung des gesamten Loses oder sogar das Stoppen der Montage veranlaßt werden.

- Fehlerkorrektur und Fehlervermeidung

Da diese Entscheidungen auf der Fehlerklassifikation beruhen, werden entweder vordefinierte Maßnahmen eingeleitet oder individuelle durch einen Mitarbeiter ausgelöst, wobei der Benutzer bereits durchgeführte Maßnahmen von ähnlichen Fehlern aus der Falldatensammlung abrufen kann.

Literaturverzeichnis

BLE88 Blechschmidt, H: Qualitätskosten? QZ 33 (1988) Nr.8, S442/445

DIN Entwurf DIN ISO 9000, Teil 1, Juni 1993: Normen zu Qualitätsmanagement und zur Darlegung von Qualitätsmanagementsystemen, Leitfaden zur Auswahl und Anwendung

LÜB93 Lübbe, U.: Modell für ein rechnerunterstütztes Qualitätssicherungssystem gemäß DIN ISO 9000ff. Springer-Verlag, Berlin, Heidelberg, 1993

MIL89 Milberg, J.: Nutzung der Kostensenkungspotentiale in der Montage. In: VDI-Berichte Nr. 767, VDI-Verlag, Düsseldorf, 1989

PFE93 Pfeifer, T.:Einsatz wissensbasierter System in der Qualitätssicherung - Ziele/Aufwand/Nutzen. VDI-Berichte 1093, Düsseldorf: VDI-Verlag, S.1/12

6.2 Prozeßkettenauslegung zur Null-Fehler-Produktion

J.H. Timmer, K. Brüggemann, U. Böhm, B. Schröder, K. Henning und E. Nicolaysen

6.2.1 Einleitung

• Fehler-Ursachen-Analyse als Grundlage

Ausgangspunkt für die Entwicklung von Maßnahmen zur Fehlervermeidung in der Prozeßkette Gehäusebearbeitung, die hier stellvertretend für viele Makroprozeßketten untersucht wurde, war eine umfangreiche Fehler-Ursachen-Analyse bei einem Getriebehersteller mit Einzel- und Kleinserienfertigung. Aus den Ergebnissen wurden im Unternehmen auftretende Fehler, ihr Entstehungsort, ihre Auswirkungen auf nachfolgende Prozesse sowie ihre Ursachen erfaßt und analysiert. Die Analyse umfaßte dabei sowohl Fehler als auch Störungen im Bereich der Makroprozeßkette Gehäusebearbeitung wie die NC-Programmierung, Betriebsmittel- und Verfahrensauswahl und andere /JES93/.

• Betrachtung der Aufgaben der Fertigungsplanung

In diesem Kapitel sollen sowohl die in der Analyse deutlich gewordenen Fehlerpotentiale in der Fertigungsplanung als auch weitere theoretische erläutert werden. Weiterhin werden die Realisierbarkeit der Prinzipien der Null-Fehler-Produktion geprüft und notwendige Maßnahmen hergeleitet. Zu diesem Zweck sollen zunächst die Aufgaben und Tätigkeiten der Fertigungsplanung, betrachtet und die Möglichkeiten der Umsetzung des internen Kunden-Lieferanten-Prinzips in Makroprozeßketten untersucht werden.

Im weiteren Fortgang werden die Hauptfehlerquellen der Fehler-Ursachen-Analyse betrachtet und mögliche Maßnahmen erläutert. Eine präventive Fehlervermeidung wird zwar grundsätzlich angestrebt, dies wird aber auf Grund der Komplexität der Tätigkeiten und Abläufe auch in Zukunft nicht zu realisieren sein. Hier sollen daher Maßnahmen entwickelt werden, die dennoch sicherstellen, daß am Ende der Prozeßkette jeweils ein fehlerfreies Produkt steht. Beispielhaft für ein einzelnes Fertigungsverfahren wird die Prozeßkette Schmieden mit möglichen Fehlern betrachtet. Die qualitätsgerechte Technologie- und Betriebsmittelauswahl durch die Fertigungsplanung ist abschließendes Thema.

6.2.2 Aufgaben der Fertigungsplanung

- Erstellung fehlerfreier Vorgaben für die Fertigung

Die Fertigungsplanung ist Bindeglied zwischen der Konstruktion und der Fertigung und somit ein zentraler Bereich für den Aufbau von ebenenübergreifenden Qualitätsregelkreisen. Die für eine qualitätsgerechte Fertigung benötigten Informationen entstehen zwar im wesentlichen in der Mikroprozeßkette, also der Fertigung, die Fertigungsplanung muß aber die von der Konstruktion in Form von Zeichnungen, Stücklisten und Stammdaten gelieferten Daten qualitätsgerecht umsetzen und fehlerfreie Vorgaben für die Fertigung erstellen (s. Kap. 5). Die Durchgängigkeit von Informationskreisläufen ist für eine Null-Fehler-Produktion unerläßlich. Wie die Fehler-Ursachen-Analyse gezeigt hat, ist die Rückführung von Informationen aus der Fertigungsebene für den planerischen Bereich unerläßlich. Die übliche, örtliche Trennung beider Bereiche ist einem wirksamen Informationsfluß hinderlich. Da sich das Personal in der Fertigungsplanung zudem noch im allgemeinen hierarchisch über der Fertigung befindet, findet ein intensiver Austausch von Informationen zumeist nicht statt. Der Abbau von Hemmnissen zwischen hierarchischen Ebenen ist daher für die Entwicklung von Qualitätsregelkreisen unbedingt notwendig /PFE93/.

- Abbau von Hemmnissen zwischen hierarchischen Ebenen

In Bezug auf eine „Null-Fehler-Produktion" muß weiterhin geklärt werden, für welche Prozesse und Abläufe in welchem Maße präventive Maßnahmen ergriffen werden müssen. Hierzu müssen zunächst die Tätigkeitsfelder und Schnittstellen der Fertigungsplanung klar abgegrenzt werden.

- Aufgaben und Schnittstellen

Damit ein entwickeltes Produkt fehlerfrei und gleichzeitig kostengünstig gefertigt werden kann, muß die Fertigung geplant und vorbereitet werden.

Die Fertigungsplanung legt fest,
- in welcher Weise (Arbeitsplanung)
- in welcher Reihenfolge (Arbeitsfolgeplanung)
- in welcher Zeit (Planung der Durchlaufzeiten)
- an welchen Arbeitsplätzen, Maschinen, Vorrichtungen, Werkzeugen (Stellenbedarfsplanung, Betriebsmittelplanung, Transportplanung)
- mit welchen Halbfabrikaten, Roh-, Hilfs- und Betriebsstoffen (Auftragsumwandlung, Materialbedarfsplanung) die Produkte gefertigt werden /BES90/.

Die ersten drei Aufgabenbereiche werden auf den konkreten Fertigungsablauf, die letzten beiden auf das Fertigungsprogramm bezogen, so daß man auch von Bedarfs- und Fertigungsablaufplanung innerhalb der Fertigungsplanung spricht.

Nach AWF (Ausschuß für wirtschaftliche Fertigung e.V.) wird die Fertigungsplanung wiederum folgendermaßen unterteilt (Bild 6.16).

Anhand dieses Bildes ist eine Übersicht über die in der Fertigungsplanung enthaltenen Funktionen und Tätigkeiten dargestellt.

Maßnahmen können ganz allgemein unterschieden werden in

- Gesamtstrategien und
- Einzelmaßnahmen

- Arten präventiver Maßnahmen

Gesamtstrategien sind in diesem Zusammenhang zu verstehen als präventive Maßnahmen, die ein grundsätzliches Problem, wie die fehlende Rückführung von Informationen aus der Fertigungs- in die Planungsebene, beseitigen. Einzelmaßnahmen dagegen beinhalten die Beseiti-

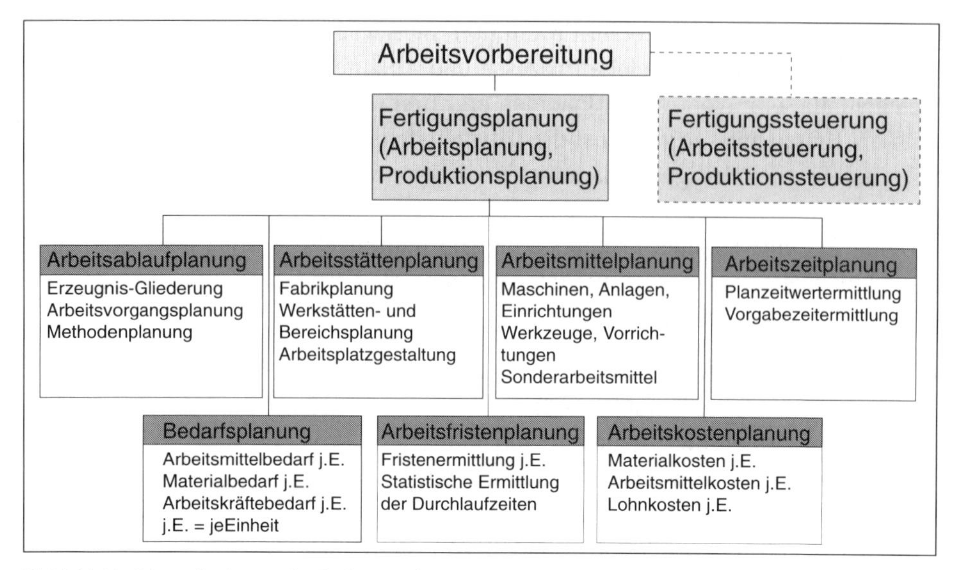

Bild 6.16: Funktionsgliederung der Fertigungsplanung

gung örtlich und inhaltlich begrenzter Fehler, die oft leicht zu erkennen und zu beheben sind (Beispiel: Schaffung einheitlicher Lagerungsbedingungen für Meß- und Prüfmittel).

Im folgenden noch einige Bemerkungen zur Aufgabenabgrenzung über Bereichsgrenzen am Beispiel der Arbeitsplatzgestaltung und Arbeitsweise der Fertigung:

a) Der Arbeitsplatz hat einen großen Einfluß auf die Arbeitsbedingungen und die Qualität des zu fertigenden Produktes.
Zu unterscheiden ist:

- welche Vorgaben von der Fertigungsplanung getroffen werden,
- inwieweit sich der Mitarbeiter in der Fertigung seinen Arbeitsplatz selbst qualitätsgerecht gestalten kann oder
- eine gemeinsame Arbeitsplatzgestaltung stattfindet.

• Arbeitsplatzgestaltung von Fertigungsplanung und Fertigung

In dieser Unterscheidung liegt das grundsätzliche Problem: Eine klare Abgrenzung und Definition der Schnittstellen zwischen Fertigungsplanung und Fertigung ist zumeist nicht möglich. Liegt nun die Arbeitsplatzgestaltung vornehmlich in den Händen der Fertigungsplanung oder der Fertigung? Sicher liegt die Verantwortung für die Schaffung einer fertigungsgerechten Arbeitsumgebung, wie oben bereits beschrieben und in der Literatur zumeist festgelegt, bei der Fertigungsplanung. Über die in der Fertigung tatsächlich vorliegenden Bedingungen hat der Planer jedoch zum Zeitpunkt der Organisation der Fertigung zu wenige Informationen. Die günstigste Gestaltung, die auch einen kontinuierlichen, mehrstündigen Arbeitseinsatz berücksichtigt, kann zwar geplant werden, entspricht aber häufig nicht der Realität. Diese kristallisiert sich häufig erst nach Tagen oder Wochen heraus und muß dann entsprechend geändert werden. Von präventiv kann dann zweifelsohne nicht mehr gesprochen werden. Das Problem liegt demnach in der Gratwanderung zwischen der Flexibilität von Entscheidungsbefugnissen auf verschiedenen Hierarchieebenen und der Gewährleistung von eindeutiger Tätigkeitsverantwortung.

- Eigenverantwortung in der Fertigung

Präventive Maßnahmen als ein Mittel zur Vermeidung und Reduzierung von Fehlern und Störungen im Arbeitsablauf bedeuten demnach für die Fertigungsplanung die fehlerfreie Bereitstellung geprüfter Betriebsmittel- und Prozeßdaten, für die Fertigung dagegen im allgemeinen die Eigenverantwortlichkeit für die Schaffung einer Arbeitsumgebung, die einen fehlerfrei ablaufenden Wertschöpfungsprozeß ermöglicht.

Aber auch zu einem späteren Zeitpunkt, während der Serienfertigung, werden beispielsweise Änderungen im Arbeitsablauf aufgrund fehlender Rückmeldungen meist nicht durchgeführt. Aber gerade diese Informationsrückführung hat auf dieser Ebene einen großen Nutzen /PFE 90/. Stellt beispielsweise der Maschinenführer während der Bearbeitung fest, daß es beim Einlegen der Werkstücke in die Vorrichtung zu Verwechslungen kommen kann, ist eine zusätzliche Einführung von Poka-Yoke-Elementen durch die Fertigungsplanung notwendig. Die Information hierüber erhält diese aber von dem Maschinenführer.

- Arbeitsmethode und Arbeitsweise

b) Die Arbeitsmethode (= Soll) besteht in den Regeln zur Ausführung des Arbeitsablaufes durch den Menschen bei einem bestimmten Arbeitsverfahren.

Die Arbeitsweise (= Ist) ist dagegen die individuelle Ausführung des Arbeitsablaufes, um den durch die Arbeitsmethode vorgeschriebenen Arbeitsablauf zu erreichen /REF76/.

Im allgemeinen besteht die Arbeitsweise in der individuellen Ausnutzung des Spielraumes einer vorgeschriebenen Arbeitsmethode. Hierin liegt ein mögliches Potential für Fehler. Über die Arbeitsweise ist die Fertigungsplanung in jedem Falle zu unterrichten, oder noch besser, hat sich der Fertigungsplaner regelmäßig selbst zu informieren. Für zukünftige Planungsfehler bleibt dann weniger Raum.

6.2.2.1 Organisatorische Grundsätze

- bislang keine direkte qualitätsorientierte Organisation

Die Betriebsorganisation nach REFA umfaßt die Planung, Gestaltung und Steuerung von Arbeitssystemen einschließlich der dazu erforderlichen Datenermittlung mit dem Ziel der Schaffung eines wirtschaftlichen und humanen Betriebsgeschehens. Der Gesichtspunkt qualitätsorientierter Gestaltung der Organisation wird hierbei nur auf dem Umweg über die Wirtschaftlichkeit betrachtet. Die Wirtschaftlichkeit eines Produktionsprozesses ist zwar grundsätzlich anzustreben, hinsichtlich einer Null-Fehler-Produktion zunächst von aber sekundärer Bedeutung /KRA94/. Die Betriebsorganisation bedarf daher einer neuen Denkweise, die die Qualität und Kundenorientierung mehr in den Mittelpunkt stellt.

Das Ergebnis eines mehrstufigen Fertigungsprozesses ist vom Zusammenwirken der einzelnen Prozeßstufen abhängig. Die Qualitätsfähigkeit der einzelnen Prozeßstufen ist wiederum abhängig von den Technologieparametern und Betriebsmitteln und den „Randbedingungen“ des Prozesses: Umgebungsbedingungen, Lagerungsbedingungen von Betriebsmitteln, der Maschinenperipherie, Wartungszustand der Maschinen, aber nicht zuletzt auch Kenntnisstand und Motivation der Mitarbeiter /PFE93/.

- keine „Verschleppung“ von Fehlern

Mit Hilfe eines im Vorfeld der Fehler-Ursachen-Analyse entwickelten Organisations-Modells kann nicht nur die Verantwortlichkeit für den entstandenen Fehler eindeutig zugeordnet werden, sondern auch die zeitliche oder räumliche Entfernung von der Fehlerentstehung bis zur Fehlerentdeckung eindeutig geklärt werden. Dies ist nicht zuletzt aus Gründen der Klärung von Defiziten in innerbetrieblichen Informations- und Organisationsstrukturen von elementarer Bedeutung. Fehler, die bis zur Entdeckung über mehrere (horizontale oder vertikale) Ebenen verschleppt werden, sind im Grunde nur durch eine Informationsstruktur zu beseitigen, die sicherstellt, daß jeder in der Prozeßkette Beteiligte, zumindest über die Tätigkeiten seines direkten Lieferanten infomiert ist. So kann ein aufgetretener Fehler schnell zurückverfolgt und beseitigt werden /WEI93/.

6.2.2.2 Der Arbeitsplan als Informationsträger der Fertigungsplanung

Der Arbeitsplan ist der Datenträger der Fertigungsplanung und repräsentiert die Schnittstelle zur Fertigung. Somit ist eine grundlegende Forderung an diesen die absolute Fehlerfreiheit. Mit seiner Hilfe schreibt der Fertigungsplaner der Fertigung vor, wie im einzelnen die Fertigung der Teile aus den Rohstoffen oder die Montage der Erzeugnisse vorzunehmen ist. Neben auftragsbezogenen Daten werden alle erforderlichen Daten des Teiles oder des Erzeugnisses genannt, weiterhin die Eingabedaten wie Rohstoffe, Halbfabrikate sowie Ablaufdaten, die im wesentlichen enthalten, wo, wie, womit, bei welcher Entlohnung und in welcher Zeit das Teil gefertigt und montiert werden soll /REF76/.

- Arbeitsplan ist die Schnittstelle zur Fertigung

Die Unterlagen, die dem Fertigungsplaner zur Erstellung eines Arbeitsplanes zur Verfügung stehen müssen, ergeben sich aus den Stücklisten und der Konstruktionszeichnung. Aus diesen Unterlagen ist zu ersehen, welche Teile in der Teilefertigung gefertigt, welche Gruppen in der Montage montiert und welche Teile hinzugekauft werden müssen. Aus diesen Daten erstellt der Fertigungsplaner, unter Berücksichtigung der zu verwendenden Materialien, den Arbeitsplan aus ihm vorliegenden Quellen (Bild 6.17). Diese können in unterschiedlicher Form vorliegen, z.B. in Karteien, Katalogen, Dateien usw. Die Fehlerfreiheit ist aber, da es sich beispielsweise bei Schnittwerten um die Angabe von Werkzeugzulieferern handelt, oft nicht gewährleistet. Unternehmensspezifische Randbedingungen (Spektrum an Maschinen, Vorrichtungen und Prüfmitteln, Zeitvorgaben, Arbeitsverfahren, Qualitätsfähigkeiten der Betriebsmittel) müssen berücksichtigt und qualitätsgerecht umgesetzt werden.

- Erstellung des Arbeitsplanes meist aus unbewerteten Daten

- Unterteilung Fertigungsplan-Fertigungsanweisung
- Bedeutung des fehlerfreien Arbeitsplanes
- Vereinheitlichung des Systems Arbeitsplan

In der Praxis findet zumeist eine weitere Unterteilung in der Form statt, daß im eigentlichen Arbeitsplan Arbeitsgänge, Kostenstellen, Maschinennummern, Zeitvorgaben, Rüstzeiten und Verweise auf die sog. Fertigungsanweisungen enthalten sind. In der Fertigungsanweisung wiederum findet man neben einer genauen Beschreibung der Arbeitsverrichtung auch Verweise auf Zeichnungen der einzelnen Prozeßstufen, Werkzeug, Vorrichtungs- und Prüfmittelnummern. Bild 6.17 stellt nur einen kleinen Ausschnitt real gefundener Fehler in Arbeitsplänen und Fertigungsanweisungen dar und dokumentiert die immense Bedeutung für die Fehlerfreiheit des fertig bearbeiteten Bauteils:

Ein grundsätzliches Problem besteht darin, daß Arbeitsplan und Fertigungsanweisung zwar prinzipiell zusammengehören aber die Verwaltung beider Systeme oft nicht

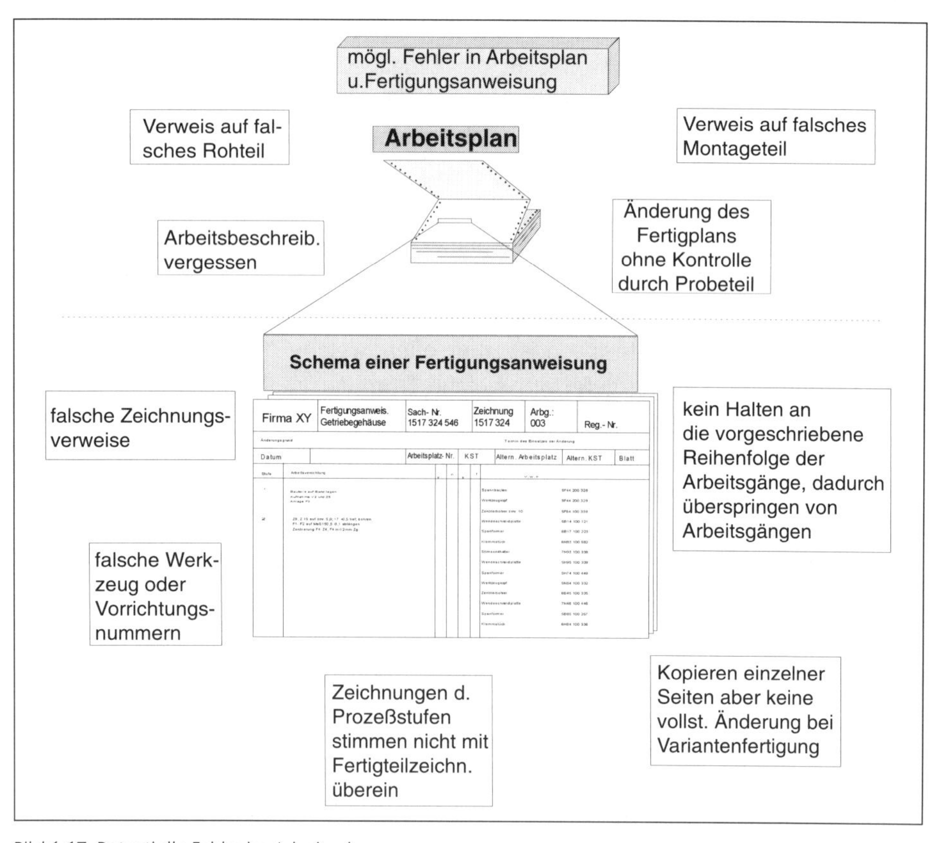

Bild 6.17: Potentielle Fehler im Arbeitsplan

zentral vorgenommen wird. Auf den Arbeitsplan haben zumeist auch andere Unternehmensbereiche Zugriff, die Fertigungsanweisung wird dagegen dezentral verwaltet und kann nur vom zuständigen Fertigungsingenieur eingesehen werden. Nötig ist an dieser Stelle eine Vereinheitlichung des Systems und eine zentrale Verwaltung.

Ein Großteil oben aufgeführter Fehler sind auf Unkonzentriertheiten und fehlende Überwachungsmöglichkeiten der Fertigungstätigkeiten zurückzuführen. Maßnahmen gehören damit in den Bereich der Arbeitswissenschaften.

Weitere Möglichkeiten der präventiven Qualitätssicherung in Planungsbereichen bestehen darin, z.B. eine rechnerunterstützte Eingabe vorzunehmen, die in den Eingabefeldern nur einen gewissen, sinnvollen Wertebereich zuläßt. Noch einfacher und sicherer ist es, wenn auf ein Datenpaket aus vorangegangenen, identischen Aufträgen zurückgegriffen werden kann, bei denen eine fehlerfreie Bearbeitung erfolgte.

- rechnergestützte Eingabe mit Wertebereichen

Weiterin ist der Aufbau eines Fertigungs-Technologie-Informationssystems (s. Kap. 6.3.3.1) von großer Bedeutung. Durch dieses kann der Planer auf ein Hilfsmittel zugreifen, in dem überprüfte Kombinationen aus Prozeß- und Betriebsmitteldaten gespeichert sind. Das Restfehlerpotential besteht hier in der Ähnlichkeitsbetrachtung bei abweichenden Randbedingungen.

6.2.3 Das Kunden-Lieferanten-Prinzip in Makroprozeßketten

Bei der Umsetzung eines modernen TQM-Konzeptes muß man sich ganz allgemein an dem Kunden als dem entscheidenden, qualitätsbestimmenden Faktor orientieren. Für eine firmeninterne Kunden-Lieferanten-Beziehung werden betriebliche Prozesse als eine Kette von internen Kunden und Lieferanten betrachtet, so daß jedes Arbeitsergebnis als eigenes aufgefaßt werden muß. Die Qualität der gesamten Arbeit muß bei dieser Denkweise nicht nur auf ein fehlerfreies Endprodukt gelenkt werden, sondern muß auch die Anforderungen des internen Kunden gewährleisten. Dieses Vorgehen, das Austauschen gegenseitiger Anforderungen, scheint ein ganz alltäglicher Bestandteil der betrieblichen Kommunikation zu sein. Doch zeigt die Erfahrung, daß hier erhebliches Verbesserungspotential liegt /BEC94/.

- Schnittstellen zur Fertigungsplanung

Übertragen auf die Fertigungsplanung sind Schnittstellen zum internen Lieferanten die Konstruktion, zum internen Kunden die Fertigung. Zulieferer wie z.B. die Gießerei (s. Kap. 6.2.3.1) sind externe Kunden für die Fertigung. Da aber auch die Fertigungsplanung über die Qualität von Zulieferteilen informiert sein muß, erhält sie diese Informationen indirekt über die Fertigung. Für die Beseitigung von Fehlern eines externen Kunden (die nach den Kunden-Lieferanten-Beziehungen eigentlich gar nicht auftauchen dürften) ist aber die Fertigungsplanung zuständig. Dies macht deutlich, daß eine viel engere Verzahnung des Bereiches Fertigungsplanung-Fertigung nötig ist als heutzutage üblich (Bild 6.18).

- enge Verzahnung Fertigungsplanung-Fertigung

Konsequenz aus diesen Betrachtungen ist eine eindeutige Erstellung von Anforderungen an die Konstruktion als internem Lieferanten, so daß diese schon während der Bauteilkonstruktion darauf achtet, daß die Fertigungsplanung mit den Zeichnungs- und Stücklistenanforderungen eine fehlerfreie Prozeßauslegung überhaupt durchführen kann. Für den internen Kunden, die Fertigung, wird die Übergabe eines fehlerfreien Arbeitsplanes und die Bereitstellung geprüfter Betriebsmittel zur richtigen Zeit am richtigen Ort verlangt.

- Bereitstellung geprüfter Betriebsmittel

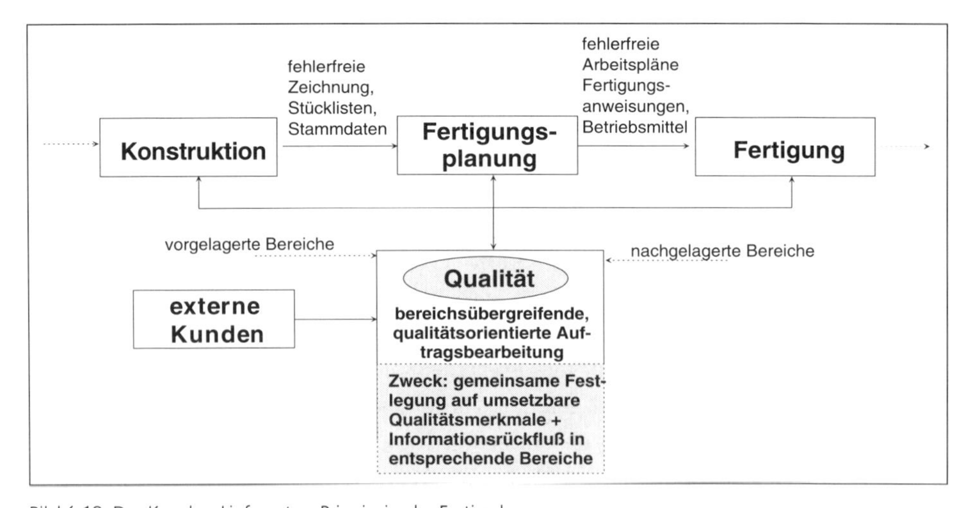

Bild 6.18: Das Kunden-Lieferanten-Prinzip in der Fertigplanung

Problematik der Umsetzung am Beispiel eines Gußteiles
Bei der Bearbeitung eines Getriebegehäuses erwachsen Probleme für die Fertigungsplanung und Fertigung, die sich aus den Besonderheiten eines Gußteiles ergeben.

Durch die Werkstückherstellung aus dem flüssigen Metall entstehen Probleme, die keineswegs ausschließlich auf die Gießerei abgewälzt werden dürfen. Vielmehr bedarf es zwischen der Gießerei und dem Fertigungsbetrieb eines intensiven Informationsaustausches.

- Informationsaustausch zwischen Gießerei und Fertigungsbetrieb

In diesem Rahmen sollen weder die Probleme und auftretende Fehler angesprochen werden, die im Zuständigkeitsbereich der Gießerei liegen (hierzu ist die Anwendung des Kunden-Lieferanten-Prinzips notwendig, wonach die Gießerei für die gelieferte Qualität selbst verantwortlich ist) noch Fehler, die während der Anwendung entdeckt werden. Vielmehr sollen hier Fehler im Mittelpunkt stehen, die zwar innerhalb einer vorgegebenen Toleranz liegen, aber dennoch Probleme bei der Bearbeitung bereiten (z.B. Gußschrägen, Aufhärtungen).

- Probleme trotz richtiger Toleranzlage

Auch ist die Einbeziehung anderer Unternehmensbereiche, hier die Konstruktion, von besonderer Bedeutung, z.B. bei der Festlegung eines bestimmten Werkstoffes mit einer dazugehörigen Festigkeitsklasse und Bearbeitbarkeit (Bild 6.19).

Diese Problematik macht deutlich, daß es gar nicht möglich ist, qualitätsrelevante Entscheidungen nur innerhalb eines Unternehmensbereiches zu treffen. Es ist in jedem Fall eine intensive Absprache, auch und vor allem mit dem Zulieferer notwendig. Eine einfache Festlegung „der Zulieferer ist für seine Produktqualität selbst verantwortlich und der Kunde muß das angelieferte Teil nur noch identifizieren“ ist im Hinblick auf die Gußproblematik, wie unten ausgeführt wird, zumeist unrealistisch und berücksichtigt nicht die momentan noch recht weit ausgelegten Normen in der Gießereitechnik /STE90/.

- eindeutigere Normen in der Gießereitechnik

In der Praxis ist es häufig so, daß vom Kunden „spannungsfreier Guß“ bestellt wird. Das Problem liegt aber darin, daß es spannungsfreie Werkstücke beim Gießen genau so wenig gibt wie bei anderen Herstellungsverfahren. Weiterhin kommt es vor, daß aus Zeitgründen die Werkstücke noch warm aus der Putzerei der Gießerei abgeholt

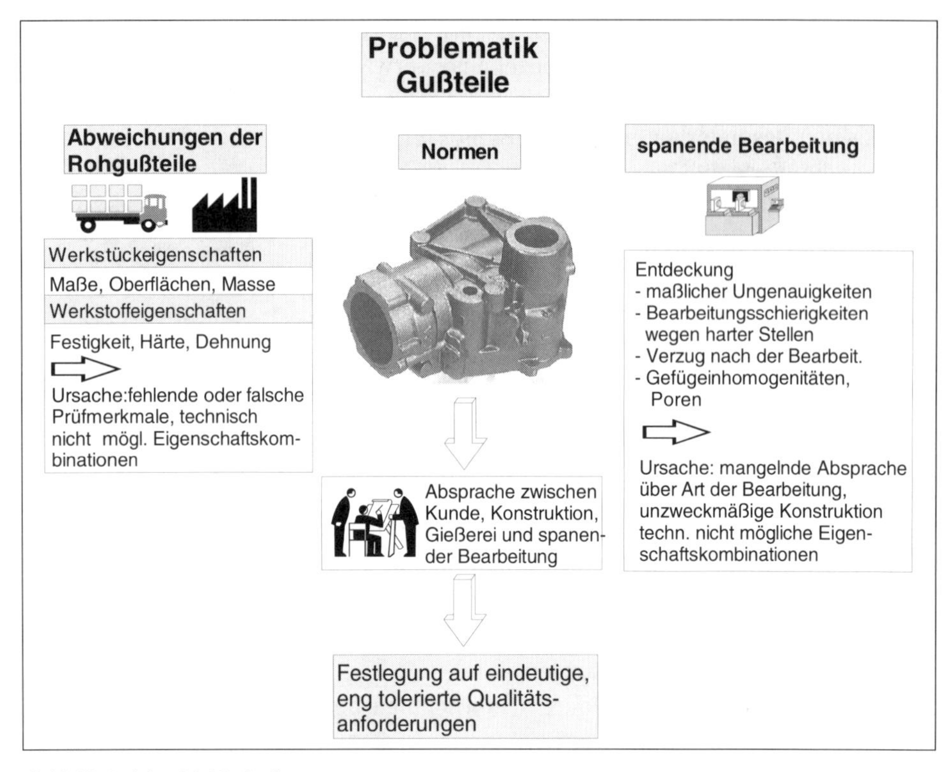

Bild 6.19: Problemfeld Gußteile

- Aneignung von spezifischen Kenntnissen der Gießereitechnik

werden. Dadurch können diese zwar am nächsten Tag kalt bearbeitet werden, es kann aber zu einem deutlichen Verzug kommen. Im Sinne einer fehlerfreien Bearbeitung muß man sich an gewisse Zeitintervalle halten und die Teile zwecks Spannungsausgleich lange genug auslagern. Weiterhin können bei einem Wechsel der Gießerei Erfahrungswerte meist nicht übernommen werden. Wechselnde Qualitäten sind daher zu berücksichtigen.

Die Festlegung von Prüfvorschriften kennzeichnet einen weiteren Punkt der Problematik Gußteile. In DIN 50049 sind Bescheinigungen über Werkstoffprüfungen festgelegt. Von der einfachen Versicherung, daß das Werkstück den Vereinbarungen entspricht bis zum amtlichen Prüfzeugnis sollen hiermit sämtliche Mißverständnisse ausgeräumt werden. Jede dieser Festlegungen endet aber mit dem Satz „...bestätigt, daß das gelieferte Erzeugnis den Vereinbarungen bei der Bestellung entspricht." Oftmals liegen aber bei der Bestellung noch nicht einmal verbindliche Aussagen beispielsweise über den Werkstoff vor oder beim Gießer und Verbraucher werden unterschiedliche Härteverfahren angewendet. Eine weitere unscharfe Festlegung ist die Oberflächengüte, die einen großen Einfluß auf das Spannen hat (Auflage-, Anlageflächen usw.). Häufig wird bestellt „sauber geputzt und geschliffen". Im Hinblick auf eine Null-Fehler-Produktion ist dies völlig ungeeignet, da das Wort „sauber" in diesem Zusammenhang nicht definiert ist.

- klare Definition von Qualitätsanforderungen

Ein weiterer wichtiger Punkt ist die Schnittstelle zur Konstruktion. Ein häufiger Fehler ist die Bestellung von zu festen Gußeisensorten womit das Problem auf die Fertigungsplanung und die Fertigung abgewälzt wird, da bei der Bearbeitung große Schwierigkeiten entstehen können. Dies ist eine Folge davon, daß die Konstrukteure aus Unkenntnis der Werkstoffe beispielsweise Graugußsorten GG-10 oder GG-15 gar nicht in Erwägung ziehen, da es sich nach Ihrer Meinung um minderwertige Werkstoffe handelt. Für viele Anwendungsfälle sind diese aber völlig ausreichend und im allgemeinen einfacher zu zerspanen.

- Zusammenarbeit Konstruktion-Fertigungsplanung

Was ist die Konsequenz aus diesen Betrachtungen? Die losgelöste Betrachtung einzelner Unternehmensbereiche ist ungeeignet, wenn es sich um den fehlerfreien Ablauf von Prozeßketten handelt. Insbesondere die Konstruktion hat durch ihre sehr frühe Festlegung von Merkmalen eine zentrale Position inne. Wenn es bei der Bearbeitung eines solchen Gußbauteiles, bei dem schon beim Urformen viele Fehler erzeugt werden können, nicht gelingt, alle am Produktentstehungsprozeß beteiligten Bereiche wie die Konstruktion, die Fertigungsplanung, die Fertigung und die Zulieferer auf gemeinsame Anforderungen und umsetzungsfähige Qualitätsvereinbarungen festzulegen, ist eine fehlerfreie Bearbeitung vom Rohgußteil bis zur fertigen Endkontur nicht möglich /SCH94/.

6.2.4 Abweichungen der Bauteilqualität in der spanenden Fertigung

Zur Herstellung eines bestimmten Werkstückes sind Angaben hinsichtlich der Abmessungen, der Form und der

Oberflächenbeschaffenheit desselben erforderlich. Hieraus resultieren vier Toleranzarten, welche die Abweichungen des realen Werkstückes vom idealen geometrischen Modell beschreiben.

- Maßtoleranzen
- Lagetoleranzen
- Formtoleranzen
- Rauhigkeitstoleranzen

• Tolerierung von Abweichungen, aber Defintion eines zulässigen Toleranzbereiches

Da es technisch nicht möglich ist, Werkstücke mit einer dem idealen geometrischen Modell entsprechenden Oberfläche herzustellen, müssen Abweichungen grundsätzlich in Kauf genommen werden. Diese Abweichungen müssen sich allerdings im Bereich der vorgegebenen Toleranzen bewegen. Die durch das Bearbeitungsverfahren erzeugten regelmäßigen oder unregelmäßigen Unebenheiten resultieren aus den Genauigkeitsgrenzen, bestehend aus dem Wirksystem Werkstück, Werkzeug und Werkzeugmaschine. Ursachen für Genauigkeitsabweichungen resultieren aus einer Abweichung von der idealen Wirkbewegung.

• Abweichungen von der idealen Wirkbewegung

Hierbei lassen sich zwei Gruppen unterscheiden:

Herstellungs- und Verschleißabweichungen
- Funktionsflächen (Füge- und Führungsflächen) sind nicht genau rechtwinklig zueinander bearbeitet oder nicht exakt parallel justiert
- Unsachgemäße Aufstellung einer Werkzeugmaschine oder mangelhaftes Fundament
- Versatz von Maschinenteilen
- Maßänderungen infolge Werkzeugverschleiß

Abweichungen unter Belastung
- Änderung der Werkzeugzustellung zum Werkstück
- Änderung der elastischen Verformung bei gleicher Vorschubkraft in Abhängigkeit von der Bauform der Werk zeugmaschine

• Abweichungen der Zerspanungsparameter

Genauigkeitsabweichungen an den Oberflächenabweichungen werden in der Regel durch die Zerspanungsparameter, die Schneidengeometrie und den Zerspanungsprozeß selbst verursacht. Hier werden ursächlich zwei Gruppen unterschieden:

Wärmedehnung
- Einfluß äußerer Wärmequellen
- Einfluß innerer Wärmequellen

Wechselkräfte
- Periodische Schwingungen durch unrunden Lauf, Unwuchten, Formfehler an Verzahnungen
- Verhalten von Wälzkörpern bei Dreh- und Geradführungen
- Schwingungen, die von außen oder über das Fundament übertragen werden
- Rattern an der Wirkstelle
- „Stick-Slip"-Erscheinungen, Ruckgleiten bei Gleitführungen mit sehr kleinen Vorschubgeschwindigkeiten

Bild 6.20 zeigt exemplarisch Genauigkeitsabweichungen und ihre Ursachen:

Die Aufstellung zeigt, daß Form-, Lage- und Maßabweichungen am Bauteil vor allem durch Herstell- und Verschleißabweichungen der Maschine bzw. anderen am Prozeß beteiligten Komponenten wie der Vorrichtung verursacht werden. Hinzu kommt der Einfluß durch Bearbeitungskräfte, die in direkter Wechselwirkung mit den Prozeßeinstellgrößen zu betrachten sind.

Die Abweichungen durch Wechselkräfte beeinflussen vor allem die Form und die Oberflächengestalt des Bauteils. Die Ursachen sind dabei zum einen innerhalb der Maschine zu suchen, wo die Eigenschaften der Wälzlagerungen sowie der Führungen die Qualität des Bauteils und somit die Prozeßfähigkeit beeinflussen können, zum anderen aber auch durch äußere Einflüsse wie Schwingungen, die über das Fundament zur Wirkstelle übertragen werden.

Ratterschwingungen und Stick-Slip-Erscheinungen nehmen in diesem Zusammenhang eine Sonderstellung ein, da sie durch das Zusammenwirken der Prozeßkräfte mit den individuellen Eigenschaften der Maschine verursacht werden. Eine individuelle Bewertung der Prozesse vor

- Bewertung des Prozesses vor der Bearbeitung

Fehlerursache		Qualitätsanforderung	Form-abweichungen	Lage-abweichungen	Maß-abweichungen	Oberflächen-abweichungen
Herstell- und Verschleißabweichungen		Funktionsflächen nicht genau rechtwinklig bzw. parallel bearbeitet oder justiert	●	●		
		Unsachgemäße Aufstellung der Maschine, mangelhaftes Fundament	●	●	●	
		Versatz von Maschinenteilen		●	●	
		Werkzeugverschleiß		●	●	●
Abweichungen unter Belastung		Änderung der Werkzeugstellung zum Werkstück	●	●	●	
		Änderung der elastischen Verformung der Maschine	●	●	●	
		Wärmedehnung	●	●	●	
Abweichungen durch Wechselkräfte	Ursache innerhalb der Maschine	Auswirkungen von Wälzkörpern bei Dreh- und Geradführungen	●			●
		Unrunder Lauf, Unwuchten, Formfehler an Verzahnungen	●			●
	Ursache außerhalb der Maschine	Schwingungen, die von außen oder über das Fundament auf die Maschine übertragen werden	●			●
	Ursache Spanbildung	Rattern an der Wirkstelle				●
		Stick-slip Erscheinungen bei Gleitführungen	●			●

Genauigkeitsabweichungen und ihre Ursachen

Bild 6.20: Genauigkeitsabweichungen und ihre Ursachen in der Prozeßkette Gehäusebearbeitung

der Bearbeitung ist zur Prävention solcher Störungen erforderlich.

6.2.5 Fehler der Fertigungsplanung in der Fehler-Ursachen-Analyse

- Fehlerschwerpunkte des Fräsprozesses

Der für die Getriebegehäusebearbeitung notwendige Fertigungsprozeß Fräsen wurde näher untersucht:

Wie aus Bild 6.21 ersichtlich ist, sind die Fehlerschwerpunkte vor allem in der NC-Programmerstellung, der Werkstückbearbeitung und beim Rüsten der Maschine zu finden. Es ist aber auch zu entnehmen, daß alle an der Produktentstehung beteiligten Teilgebiete vom Auftraggeber über die Konstruktion, die einzelnen Fertigungsprozesse bis hin zum Verkauf Fehlerverursacher sind. Betrachtet man den für die Fehlerkompensation nötigen zeitlichen Mehraufwand, so ergibt sich ein anderes Bild. Fehler in der NC-Programmerstellung können meist mit relativ geringem Aufwand durch Ändern der NC-Sätze korrigiert werden, sofern durch Kollision o.ä. nicht schon größere Schäden aufgetreten sind. Hinderlich ist in diesem Zusammenhang die überwiegend örtliche Trennung der Fertigung von der Planung.

Die Werkstückbearbeitung bedarf trotz ihrer geringeren Fehleranzahl eines weitaus höheren, zeitlichen Mehraufwandes. Dies liegt meist in einer Umstellung des Ferti-

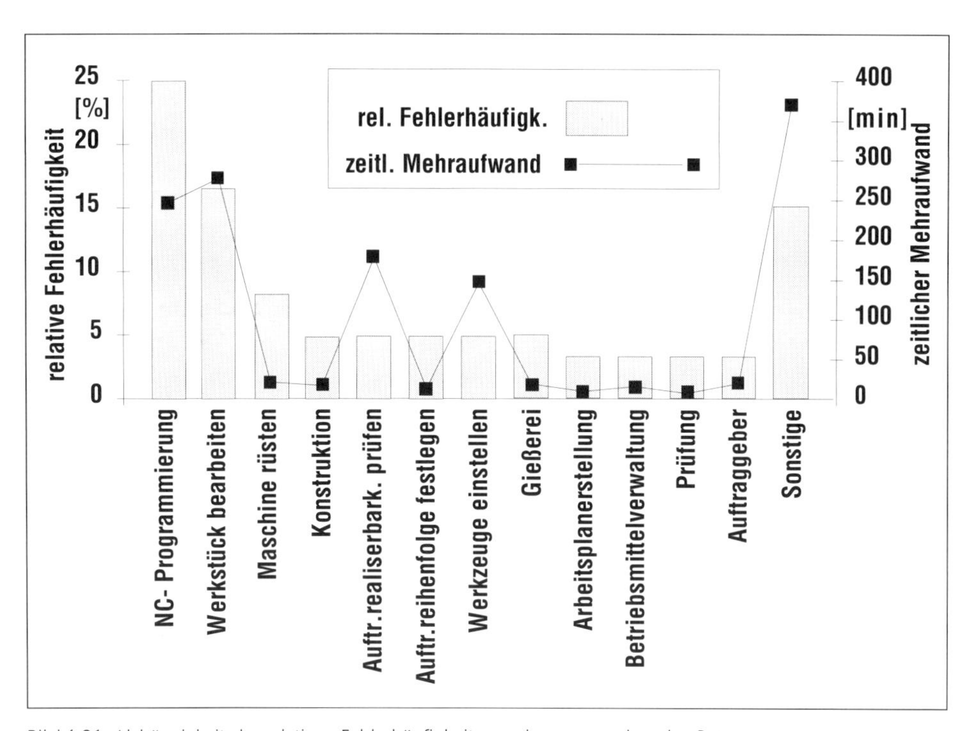

Bild 6.21: Abhängigkeit der relativen Fehlerhäufigkeit von den verursachenden Prozessen

gungsprozesses und in der Notwendigkeit der Einführung zusätzlicher Meßvorgänge begründet.

- Entdeckung der Fehler zu 90% in der Fertigung

Während die Fehlerverursacher zumeist der Fertigung vorgelagert sind, werden die Fehler selbst fast ausschließlich (ca. 90%) in der Mikroprozeßkette, d.h. während der eigentlichen Fertigung bestehend aus Rüstvorgang, Bearbeitung und Prüfung entdeckt.

Durch Fehlentscheidungen im An- und Verkauf, d.h. Beschaffung ungeeigneter Spannmittel, Vorrichtungen, Werkzeuge oder Betriebshilfsmittel treten in den nachfolgenden Prozessen Fehler auf, die einen hohen zeitlichen Mehraufwand bewirken und zumeist ursächlich der Fertigungsplanung anzulasten sind.

Im folgenden werden die fehlerverursachenden Prozesse angesprochen, die die größte Fehlerhäufigkeit aufwiesen und in den Bereich der Fertigung und Fertigungsplanung fallen. Daher wird die NC-Programmierung als Teil der Fertigungsplanung parallel zum Kapitel 6.3 behandelt.

6.2.5.1 NC-Programmierung

Die NC-Programmierung erfüllt eine zentrale Funktion in der Prozeßkette Gehäusebearbeitung. Sie ist der Fertigung vorgelagert und liefert neben Technologiedaten in Form von Drehzahlen und Vorschubwerten sämtliche Geometrie- und Parameterdaten für die Bearbeitungsaufgabe an die Steuerung der jeweiligen Bearbeitungsstation. Zusätzlich werden Werkzeuglisten und Einrichteblätter erstellt. Betrachtet man den Prozeß NC-Programmerstellung im einzelnen, zeigt sich, daß fehlende Einrichteblätter, falsche NC-Programme, gleiche Programmnummern für verschiedene Programme, Fehler in NC-Programmen, wie z.B. falsche Koordinaten und Fahrbefehle, falsche Parameter und fehlende NC-Sätze vorkommen (Bild 6.22).

- Fehlende Kenntnisse der Fertigungstechnologien

Weiterhin stellt man häufig fest, daß einige Programmierer die Fertigungstechnologien nur mangelhaft kennen und ein unzureichendes räumliches Vorstellungsvermögen besitzen. Neben gründlichen Schulungsmaßnahmen scheint es notwendig zu sein, dem Programmierer Hilfs-

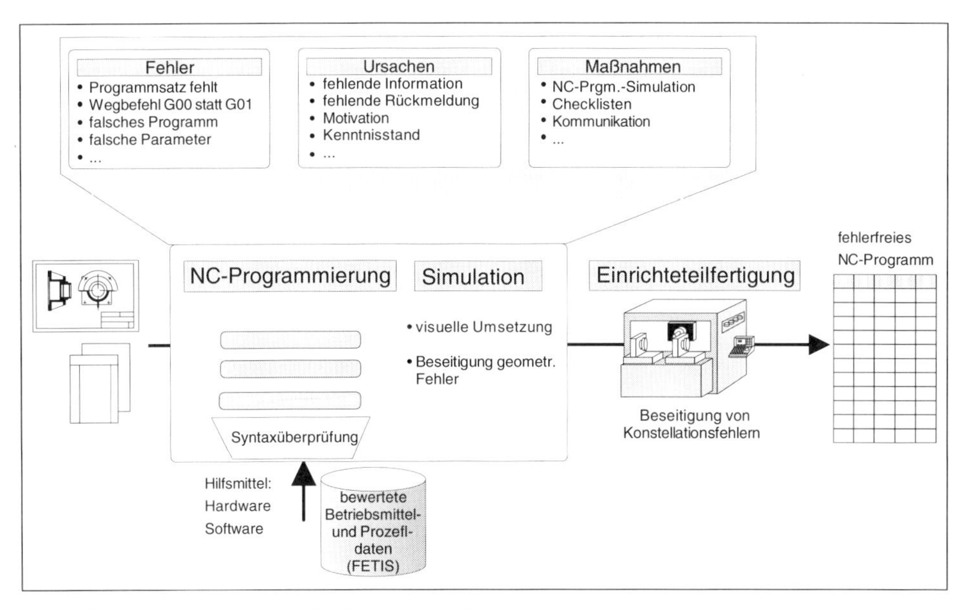

Bild 6.22: Fehler und mögliche Maßnahmen in der NC-Programmierung

mittel zur qualitätsorientierten Fertigungsplanung und Visualisierung der von ihm erstellten NC-Sätze zur Verfügung zu stellen. Ein solches Hilfsmittel könnte ein in Form einer Datenbank aufgebautes Technologie-Informations-System (s. Kap. 6.3.3.1, vgl. /CSE94/) und die Benutzung von Simulationsprogrammen sein. Aktuelle Programme ermöglichen die Visualisierung der Werkzeugverfahrwege unter Berücksichtigung der vorhandenen Geometrien im Arbeitsraum. Über CAD-NC-Module lassen sich Geometriedaten von Rohgußteilen und Vorrichtungen einlesen. Damit können Kollisionen im Bearbeitungsraum ausgeschlossen werden. Fehlerhafte Technologieparameter können hiermit nicht erkannt werden.

• Aufbau von Informationssystemen

• Keine Berücksichtigung falscher Technologie in der Simulation

Da aber auch die Simulation letztendlich nicht die Fehler simulieren kann, die sich beispielsweise aus einer ungeeigneten Vorrichtung ergeben, ist eine abschließende Überprüfung und Korrektur des NC-Programmes auf der Maschine während der Ersteilfertigung notwendig. Eine Rückmeldung in die Fertigungsplanung über den Umfang und die Art der Änderungen wird heutzutage allzu oft nicht durchgeführt, ist aber im Hinblick auf sich wiederholende Abläufe von grundlegender Bedeutung.

• Korrektur des Programmes während der Ersteilfertigung

6.2.5.2 Maschine rüsten

• Vorrichtung hat entscheidenden Einfluß auf Bauteilqualität

Fehler, die durch den Rüstprozeß der Maschine verusacht werden, traten zumeist durch Unachtsamkeiten des Maschinenführers bei der Aufspannung der Vorrichtung auf. Die Vorrichtung hat einen ebenso großen Stellenwert wie das Werkzeug, da selbst mit dem besten Werkzeug keine optimales Ergebnis erzielt werden kann, wenn die Vorrichtung nicht die an sie gestellte Anforderungen, wie die Fixierung und Abstützung des Werkstückes auf dem Maschinentisch, erfüllt (Bild 6.23).

Zur Vermeidung der bei der Auftragswiederholung ermittelten Bedienfehler sind Schulungen des Maschinenpersonals erforderlich, die ein breiteres, detailliertes Wissen über Vorrichtungen vermitteln /WIR89/.

Eine Maßnahme, die eine Fehlbedienung (z.B. Deformation des Werkstückes) ausschließt, kann beispielsweise eine Überprüfung sämtlicher Einzelteile einer Baukastenvorrichtung auf Null-Fehler-Tauglichkeit sein. In vielen Fällen wird eine Aufspannung über Spanneisen oder -pratzen realisiert. Dabei werden die Spannkräfte in der Regel über die Kombination Mutter-Schraube erzeugt. Soll eine gleichbleibende Spannkraft erreicht werden, so ist bei jedem Werkstückwechsel der Einsatz eines Drehmoment-

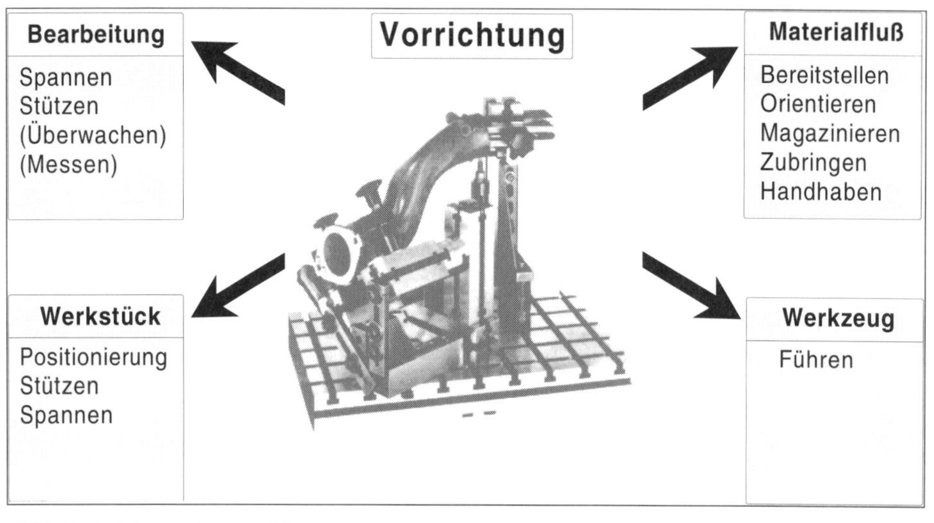

Bild 6.23: Funktionen einer Vorrichtung

schlüssels notwendig. Sinnvoller ist hier der Einsatz von Schnellspannhebeln, die die richtige Funktion durch Überwindung eines Totpunktes realisieren. Auch Positioniersensoren können auf die exakte Lage des Werkstücks hinweisen. Eine im Betriebsmittelbau probemontierte Vorrichtung, die mit einem Photo und einer Stückliste vollständig dokumentiert an die Fertigung weitergegeben wird, gewährleistet im allgemeinen einen fehlerfreien Betrieb.

- Einsatz von Positioniersensorik

Das häufig auftretende Rüsten falscher Werkzeuge kann zumeist nicht dem Maschinenführer angelastet werden, da die Fehlerursache vor allem bei der Werkzeugbereitstellung zu suchen ist /KUH95/. Zu einer eindeutigen Identifizierung des Werkzeugs stehen im allgemeinen keine Hilfsmittel zur Verfügung. Die Einführung einer durchgängigen Werkzeugorganisation, die die Möglichkeit bietet, jedes Werkzeug individuell ansprechen zu können, kann diese Fehlermöglichkeit wirkungsvoll beseitigen. Sinnvoll ist es, an dieser Stelle noch einen Schritt weiterzugehen

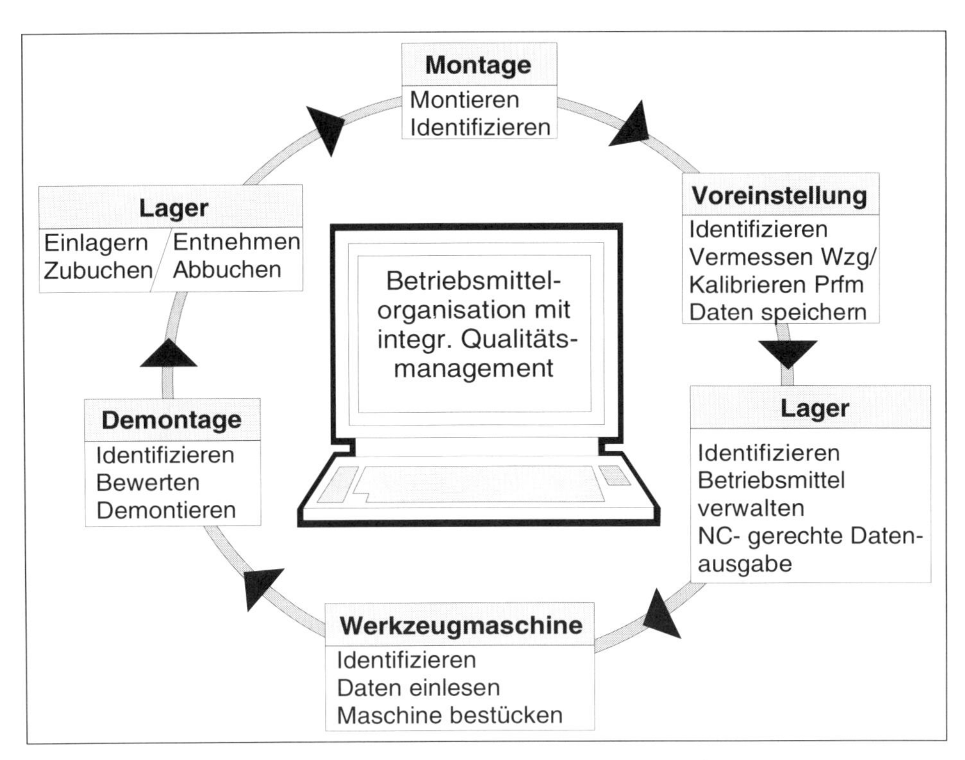

Bild 6.24: Präventive Qualitätssicherung durch Verwendung einer Betriebsmittel-Organisation

• Werkzeugorganisation mit integriertem Qualitätsmanagement

und alle einem Kreislauf unterliegenden Betriebsmittel zu organisieren und in ein Qualitätsmanagement mit einzubeziehen (Bild 6.24).

6.2.5.3 Werkstück bearbeiten

Fehler, die während der Gehäusebearbeitung auftraten, waren fast ausschließlich entweder auf die NC-Programme, maschinenspezifische Probleme oder konstruktive Schwächen der Maschine und werkzeugseitige Einflüsse durch Werkzeugbruch oder Verschleiß zurückzuführen.

• Berücksichtigung des momentanen Maschinenzustandes

Da der Maschine bei der Bearbeitung eine zentrale Bedeutung zukommt, ist die Gefahr für das Auftreten von Fehlern umso größer, wenn der Zustand der Maschinen in den planerischen Bereichen unberücksichtigt bleibt. In der Regel sind bei den Maschinen, die für eine bestimmte Fertigungsaufgabe eingesetzt werden sollen, zwar die zeitliche Auslastung sowie der Ort bekannt, über den technischen Zustand liegen jedoch im Planungsbereich keine Daten vor. Diese sind in der Regel ausschließlich dem Maschinenführer bekannt. Aber gerade die Prozeßfähigkeit der Maschine ist ausschlaggebend für technologische Planungsvorgänge, in denen Entscheidungen über die Betriebsmittelkombinationen getroffen werden.

• Dokumentation durch Instandhaltungspläne und Logbücher

Instandhaltungspläne und Maschinenlogbücher können über den Maschinenzustand informieren und langfristig die Maschinenfähigkeit dokumentieren. Damit ist die Fertigungsplanung in der Lage, diese bislang nicht zur Verfügung stehenden Informationen für eine Fehlervermeidung mit zu verwenden.

• Häufige Fehler in der Kühlschmierstoffversorgung

Fehler, die beispielsweise aus mangelnder Kühlschmierstoffversorgung oder fehlender Einlaufzeit resultieren, könnten mit einfachen Eingriffen in die Maschinensteuerung aufgefangen werden, so daß der wertschöpfende Prozeß hiervon unbeeinflußt bleibt und Fertigungsfehler wirkungsvoll vermieden werden.

Eine beispielhafte Aufstellung über mögliche Maßnahmen im Fertigungsprozeß Fräsen unter Berücksichtigung der Unternehmensbereiche Konstruktion, Arbeitsvorbereitung, Fertigung und Werkzeugaufbereitung zeigt Bild 6.25.

Bild 6.25: Maßnahmen für den Prozeß Fräsen in unterschiedlichen Bereichen

6.2.6 Maßnahmen zur Null-Fehler-Produktion in der Prozeßkette Schmieden

Zunehmende Bestrebungen, durch Schmieden endkonturnahe Bauteile mit teilweise einbaufertigen Funktionsflächen herzustellen, führen zu steigenden Anforderungen an die Prozeßauslegung und -überwachung der gesamten Prozeßkette. Dazu gehören beim Schmieden:

- die Rohteilherstellung (z.B. durch Knüppelscheren),
- die Erwärmung der Rohteile (z.B. durch induktives Erwärmen) und
- die Umformung.

• Prozeßkette „Schmieden"

Die beim Schmieden auftretenden Fehler lassen sich in Abhängigkeit von der eigentlichen Fehlerursache in drei Klassen einteilen (Bild 6.26):

- unmittelbare systematische Fehler: Fehler, die auf einem gesetzmäßigen Zusammenhang beruhen wobei die Ursache unmittelbar den Fehler zur Folge hat.

• Fehlerarten

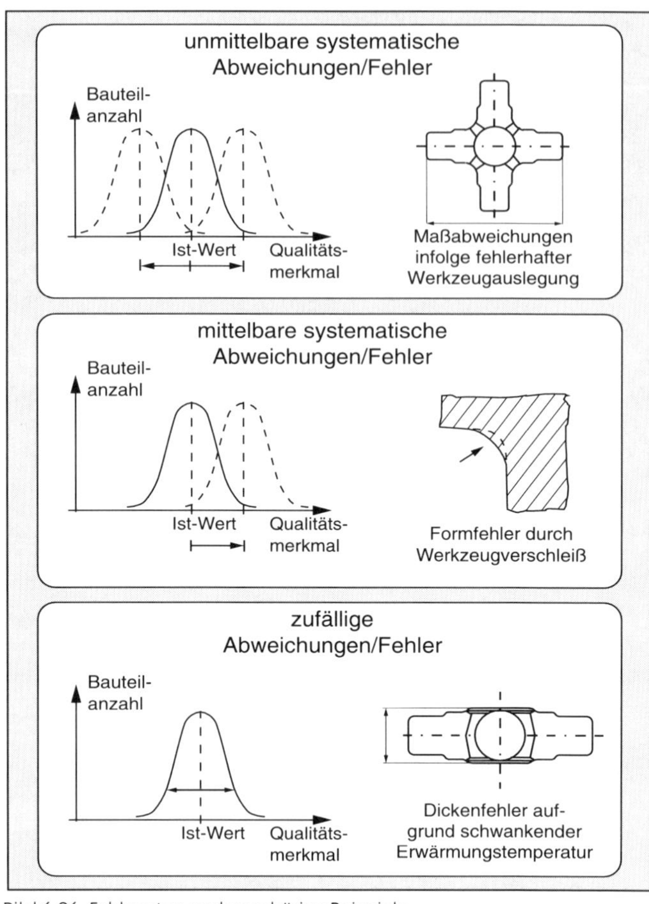

Bild 6.26: Fehlerarten und zugehörige Beispiele

- mittelbare systematische Fehler: Fehler, deren Ursache auf einen gesetzmäßigen Zusammenhang beruht, wobei die Ursache erst mittelbar zum Fehler führt. Dabei ist von Werkstück zu Werkstück ein Trend erkennbar.
- zufällige Fehler: Fehler, die ohne gesetzmäßige Zusammenhänge während der laufenden Fertigung entstehen. Es ist von Werkstück zu Werkstück kein Trend erkennbar.

Diese unterschiedlichen Fehler machen eine Reihe von Maßnahmen notwendig, um eine gezielte Beseitigung der Fehlerursachen zu ermöglichen und letztendlich zu einer Null-Fehler-Produktion beim Schmieden zu gelangen.

6.2.6.1 Maßnahmen gegen unmittelbare systematische Fehler

- Unmittelbare systematische Fehler

Unmittelbare systematische Fehler können durch präventive Maßnahmen vor dem Beginn der Fertigung weitestgehend vermieden werden. Beim Schmieden betrifft dieses insbesondere Maßnahmen, die sich sowohl auf die Werkzeug- und Prozeßauslegung als auch auf die Gestaltung der Informationsflüsse zwischen der Planungs- und Ausführungsebene beziehen.

- Werkzeuggeometrie

Den größten Einfluß auf die erreichbare Genauigkeit übt beim Schmieden, wie bei allen abformenden Fertigungsverfahren, die Werkzeuggeometrie aus. Zum Schmieden muß daher die reproduzierbare Darstellung der Werkstück- und Werkzeuggeometrie ermöglicht werden, um die geforderten Funktionsflächen in der gewünschten Qualität zu realisieren. Die ausreichend genaue Ermittlung der Werkzeuggeometrie, welche die thermische Schrumpfung des Werkstückes und die Werkzeugdehnung durch die Preßkräfte berücksichtigt, ist in Zusammenarbeit zwischen der Konstruktion und der numerischen Simulation des Schmiedeprozesses durchzuführen (Bild 6.27). Dieses führt zur einer Verringerung des „Trial and Errors" in der Werkzeugauslegung und somit letztendlich zu einer Verkürzung der Entwicklungszeit /YAN95/.

- CAD und FEM

Ausgangspunkt der Werkzeugauslegung ist die Zeichnung des Schmiedeteiles. Aus diesem wird ein mathematisches Modell erzeugt, welches sich aus Funktionen der verschiedenen Grundelemente wie Kreis, Evolvente oder Schraubenlinie zusammensetzt. Basierend auf diesen Daten erfolgt die Werkzeugdarstellung im CAD-System.

Die im CAD-System erzeugte Werkzeuggeometrie findet Eingang in die numerische Simulation des Schmiedeprozesses. Die Simulation erfolgt dabei mit der Finite-Elemente-Methode (FEM) und beinhaltet den Prozeß von der Erwärmung bis zur Abkühlung.

- Werkzeugfertigung

Erst nachdem durch dieses iterative Vorgehen zufriedenstellende Ergebnisse erzielt werden, erfolgt die Werkzeugfertigung. Das erzeugte CAD-Modell der Werkzeughohlform bildet hierbei die Grundlage für die Erstellung eines NC-Programmes zur direkten spanenden Gesenkherstel-

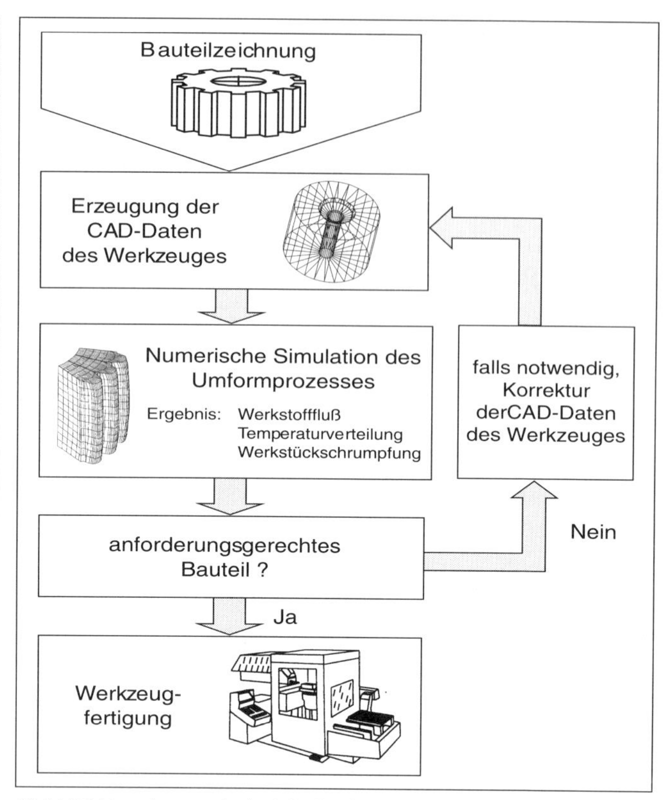

Bild 6.27: Vorgehensweise bei der Werkzeugauslegung

lung bzw. zur Fertigung der Elektroden zur elektroerosiven Herstellung von Schmiedegesenken.

• lauffähiger Schmiedeprozeß

Durch diesen Abgleich zwischen Auslegung und Simulation wird ein lauffähiger Schmiedeprozeß entwickelt und optimiert. Die Kosten für die Werkzeugzeichnung und -fertigung entstehen somit erst nach der Ermittlung einer optimalen Stadienfolge. Kostenintensive Testläufe mit Probewerkzeugen und dadurch bedingte Produktionsausfallzeiten von Maschinen können so weitgehend vermieden werden.

• Prozeßauslegung

Nach der Festlegung der Werkzeuggeometrie sind alle weiteren für das Schmieden notwendigen Prozeßparameter vorzugeben. Dazu zählen u. a.:

- alle Maschineneinstellwerte, die von den Maschinenführern an den einzelnen Maschinen einzustellen sind, beispielsweise der Schneidspalt an der Knüppelschere,

die Erwärmungstemperatur an der Erwärmungsanlage oder die Stößelgeschwindigkeit an der Umformpresse sowie
- der Einbauort und -höhe des Werkzeuges in der Umformpresse, wodurch z.B. die Schließlage des Werkzeuges bestimmt wird.

Die Werkzeugkonstruktion gibt einige Parameter vor, die bereits bei der Auslegung der Werkzeuge berücksichtigt werden müssen, wie beispielsweise die Schmiedeanfangstemperatur oder die Werkzeuggrundtemperatur. Aufbauend auf diesen vorgegebenen Werten sind die übrigen Parameter wie Ofenausgangstemperatur oder die Art und Menge des Kühlmediums von der Prozeßauslegung zu bestimmen. Dabei ist zwischen bekannten, d.h. bereits gefertigten Teilen, und neuen, d.h. noch nicht gefertigten Teilen, zu unterscheiden.

• Datenbank

Bei bekannten Teilen sind die Parameter aus einem Datenbanksystem (s.u. Datenbanksystem „Prozeßkette Schmieden") aufzurufen. Diese Daten werden fortlaufend aktualisiert, in dem beim Auftreten von Fehlern und Störungen durch die Dokumentation der daraufhin eingeleiteten Abhilfemaßnahmen eine Korrektur der Vorgaben erfolgt.

Bei Schmiedeteilen, die bisher nicht gefertigt wurden, ist in der Datenbank nach ähnlichen Teilen zu suchen und die zugehörigen Parameter nach einer Prüfung als Erstvorgabe zu nutzen. Diese Parameter werden dann durch die Aufnahme möglicher Fehler und der eingeleiteten Abhilfemaßnahmen in der Fertigung und der Weiterleitung dieser Informationen in die Planung gegebenenfalls geändert (s.u.).

• rechnerunterstützter Informationsfluß

Die in der Planungsebene erstellten Vorgaben für die Werkzeuge sowie der Maschinen- und Werkzeugeinstellung müssen nach der Beendigung der Planung an die ausführenden Stellen weitergereicht werden. Dieses hat ausschließlich rechnerunterstützt zu erfolgen, da der Gebrauch von Papier aufgrund der in Schmiedebetrieben oftmals sehr schmutzigen Arbeitsumgebung problematisch ist. In Bild 6.28 ist der Informationsfluß zwischen der Planungsebene und der Ausführungsebene (Bereitstellung, Fertigung) dargestellt.

- Informationsfluß zur Maschine

Mit Hilfe des Datenbanksystems „Prozeßkette Schmieden" werden die Daten an die betroffenen Bereiche geleitet. Beispielsweise können die Einstellparameter für die Knüppelschere (Schneidspalt, Größe des Längenanschlages, etc.), direkt auf dem Bildschirm an der Maschine übertragen werden. Ebenso erfolgt eine Übertragung der Fertigungsparameter an die Schmiedelinie, der Konstruktionsdaten (Werkzeugwerkstoff, Beschichtungsart etc.) an den Werkzeugbau und der Einbaudaten (Lagerort der Werkzeuge, Spannmittel, etc.) an die Werkzeugbereitstellung. Fehlerhafte Einstellungen an den Maschinen, wie sie in einer Betriebsanalyse immer wieder beobachtet wurden, lassen sich so vermeiden.

- Rückführung von Fehlern und Abhilfemaßnahmen

Umgekehrt müssen Fehler und eingeleitete Abhilfemaßnahmen aus der Ausführungsebene zurück in die Planungsebene geleitet werden, damit dort die entsprechenden Unterlagen (Werkzeugzeichnungen, Arbeitsanweisungen, etc.) geändert werden. Dazu kann der Maschinenführer über Bildschirmmasken die festgestellten Fehler und die eingeleiteten Abhilfemaßnahmen melden (Bild 6.29 und 6.30).

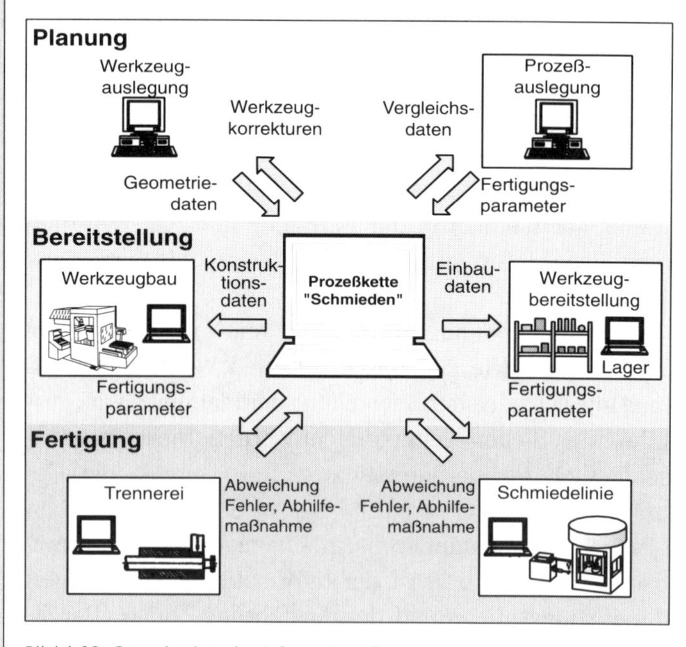

Bild 6.28: Organisation des Informationsflusses

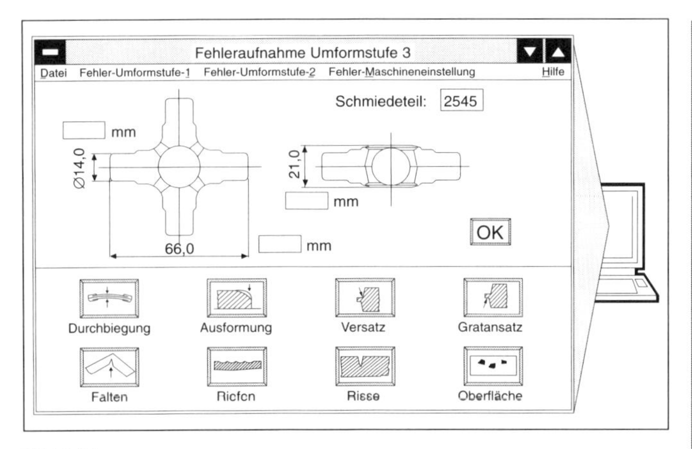

Bild 6.29:

Beispielsweise hat der Maschinenführer in regelmäßigen Abständen Stichproben zu vermessen und die gemessenen Ist-Werte in das Datenbanksystem einzugeben. Darüber hinaus hat er optional mögliche Fehler dem Datenbanksystem zu melden. Findet er Fehler, so ist er zur Vermeidung weiterer Fehler dazu gezwungen, Abhilfemaßnahmen einzuleiten. Beispielsweise kann er die Erwärmungstemperatur geringfügig erhöhen, um einen besseren Werkstofffluß zu erreichen. Dieses hat er dem Datenbanksystem zu melden, um bei einer erneuten Fertigung des betroffenen Schmiedeteiles von vornherein die höhere Erwärmungstemperatur einzustellen. Die Eingabe der Ab-

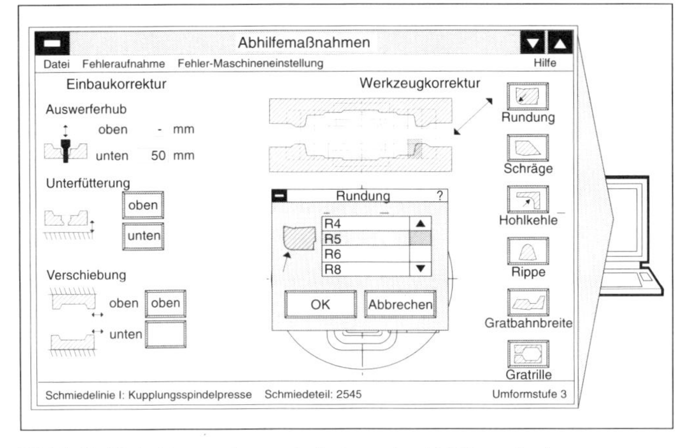

Bild 6.30: Bildschirmmaske zur Aufnahme der Abhilfemaßnahmen

hilfemaßnahmen erfolgt wiederum über Bildschirmmasken. Die eingegebenen Abhilfemaßnahmen werden dann an die betroffenen Planungsbereiche zur Änderung von Zeichnungen und Arbeitsanweisungen weitergeleitet.

- Vorteile des rechnerunterstützten Informationssystems

Durch das Datenbanksystem „Prozeßkette Schmieden" wird ein bereichsübergreifender Qualitätsregelkreis zwischen der Planungs- und Ausführungsebene realisiert. Durch den gelenkten Informationsfluß zur Fertigung und zurück werden die Planungsgrundlagen verbessert und die Wissensbasis für die Werkzeug- und Prozeßauslegung erweitert.

Die personenbezogene Abhängigkeit von Wissen (Expertenwissen) wird verringert. Durch die Erfassung aller auftretenden Fehler und Störungen wird die Aufmerksamkeit der Planung auf Fehler- und Störungsschwerpunkte gelenkt. Diese können somit zielgerichtet beseitigt werden. Ein Großteil insbesondere der organisatorischen Fehler (s. Kap. 4) läßt sich durch dieses Datenbanksystem vermeiden.

6.2.6.2 Maßnahmen gegen mittelbare systematische Fehler

- mittelbare systematische Fehler

Bei den mittelbaren systematischen Fehlern handelt es sich vor allem um Fehler, deren Ursache in einem zunehmenden Verschleiß der Werkzeuge liegt. Grundsätzlich läßt sich Werkzeugverschleiß nicht verhindern. Lediglich durch eine Wärmebehandlung, Beschichtung und die Verwendung von Kühl- und Schmiermitteln ist eine zum Teil deutliche Erhöhung der Werkzeugstandzeit möglich /LUI 93/. Der Verschleiß zeigt sich insbesondere in Rissen und Riefen, die sich in Gesenkbereichen abbilden, an denen eine lange Relativbewegung zwischen dem Werkstück und dem Werkzeug auftritt. Diese Risse und Riefen bilden sich im Schmiedeteil ab und erzeugen dabei Kerben, die die Dauerfestigkeit der Werkstücke herabsetzen.

- Prüfung des Werkzeugzustandes

Zur Vermeidung der dargestellten Verschleißfolgen ist daher der aktuelle Verschleißzustand der Werkzeuge in regelmäßigen Abständen während der Fertigung zu erfassen. Dieses ist durch eine Abtastung des Werkzeuges mit einem Wirbelstromsensor möglich.

In Bild 6.31 ist ein Signalverlauf für den Gratbahneinlauf eines neuen, eines noch brauchbaren und eines verschlissenen Schmiedegesenkes dargestellt. Deutlich ist die Zunahme der Signalanteile in der oberen Fehlerklasse mit zunehmendem Gesenkverschleiß zu erkennen. Dieses beruht auf den sich gebildeten Riefen im Gratbahneinlauf.

- Wirbelstromprüfung

Durch eine in regelmäßigen Abständen wiederkehrende Kontrolle der Schmiedegesenke mit dem Wirbelstromtaster kann der zunehmende Verschleiß erkannt und das Gesenk gewechselt werden, wenn der Signalanteil in der oberen Fehlerklasse einen vorzugebenden Grenzwert übersteigt. Dem Maschinenführer wird dadurch ein effizientes Hilfsmittel zur Beurteilung des Werkzeugzustandes an die Hand gegeben.

6.2.6.3 Maßnahmen gegen zufällige Fehler

- zufällige Fehler

Trotz sorgfältiger Planung kommt es zu Streuungen bei den Eigenschaften des eingesetzten Halbzeuges und der

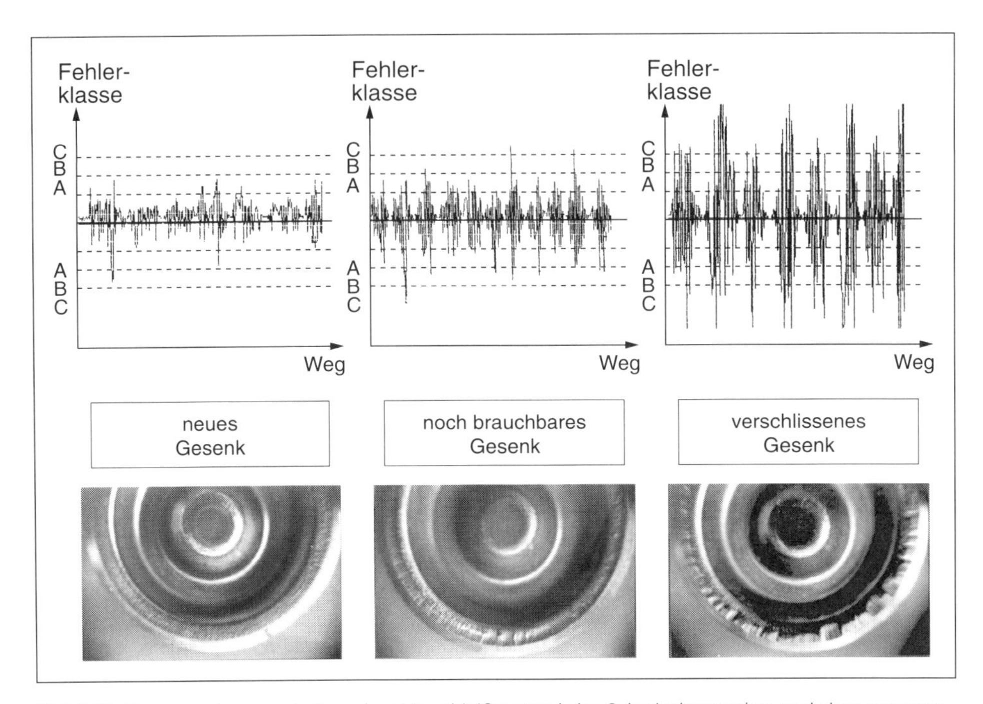

Bild 6.31: Zusammenhang zwischen dem Verschleißzustand des Schmiedegesenkes und dem gemessenen Wirbelstromsignal

- Prozeßüberwachung
- Knüppelscheren

vorgegebenen Prozeßparameter während der Fertigung. Diese haben Streuungen der Qualitätsmerkmale der Schmiedeteile zur Folge. Aus diesem Grund ist die gesamte Prozeßkette fortlaufend zu überwachen. Beispielhaft wird hier die Prozeßüberwachung für die Rohteilherstellung durch Knüppelscheren dargestellt (Bild 6.32).

Bei der Herstellung der Schmiederohteile durch Knüppelscheren kommt es immer wieder vor, daß feuchte bzw. verölte Knüppelabschnitte geschert werden. Die Folge ist eine veränderte Schneidspaltaufweitung während des Schervorganges, die zu Fehlern auf der Scherfläche (Querbruchflächen, Überschneidungen, etc.) führt. Die entsprechenden Rohteile sind für die nachfolgende Umformung unbrauchbar. Sie müssen erkannt und aussortiert werden.

Möglich ist dies durch eine Überwachung der Abdrängkraft, die senkrecht zur Scherkraft in der Knüppellängs-

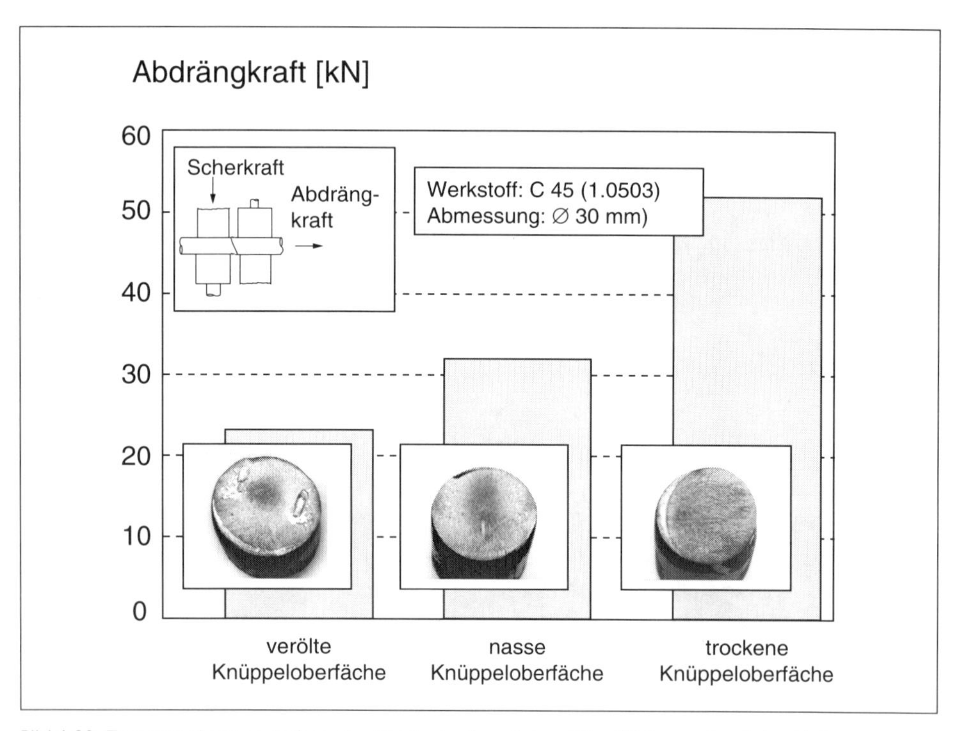

Bild 6.32: Zusammenhang zwischen der Abträngkraft und dem Oberflächenzustand des Halbzeuges sowie der resultierenden Scherfläche beim Knüppelscheren

achse wirkt. Dazu ist ein Querkraftmeßdübel in das Schermesser einzubringen. Mit abnehmender Reibung auf der Knüppeloberfläche verringert sich die auf das Schermesser wirkende Abdrängkraft, wodurch die Schneidspaltaufweitung kleiner wird. Die Folge sind Scherflächenfehler, die charakteristisch für einen zu kleinen Schneidspalt sind. In Bild 6.32 ist der Zusammenhang zwischen der Abdrängkraft und den sich ergebenden Scherflächenfehlern aufgezeigt. Es wird deutlich, daß Scherflächenfehler aufgrund geänderter Reibungsbedingungen durch die Messung der Abdrängkraft erfaßt werden können.

- Überwachung der Abdrängkraft

Während der Umformung ist eine direkte prozeßintegrierte Qualitätsüberwachung der Schmiedeteile nicht möglich, da das Schmiedeteil während des Umformens im Werkzeug unzugänglich ist. Aus diesem Grund sind über Korrelationen zwischen meßtechnisch erfaßbaren Kenngrößen und Qualitätsmerkmalen Aussagen bezüglich der produzierten Qualität zu treffen, um zufällige Schwankungen von Prozeßparametern und der zugehörigen Qualitätsmerkmale am Schmiedeteil zu entdecken. In /BEH 95, WEB94/ werden diesbezüglich Lösungsansätze vorgestellt.

- Überwachung der Umformung

6.2.7 Qualitätsgerechte Auswahl von Technologien

6.2.7.1 Neue Anforderungen an den Einsatz von Technologien?

Neuen Entwicklungen auf organisatorischer Ebene (Lean Production, TQM, Zertifizierung nach DIN/ISO 9000ff.) steht auf der operativen, fertigungstechnischen Ebene häufig ein starkes Beharren an Bestehendem gegenüber. Dabei werden vorhandene Maschinen und Anlagen auch dann noch intensiv eingesetzt und gewartet, wenn sie betriebswirtschaftlich abgeschrieben sind oder in technologisch-qualitativer Hinsicht nicht mehr dem Stand der Technik entsprechen. Gerade auch hier müssen Unternehmen eine höhere Flexibilität erreichen, um qualitative und technologische Anforderungen durch den Einsatz adäquater Technologien und Prozeßfolgen erfüllen zu können. Neue Fertigungstechnologien, können dabei oftmals

- Chancen durch die Einführung neuer Technologien

die bislang eingesetzten technologisch ausgereizten Verfahren ersetzen und Potentiale zur Verbesserung und Einsparung aufzeigen.

- Ziele und Kriteriengruppen einer Technologiebewertung

Die Ursachen für die zögerliche Einführung neuer Technologien in die industrielle Praxis sind überwiegend darin zu sehen, daß ein methodisches Vorgehen zur Quantifizierung der für das Unternehmen erreichbaren Verbesserungen bislang nicht verfügbar war. In der Vergangenheit erfolgten Bewertung und Auswahl von Fertigungsverfahren häufig einseitig unter ökonomischen Aspekten. Werden Methoden zur Wirtschaftlichkeitsrechnung in den Vordergrund gestellt, besteht die Gefahr mittelfristige Optimierungspotentiale zu vernachlässigen, die sich aber gleichwohl auf das betriebswirtschaftliche Ergebnis auswirken können. Für den industriellen Einsatz sind inzwischen Verfahren erforderlich, bei denen auch logistische, technologisch-qualitative und ökologische Kriterien in Betracht gezogen werden. Neben der vermischten Betrachtung der unternehmens- und kundenseitigen Anforderungen kann bei der Technologieauswahl schon im Planungsstadium eine Null-Fehler-Produktion berücksichtigt werden.

- Entscheidungen zwischen konkurrierenden Technologien

Besonderer Bedarf zur Absicherung von Technologieentscheidungen liegt dort vor, wo konkurrierende Technologien zur Verfügung stehen, z.B. im Werkzeug- und Formenbau beim Erodieren und 3/5-Achsen-Fräsen oder in der Endbearbeitung gehärteter Bauteile beim Schleifen und Hartdrehen. Für eine qualitätsgerechte Auswahl von Fertigungstechnologien wurde deshalb eine Methode entwickelt, die derartige Entscheidungen unterstützt und eine flexible Kombination der genannten Kriteriengruppen zuläßt.
Im folgenden soll das entwickelte Vorgehen von den gängigen Ansätzen abgegrenzt werden. Anschließend werden die Methode und ihre Werkzeuge am Praxisbeispiel vorgestellt.

6.2.7.2 Methoden zur Technologiebewertung

- Ein- und mehrdimensionale Verfahren

Ansätze zur Bewertung und Auswahl von Fertigungstechnologien lassen sich zunächst nach der Anzahl der betrachteten Kriterien unterteilen (Bild 6.33). Bei den eindimensionalen Verfahren steht die Berechnung wirtschaftlicher Kenngrößen im Mittelpunkt der Betrachtung. Im Gegensatz zu

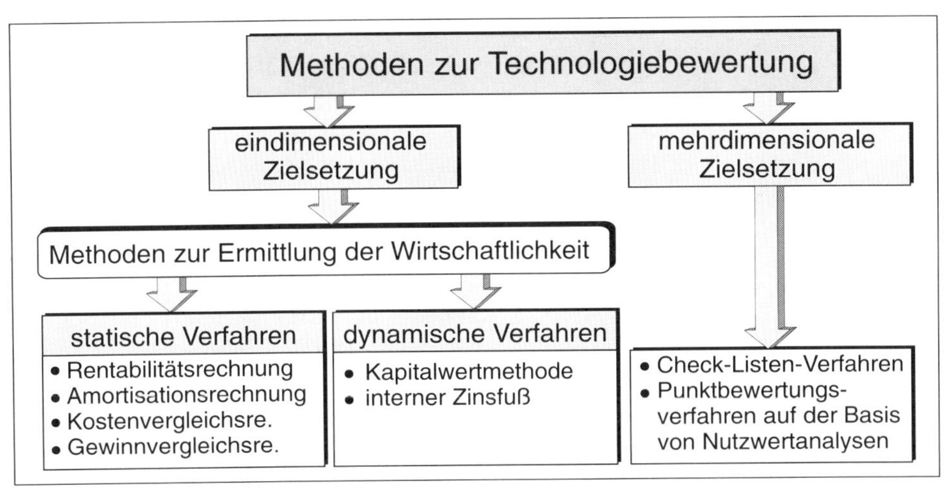

Bild 6.33: Methoden zur Technologiebewertung

den statischen Verfahren, bei denen eine momentane Situation als Entscheidungsbasis genutzt wird, versuchen die dynamischen Verfahren eine ökonomische Entwicklung über einen Zeitraum vorherzusagen. Der besondere Vorteil mehrdimensionaler Verfahren – die kombinierte Betrachtung unterschiedlicher Kriteriengruppen – war bislang zugleich der entscheidende Nachteil: Die objektive Auswahl und Gewichtung von Kriterien und Subkriterien ist ohne geeignete Hilfsmittel nur schwer durchführbar.

Punktbewertungsverfahren auf der Basis von Nutzwertanalysen bieten die beste Grundlage für eine Technologieentscheidung, da sie sich hinsichtlich Aufwand und Planungsschärfe an die Unternehmensanforderungen flexibel anpassen lassen und im Gegensatz zu einfacheren Verfahren differenzierte Beurteilungen zulassen. Bereits vorliegende z. B. betriebswirtschaftliche oder technische Kennzahlen können problemlos in die Bewertung integriert werden. Die Nutzwertanalyse wurde weiterhin um Werkzeuge erweitert, um eine einfache Anwendbarkeit für den Praktiker und objektive Ergebnisse sicherzustellen.

• Einsatz der Nutzwertanalyse

6.2.7.3 Vorgehen zur Technologieauswahl

Die Technologieauswahl läuft dreistufig ab (Bild 6.34): In einem ersten Schritt ist zu bestimmen, welche Kriterien für das Unternehmen von Relevanz sind. Diese werden zweckmäßigerweise mit Kreativitätstechniken ermittelt.

Zur Strukturierung der betrieblichen Anforderungen an die Technologieauswahl wird der Anwender durch Kriterienhierarchien unterstützt /TÖN95/. Bild 6.35 zeigt eine exemplarische Hierarchie, die z.B. für eine Technologieentscheidung zwischen Schleifen und Hartdrehen eingesetzt werden kann. Dieses Vorgehen stellt nicht nur eine konsequente Aufgliederung in Haupt- und Unterkriterien sicher, es wird auch einer Doppelnennung oder späteren Fehlgewichtung vorgebeugt. Betriebliche Festforderungen werden durch die Unterscheidung von Fest- und Optimierungs-Kriterien berücksichtigt. Die Festkriterien bewirken, daß nur Varianten ausgewählt werden, die diese Kriterien erfüllen /ZAN76/.

- Hilfsmittel Kriterienhierarchie

Durch eine gegenseitige Gewichtung der unterschiedlichen Kriteriengruppen wird die betriebliche Bedeutung der Anforderungen an die Technologieauswahl abgebildet. Hier war es bislang schwer, ein objektives Ergebnis zu erreichen, da eine freihändige Vergabe von Gewichten zur Subjektivität verführt. Präferenzmatrizen bieten ein praktisches Hilfsmittel, um die bisher einzeln betrachteten Kriteriengruppen miteinander zu vergleichen und gegeneinander zu gewichten.

- Präferenzmatrizen als Hilfsmittel zur Gewichtung von Anforderungen

Die in Bild 6.36 abgebildete Matrix stellt einen Auszug aus dem Vergleich Schleifen-Hartdrehen dar. Beim paarweisen Kriterienvergleich wird jeweils das bedeutendere Kriterium in die Martix eingetragen, so daß aus der Menge der Nennungen schließlich relative Gewichtungen der Kriterien schnell und einfach ermittelbar sind. Dabei ist zu beachten, daß naturgemäß nur die variablen Optimierungs-Kriterien gewichtet werden können. Die dargestellten Oberkriterien (a bis f) lassen sich je nach betrieblich erwünschtem Detaillierungsgrad weiter aufgliedern.

Vor der Bewertung der Technologien ist zunächst zu überprüfen, ob die „kritischen Pfade“, die FEST-Kriterien, erfüllt sind. Anschließend wird mit der Vergabe von Punkten beschrieben wie weit die Alternativen die vorgegebenen Anforderungen erfüllen. Dies kann freihändig oder mit Hilfe von Koordinatensystemen geschehen, die den Anwender bei der objektiven Bewertung unterstützen.

- Bewertung der Alternnativen durch Vergabe von Punkten

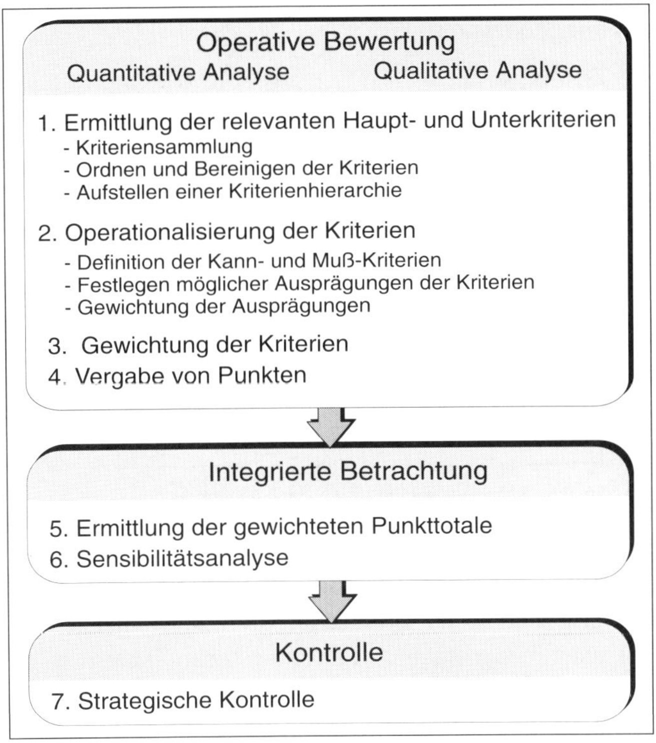

Operative Bewertung
Quantitative Analyse
Qualitative Analyse
1. Ermittlung der relevanten Haupt- und Unterkriterien
- Kriteriensammlung
- Ordnen und Bereinigen der Kriterien
- Aufstellen einer Kriterienhierarchie
2. Operationalisierung der Kriterien
- Definition der Kann- und Muß-Kriterien
- Festlegen möglicher Ausprägungen der Kriterien
- Gewichtung der Ausprägungen
3. Gewichtung der Kriterien
4. Vergabe von Punkten
Integrierte Betrachtung
5. Ermittlung der gewichteten Punkttotale
6. Sensibilitätsanalyse
Kontrolle
7. Strategische Kontrolle

Bild 6.34: Vorgehen zur Auswahl der geeigneten Fertigungstechnologie

logistische Kriterien
ökologische Kriterien
wirtschaftliche Kriterien
technologisch-qualitative Kriterien
• Maß- und Formgenauigkeit
Haupt-kriterium
• Beeinflussung der Randschicht
Randzonenschädigung durch Neuhärtezonen
Spannungszustand i. d. Randzone
• Oberflächengüte
Oberflächenrauheit
Traganteilkurve
Unter-kriterium
• Prozeßsicherheit

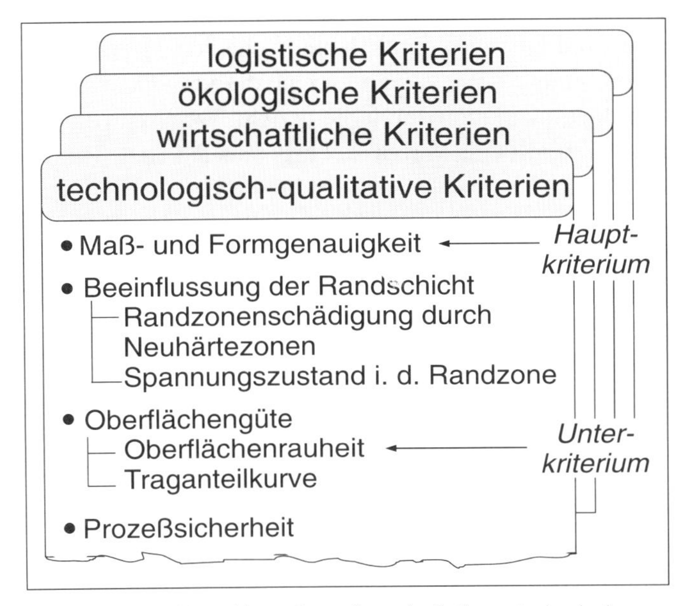

Bild 635: Kriterienhierarchie zur Beurteilung der Fertigungstechnologie

a	Imagegewinn
b	Zeitaufwand
c	Organisation
d	Fertigungskosten
e	Energieverbrauch
f	Verzicht auf Kühlschmiermittel

b
c
b d
d a
d e f
c b
d c
d
e

Kriterien	a	b	c	d	e	f
abs. Anzahl: Σ 15	1	3	3	5	2	1
Σ 100% ⇒ Gewicht	6,7	20,0	20,0	33,3	13,3	6,7

Bild 6.36: Präferenzmatrix zur Ermittlung der Kriteriengewichte

Darauf werden die jeweiligen bewerteten Punkte mit den ermittelten Gewichtungsfaktoren zusammengefaßt. Entscheidungen für eine Fertigungstechnologie werden aufgrund der erreichten Punktsummen der Alternativen getroffen. Bild 6.37 zeigt einen Auszug aus einer Bewertung. Hier wäre eine Entscheidung zugunsten des Hartdrehens ausgefallen.

Für Technologieentscheidungen sollten sich die verglichenen Alternativen deutlich unterscheiden. Mittels einer Sensibilitätsanalyse kann innerhalb der vorhandenen Bewertungsspielräume durch die gezielte Variation von Gewichten und Punktwerten das Ergebnis auf seine Gültigkeit für das Unternehmen überprüft werden.

- Absicherung des Ergebnisses über Sensibilitätsanalyse und/oder Kontrolle

Befarfsabhängig kann in einer abschließenden Kontrolle verglichen werden, ob die tatsächlichen durchgeführten Bewertungsschritte mit den angenommenen Bedingungen aus der Planungsphase übereinstimmen.

6.2.7.4 Zusammenfassung – Ergebnisse

Die gekoppelte Betrachtung aller betrieblichen Kriterien ergänzt die bisherigen Verfahren zur Technologiebewertung indem auch qualitative, logistische, technologische und ökologische Verbesserungspotentiale quantifiziert und zur Absicherung einer Technologieauswahl eingesetzt wer-

		Schleifen		Hartdrehen	
Fest-Kriterien		**erfüllt?**		**erfüllt?**	
Maß- und Formgenauigkeit		ja		ja	
Oberflächengüte					
Oberflächenrauheit (min. Rz = 2,5µm)		ja		ja	
Traganteilkurve		ja		ja	
Beeinflussung der Randschicht					
Randzonenschädigung durch Neuhärtezonen		ja		ja	
Spannungszustand in der Randzone		ja		ja	
Prozeßsicherheit		ja		ja	
Optimierungs-Kriterien	**Gewicht**	**Punkte**	**Produkt**	**Punkte**	**Produkt**
Imagegewinn Σ = **6,7%**	6,7	2,0	13,4	4,0	26,8
Zeitaufwand Σ = **20,0%**					
Durchlaufzeit	8,8	2,0	17,6	8,0	70,4
Maschinenbelegungszeit	11,2	4,0	44,8	6,0	67,2
Organisation Σ = **20,0%**					
freie Schleifmaschinenkapazitäten	6,0	5,0	30,0	6,0	36,0
Fehlerkosten	5,1	[illegible]	40,8	5,0	25,5
übrige Fertigungsgemeink. Σ = **3,5%**	3,5	6,0	21,0	6,0	21,0
Energieverbrauch Σ = **13,3%**	13,3	3,0	39,9	8,0	106,4
Folgen des Einsatzes von Kühlschmiermitteln Σ = **6,7%**	6,7	2,0	13,4	9,4	63,0
SUMME	**100,0**		**382,9**		**678,3**

Bild 6.37: Auszug aus einer Punktbewertung

den. Dies bietet die Möglichkeit, schon bei der Auswahl von Fertigungstechniken gezielt die qualitativen Anforderungen einer Null-Fehler-Produktion zu berücksichtigen.

Darüber hinaus ermöglicht die gleichzeitige Bewertung betrieblicher Schlüsselkriterien, Potentiale zur Rationalisierung und Verbesserung aufzuzeigen.

6.2.8 Toleranzkettenverfolgung durch Aufbau eines Toleranzkanals

Ein wichtiges Instrument bei der präventiven Fehlervermeidung ist die Toleranzverfolgung in der Prozeßkette, da mit ihr abgeschätzt werden kann, ob das gewünschte Bearbeitungsziel mit den gegebenen Mitteln erreicht werden kann. Dies ist insbesondere bei aufeinanderfolgenden

- Toleranzverfolgung in der Prozeßkette

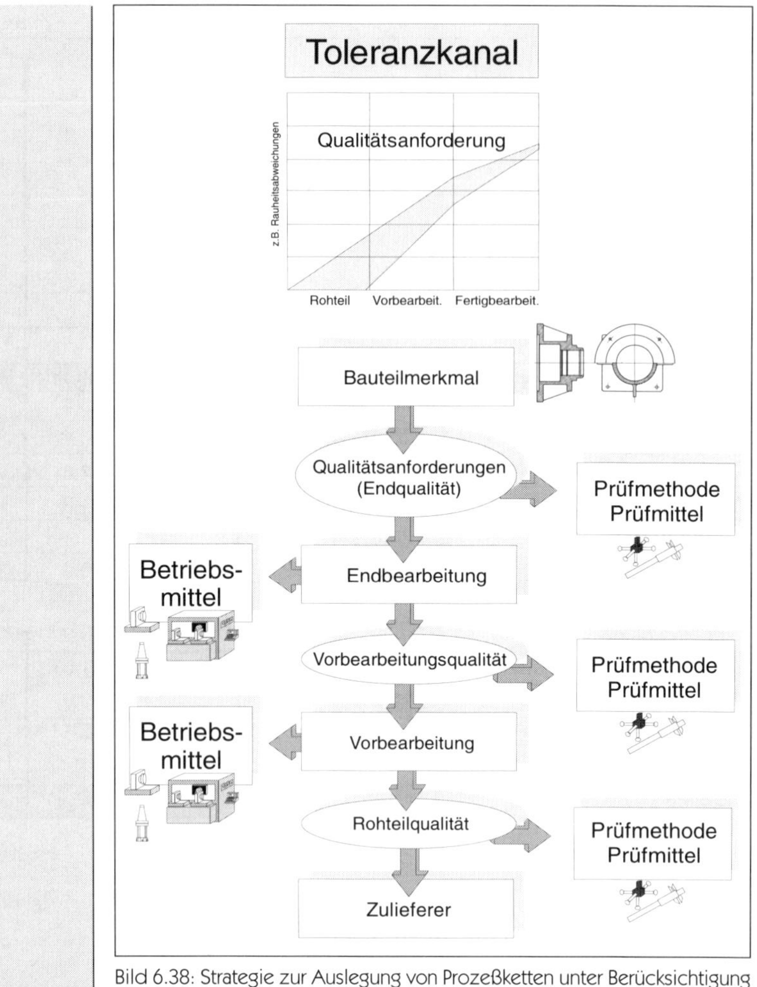

Bild 6.38: Strategie zur Auslegung von Prozeßketten unter Berücksichtigung des Toleranzkanals

Prozessen entscheidend, da eine Kompensation von in der ersten Bearbeitungsoperation durchgeführten Fehlern in den Folgeoperationen nicht immer möglich ist (Zielwert außerhalb des Toleranzkanals).

Die Vorgehensweise ist so, daß innerhalb des Toleranzkanals den einzelnen Bearbeitungsverfahren innnerhalb einer Prozeßkette eine entsprechende Qualität zugeordnet wird. Durch eine obere und untere Qualitätsgrenze ergeben sich die Eckwerte des Toleranzbereiches. Eine Verbindung dieser Grenzen bildet einen Toleranzstreifen, der mit dem Endbearbeitungsverfahren in der geforderten

Qualität endet (Bild 6.38). Für eine Auslegung noch nicht gefahrener Prozesse ist der Einfluß zufälliger Störgrößen nicht berücksichtigt und sollte in die Betrachtung einbezogen werden. Hieraus ergibt sich eine Toleranzkette, deren schwächstes Glied die erreichbare Genauigkeit in entscheidendem Maße beeinflußt /WES94/.

Literaturverzeichnis

JES93 Jeschke, K.:; Westkämper, E.; Redelstab, P.: Null- Fehler- Produktion in der Prozeßkette. Forschergruppe im Programm Qualitätssicherung des Bundesministers für Forschung und Technologie, QZ 38 (1993) 8, S. 449-450

PFE93 Pfeifer, T.:Qualitätsmanagement, C. Hanser Verlag, München, 1993

BES90 Bestmann, U.: Kompendium der Betriebswirtschaftslehre, R. Oldenbourg Verlag, München, 1990, S. 223-225

PFE90 Pfeifer, T.: Die Realisierung von Qualitätsregelkreisen- zentrales Moment der integrierten Qualitätssicherung, AWK 1990, S. 437-457, VDI-Verlag

REF76 REFA, Methodenlehre des Arbeitsstudiums, Teil 1, Carl Hanser Verlag, München, 1976

KRA94 Krafft, M.; Quentin, H.: Poka Yoke, QZ 39 (1994) Nr. 5, S. 532-536

WEI93 Weidmann, A.: Präventive Qualitätssicherung im Werkzeugmaschinenbau, Werkstatt und Betrieb 126 (1993) 11, S. 669-675, C. Hanser Verlag, München, 1993

BEC94 Beck, J.; Denkeler, F.: Qualitätsverbesserung durch Optimierung der internen Kunden- Lieferanten- Beziehungen, QZ 39 (1994), Nr. 9, S. 1014-1016

STE90 Steinbauer, G.: Richtig Guß bestellen- bei der Konstruktion fängt es an, Sonderdruck der Zentrale für Gußverwendung, Düsseldorf, 1990

SCH94 Schmelzer, H.J.: Qualitätscontrolling in der Produktplanung und Produktentwicklung, QZ 39 (1994) 2, S. 117-125, C. Hanser Verlag, München, 1994

CSE94 Cselle, T.; Joecks, F.: Ein wissensbasiertes Beratungssystem zur Optimierung der Einsatzparameter in der Zerspanung, wt- Produktion und Management 84 (1994) 414-420, Springer-Verlag, 1994

WIR89 Wirth, S.: Die Bedeutung des Rüstpersonals für flexibel gestaltete Werkstattabläufe, wt Werkstattechnik 79 (1989), S. 337- 340, Springer Verlag

KUH95 Kuhn, A.; Winz, G.; Logistisches Qualitätsmanagement braucht kompetente Mitarbeiter, Maschinenmarkt, Würzburg 101 (1995) 20, S. 30-33

YAN94 Yano, H.; Kaneko, K.; Hayashi, M.: Application of computer aided process design in the automotive forging industry, Journal of Material Processing Technology 46 (1994), S. 99-116.

LUI93 Luig, H.: Einfluß von Verschleißschutzschichten und Rohteilverzunderung auf den Verschleiß beim Schmieden, Fortschritt-Berichte VDI Reihe 5 Nr. 315, VDI-Verlag Düsseldorf, 1993.

BEH95 Behrens, B.-A.: Prozeßintegrierte Qualitätsprüfung beim Präzisionsschmieden, Industrieseminar des Sonderforschungsbereiches 326, Hannover, 20.03.1995.

WEB94 Weber, F.: Beurteilung der Prozeß- und Produktqualität beim Präzisionsschmieden von Verzahnungen, Fortschritt-Ber. VDI Reihe 2 Nr. 310, VDI-Verlag Düsseldorf, 1994.

TÖN95 Tönshoff, H. K.; Hennig, K. R.: Fertigungstechnologien bewerten und auswählen. VDI-Z, VDI-Verlag, Düsseldorf, 6/1995

ZAN76 Zangemeister, C.: Nutzwertanalyse in der Systemtechnik. Wittemannsche Buchhandlung, München, 1976

WES94 Westkämper, E.; Warnecke, H.J.: Zero- Defect Manufacturing by Means of a Learninig Supervision of Process Chains, Annals of the CIRP 43 (1994) Nr. 1, S. 405-408

6.3 Null-Fehler in der NC-Verfahrenskette

K.B. Henning, A. Gente, H. Hinkenhuis und G. Kappmeyer

Die rationelle Produktion hoher Stückzahlen bei gleichbleibender Qualität erfordert den Einsatz numerisch gesteuerter Maschinen. Besondere Vorteile bei der Automatisierung maschineller Bearbeitungsvorgänge liegen darin, gleichbleibende Bewegungsabläufe schnell und präzise zu wiederholen, um Endprodukte mit einheitlichem Qualitätsstandard ohne menschlichen Eingriff zu erzeugen.

Obgleich die eigentliche automatisierte NC-gesteuerte Bearbeitung mit einem optimierten Teileprogramm einer Null-Fehler-Produktion nahe kommt, ist die der Bearbeitung vorgeschaltete NC-Programmierung eine erhebliche Fehlerquelle.

• Betriebliche Aufwände durch fehlerhafte NC-Programme

Nach Untersuchungen werden jedes Jahr allein in den Vereinigten Staaten ca. 1,8 Mrd. US $ für die Überprüfung und Korrektur von NC-Programmen ausgegeben /BKS90/. Ursachen hierfür sind zum einen darin zu sehen, daß auch für Testläufe kostenintensive NC-Maschinen eingesetzt werden müssen, zum anderen weisen NC-Programme eine hohe Fehlerrate auf. Jeder bei Programmkorrektur oder -optimierung durchgeführte Versuchslauf benötigt die volle Rüst-, Maschinen-, Einrichter- und Programmierzeit.

• Fehlerrate abhängig von Komplexität der Bearbeitung

Der Anteil der fehlerbehafteten NC-Programme – und somit der notwendige Aufwand für Fehlererfassung und -korrektur- nehmen mit dem Komplexitätsgrad der Programmierung bzw. der Anzahl gesteuerter Maschinenachsen zu, Bild 6.39.

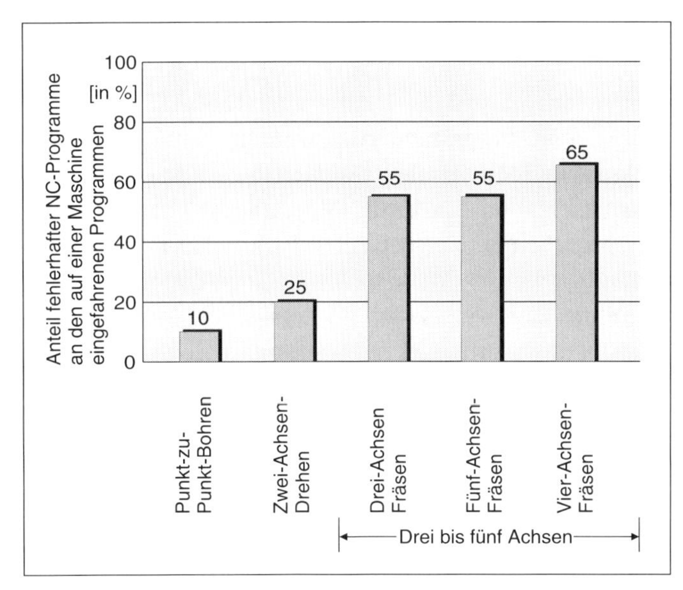

Bild 6.39: Fehlerrate bei NC-Programmen bezogen auf die Anzahl der Bearbeitungsachsen/FLA83/

Die aufgedecken Fehler lassen sich weiter aufgliedern (Bild 6.40): Der größte Fehleranteil entfällt mit 65% auf technologische Fehler (z.B. Rattern, erhöhter Verschleiß), gefolgt von 21% Kollisionsfehlern, 13% geometrischen Fehlern und 1% sonstigen Fehlern /BUL91/.

Die überwiegend in der Arbeitsvorbereitung angesiedelte NC-Programmierung stellt somit eine erhebliche der Fertigung vorgelagerte Quelle von Fehlern und somit betrieblichen Verlusten dar.

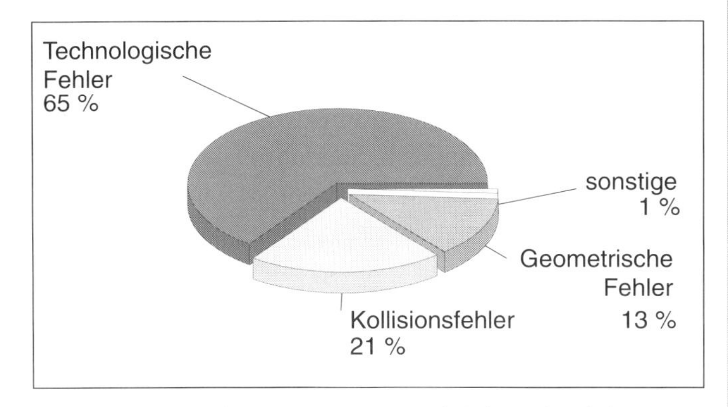

Bild 6.40: Fehlerverteilung in NC-Programmen bei der Fräsbearbeitung

- Programmierfehler können erst an der Maschine entdeckt werden

- Bedarf für präventive QS-Maßnahmen

Bei NC-Programmen findet die Fehlerbehebung durch Korrektur bzw. Optimierung oftmals erst beim Einfahren oder sogar während der Bearbeitung statt.

Bei der NC-Programmierung werden Planungsinformationen wie Technologie-, Geometrie-, Werkzeug-, Werkzeugmaschinendaten in die abstrahierte Form des NC-Teileprogramms umgesetzt. Deshalb müssen präventive qualitätssichernde Maßnahmen die beteiligten Mitarbeiter in die Lage versetzen, die hohen Fehlerraten in der NC-Programmierung zu reduzieren, um auch in der NC-Verfahrenskette eine Null-Fehler-Produktion zu erreichen.

Verschiedene, teilweise historisch gewachsene Ursachen standen bislang einer frühzeitigen Fehlervermeidung in der NC-Programmierung entgegen: So folgt aus der zeitlichen, räumlichen und personellen Entkoppelung der NC-Programmierung von der Teilebearbeitung, daß an der Maschine erfaßte Fehler- oder Korrekturdaten unzureichend, verspätet oder gar nicht in die NC-Programmierung zurückgemeldet werden. Ohne eine Fehlerdatenrückführung und -auswertung lassen sich jedoch Fehler nicht vermeiden. Im Zuge der Teileprogrammierung werden die ursprünglich vom Programmierer vorgeplanten Bearbeitungssequenzen in Postprozessorläufen in einzelne NC-Sätze zerteilt, die kaum mehr einem Bearbeitungselement zugeordnet werden können. Eine Fehlerrückverfolgung auf die eigentliche sprachliche Programmanweisung oder einen geplanten Konturzug im CAD/CAM-System wird deutlich erschwert.

- Fehlerquellen in der NC-Programmierung

Für eine durchgängige Null-Fehler-Produktion müssen somit Regelkreise zur kontinuierlichen Verbesserung der Qualität von NC-Programmen aufgebaut werden, die geeignete Informationen im Fertigungsbereich erfassen, auswerten und in die Planung zurückführen.

Im Rahmen der Forschungsarbeiten wurden verschiedene ineinandergreifende Maßnahmen erarbeitet. Diese reichen von der Fehlererfassung beim Einfahren des NC-Programms auf der Maschine über die Fehlererfassung während der NC-Bearbeitung bis hin zu einer durchgehenden Maschinenzustandserfassung, die eine detaillierte Fehler-Ursachen-Verfolgung unterstützt.

Im folgenden sollen zunächst die unterschiedlichen Verfahren zur Teileprogrammierung in der NC-Verfahrenskette vorgestellt und typische Fehlerschwerpunkte dargestellt werden.

Aus den durchgeführten Untersuchungen zu Fehlern in der NC-Verfahrenskette konnten allgemeine Anforderungen an NC-Daten abgeleitet werden. Als Grundlage für eine systematische Erfassung werden im weiteren mögliche NC-Programmfehler klassifiziert. Anschließend wird auf die genannten Regelkreise zur Fehlervermeidung und kontinuierlichen Prozeßverbesserung ausführlich eingegangen. Entwicklungen sowohl auf seiten der NC-Programmierverfahren als auch auf seiten der Maschinensteuerungen lassen schon jetzt neue Anforderungen und Möglichkeiten für eine zukünftige Qualitätssicherung in der NC-Programmierung erkennen. Hier soll in einem kurzen Ausblick versucht werden, diese Tendenzen und Chancen zu umreißen. Abschließend werden die direkt verwertbaren Ergebnisse aus den Forschungsarbeiten unter dem Aspekt des industriellen Einsatzes zusammengefaßt.

- Maßnahmen zur qualitätsgerechten NC-Programmierung

6.3.1 Stand der Technik in der NC-Verfahrenskette

6.3.1.1 Abgrenzung der NC-Verfahrenskette

Die NC-Verfahrenskette umfaßt diejenigen Teilbereiche der technischen Auftragsabwicklung, die Steuerdaten für numerisch gesteuerte Maschinen erstellen oder verarbeiten, Bild 6.41 /EVE88/.

Verallgemeinernd wird auch die Verknüpfung von CAD-CAP- und CAM- bzw. NC-Programmiersystemen für die spanende Fertigung mit numerisch gesteuerten Maschinen als NC-Verfahrenskette bezeichnet. Die NC-Verfahrenskette stellt somit einen technischen Kernprozeß im Unternehmen mit dem Ziel einer optimalen Auslegung der Fertigungsprozesse dar. Die Ergebnisse des planenden Bereiches der NC-Verfahrenskette, das NC-Programm, die festgelegten Werkzeuge und Fertigungsmittel werden der Fertigung zugeleitet.

- NC-Verfahrenskette als technischer Kernprozeß im Unternehmen

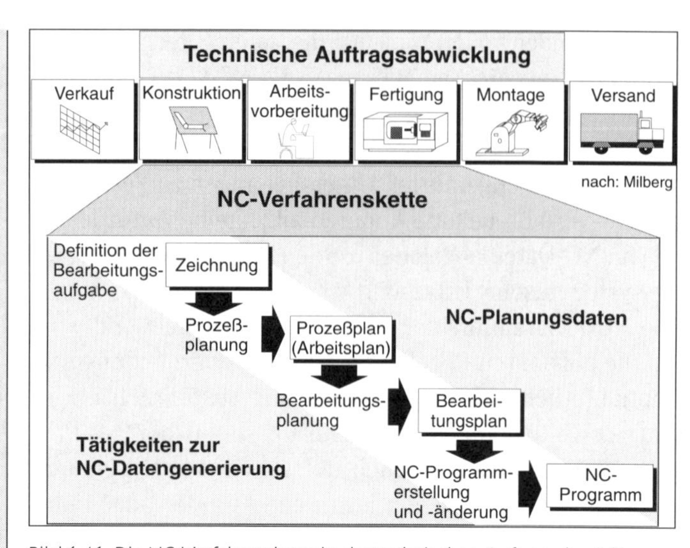

Bild 6.41: Die NC-Verfahrenskette in der technischen Auftragsabwicklung

6.3.1.2 Schnittstellen in der NC-Verfahrenskette

• Einwegschnittstellen führen zu Informationsverlusten

In der NC-Verfahrenskette durchlaufen die der NC-Programmierung zugrunde liegenden Informationen von der Konstruktion über die Teileprogrammierung bis zur Erzeugung des Maschinenprogrammes eine Reihe von Umwandlungen /ROH94/. Bedingt durch jeweils unterschiedlichen Informationsbedarf und -darstellung in den beteiligten Datensystemen treten bei den Umwandlungen naturgemäß Informationsverluste auf /VAL93/. Bild 6.42 zeigt die Konvertierungsschritte bei der maschinellen Programmierung mit den dazugehörigen Standardformaten und einige typische Fehlerquellen auf.

Werden in die NC-Programmierung Daten aus einem CAD-Programm über eine IGES oder VDAFS-Schnittstelle übernommen, gehen z.B. alle über geometrische Informationen hinausgehende Daten verloren. Dies betrifft neben technologischen Vorgaben auch qualitätsbezogene Zusatzangaben, die evtl. schon in der Zeichnung festgelegt wurden.

Der erste Schritt zur NC-Datengenerierung bei der maschinellen Programmierung ist die Erzeugung des nach DIN 66246 genormten Teileprogramms. Die geometrische Werkstückbeschreibung wird unter Hinzufügen von techno-

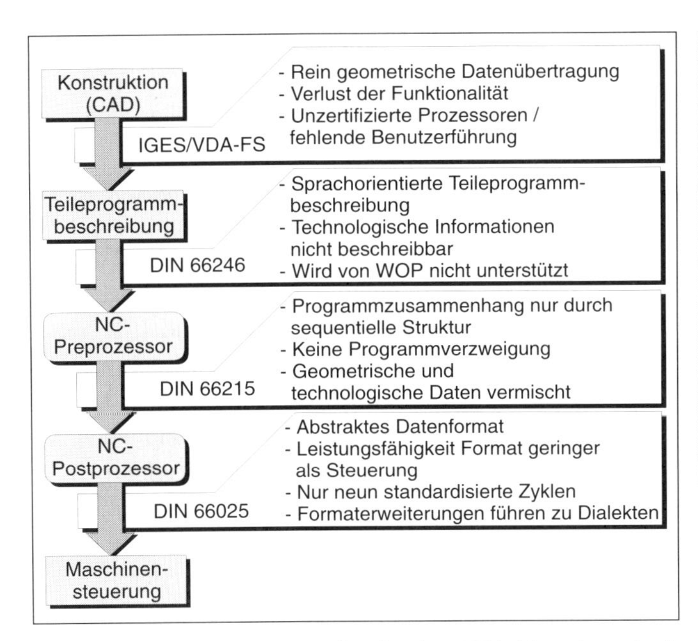

Bild 6.42: Ablauf und Schnittstellen in der NC-Verfahrenskette /nach MAR92/

logie- und prozeßbeschreibenden Daten irreversibel in eine Sprachdarstellung umgesetzt. Mit dieser Modellumwandlung liegt eine Einwegschnittstelle vor. Änderungen auf Teileprogrammebene können nicht zurückübertragen werden.

Darauf wird aus dem Teileprogramm das maschinenneutrale Steuerdatenformat CLDATA (CL: Cutter Location, DIN 66215) erzeugt. Der Informationsgehalt entspricht dem des Teileprogramms, allerdings in einer sehr abstrakten Darstellung. Die Geometrieinformation wird auf eine Folge von Werkzeugpositionspunkten reduziert. Teilarbeitsgänge sind in Werkzeugweg- und Schaltbefehle aufgelöst.

Mit der weitgehend automatischen Umwandlung des Teileprogramms in den sequentiellen CLDATA-File (Werkzeugpositionsdaten-Datei) liegt eine weitere Einwegschnittstelle vor, die verhindert, daß durchgeführte Programmkorrekturen und -optimierungen auf Maschinenebene direkt zu einer entsprechenden Anpassung des Teileprogramms verwendet werden können. Im letzten Schritt wird der CLDATA-File maschinenspezifisch codiert.

- Programmänderungen an der Maschine können nicht in das NC-Programmiersystem übernommen werden

Obgleich sich die NC-Programmierung bei WOP-Systemen (Werkstatt-Orientiertes Programmieren) als auch bei integrierten CAD/CAM-Systemen von dem beschriebenen Ablauf teilweise unterscheidet, so liegen hier dennoch identische Probleme durch mehrfache Einwegschnittstellen vor.

- Aus den NC-Sätzen kann nur noch schwer auf die Fehlerursache geschlossen werden

Hinsichtlich der genannten Schnittstellenaspekte bleibt zusammenfassend festzuhalten, daß es gerade durch die wiederholte Konvertierung von Daten in neue Formate schließlich an der Maschine nur noch schwer möglich ist, den auftretenden Fehler einem verursachenden Teileprogrammbefehl oder einer falsch definierten Geometrie im CAD/CAM-System zuzuweisen. Darüber hinaus können durch die Einwegschnittstellen die vorgenommenen Änderungen am NC-Programm nicht in das originäre Teileprogramm übertragen werden. Während das optimierte Programm an der Maschine vorliegt, wird eine fehlerbehaftete Version noch als Teileprogramm in der NC-Programmierung gespeichert, die ggf. wieder als Grundlage für Anpassungen oder Neuprogrammierungen Verwendung findet.

6.3.1.3. Programmierverfahren in der NC-Verfahrenskette

In Abhängigkeit vom Leistungsumfang nutzbarer Programmiersysteme und eingesetzter Steuerungen stehen verschiedene Verfahren für die NC-Programmierung zur Verfügung.

Prinzipiell wird zwischen manueller und maschineller Programmierung unterschieden: Beim manuellen Programmieren erstellt der Programmierer alle Anweisungen in einer für die numerische Steuerung direkt verarbeitbaren Form. Beim maschinellen Programmieren wird die Bearbeitung entweder in einer Programmiersprache formuliert oder im Dialog eingegeben und mit Hilfe von Verarbeitungsprogrammen unter Zugriff auf Dateien in Rechnern verarbeitet. Maschinelle Programmiersysteme weisen große Unterschiede auf. Die Automatisierungsstufen reichen von der rechnerunterstützten manuellen Programmierung bis hin zu integrierten graphisch-interaktiven CAD/CAM-Systemen /WIE89/.

Bild 6.43 stellt die genannten Verfahren zur NC-Programmierung gegenüber. Dabei ist zu berücksichtigen, daß die

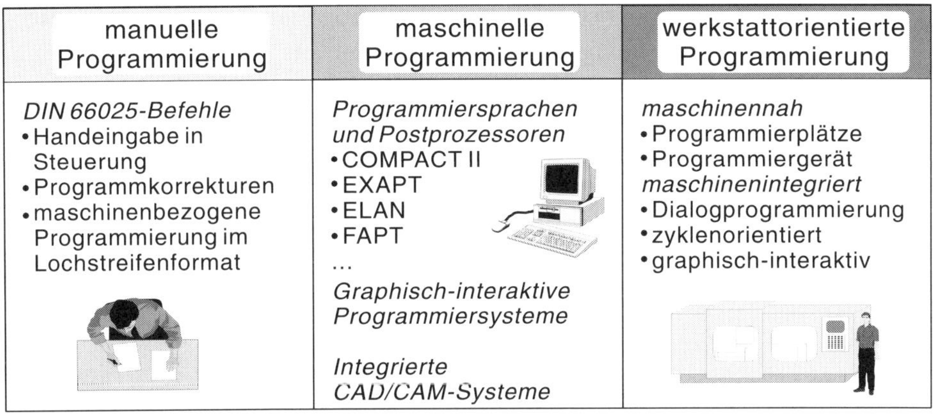

manuelle Programmierung	maschinelle Programmierung	werkstattorientierte Programmierung
DIN 66025-Befehle • Handeingabe in Steuerung • Programmkorrekturen • maschinenbezogene Programmierung im Lochstreifenformat	*Programmiersprachen und Postprozessoren* • COMPACT II • EXAPT • ELAN • FAPT ... *Graphisch-interaktive Programmiersysteme* *Integrierte CAD/CAM-Systeme*	*maschinennah* • Programmierplätze • Programmiergerät *maschinenintegriert* • Dialogprogrammierung • zyklenorientiert • graphisch-interaktiv

Bild 6.43: Verfahren zur NC-Programmierung

manuelle Programmierung zunehmend von maschinellen Verfahren verdrängt wurde. Bei der maschinellen Programmierung ist wiederum – nicht zuletzt aus Gründen der höheren Fehlersicherheit – eine Entwicklung von den rein sprachgestützten Systemen hin zur graphisch-interaktiven Teileprogrammierung zu beobachten.

Manuelles Programmieren

Unter manueller Programmierung von NC-Maschinen wird die Erstellung eines NC-Teileprogrammes im Eingabeformat für eine bestimmte NC-Maschine ohne Verwendung eines computerunterstützten Programmiergerätes oder einer Programmiersprache verstanden /KIE93/. Der Rechner – Tisch- oder Taschenrechner – ist hier nur Hilfsmittel zur Lösung vorwiegend geometrischer Probleme bei der Berechnung von Bahnstützpunkten und für technologische Hilfsberechnungen. Das manuelle Programmieren verlangt vom Programmierer sichere Kenntnisse der Trigonometrie, der analytischen Geometrie und der Bearbeitungstechnologie. Zusätzlich bedarf es eines relativ schnell erlernbaren Zusatzwissens über die NC-Maschine, ihre Programmierung, die Achsenbezeichnung und Fahranweisungen, Lage und Bedeutung der verschiedenen Null- und Referenzpunkte.

• Keine Unterstützung durch Programmiersysteme

Bei dieser Programmerstellung muß der NC-Programmierer alle für die Bearbeitung notwendigen Angaben selbst ermitteln und im Programmformat der NC-Maschine niederschreiben, auf der das Programm anschließend ausgeführt werden soll. Dazu werden Formblätter verwendet. Als Hilfsmittel stehen dabei Werkstückzeichnungen, Werkzeug-, Spannmittelkarteien, Schnittwerttabellen und Leistungsdiagramme der NC-Maschine zur Verfügung. Die manuelle Erstellung erfordert je nach zu programmierender Werkstückkontur u. U. viel Zeit. Bei komplexen Werkstückformen fallen deshalb häufig hohe Programmierkosten an. Das erstellte NC-Programm ist maschinenspezifisch aufgebaut, so daß für die Bearbeitung des gleichen Werkstücks auf einer anderen NC-Maschine ein neues Programm erstellt werden muß.

- Editoren, einfache Prüfroutinen und Postprozessoren zur Unterstützung des Programmierers

DIN 66025 orientierte Systeme (manuelle Programmierung mit Rechnerunterstützung)
Ein erster Schritt zur Automatisierung der NC-Programmierung ist die Programmierung von DIN-66025-Befehlen mit Hilfe von Editoren. Diese Befehle sind die niedrigste Form der Programmeingabe. Hier werden satzweise die geometrischen Bearbeitungsschritte bzw. eine bestimmte Maschinenfunktion festgelegt. Die einzelnen fortlaufend nummerierten Sätze enthalten ein oder mehrere Wörter, die aus Adreßbuchstaben und Zahlenwerten zusammengesetzt sind, Bild 6.44. Die Adresse legt fest, was für Funktionen angesprochen werden sollen. Hier stehen üblicherweise geometrische (Adressen: X, Y, Z, A, B, C, W...), technologische (F, S, T) oder Fahranweisungen (G), Schaltbefehle (T, M) sowie Korrektur- und Unterprogrammaufrufe zur Verfügung. Zahlenwerte präzisieren die mit den Adressen festgelegten Anweisungen. Die genormten Befehle werden von fast allen Programmiersystemen als Enddaten erzeugt und bilden deshalb auch zukünftig die wichtigste Schnittstelle zu den NC-Steuerungen /DIN83/.

- Aufwendige Programmerstellung bei komplexen Bearbeitungen

NC-Editoren unterstützen den Programmierer beim Eingeben von NC-Daten mittels Masken- und Tabellentechnik sowie bei Änderung und Ausgabe von NC-Daten.

Alle Systeme führen eine einfache Syntaxprüfung durch. Komfortable Systeme arbeiten mit Postprozessoren, um unterschiedliche Steuerungen versorgen zu können. Durch manuelle Programmierung können die Steuerungsfunk-

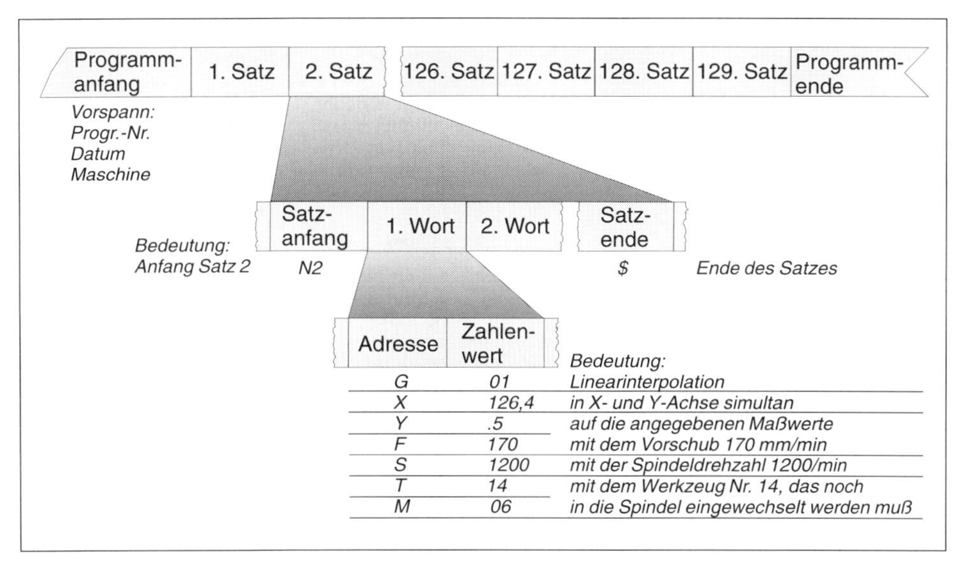

Bild 6.44: Aufbau eines NC-Programms nach DIN 66025

tionen optimal ausgenutzt werden. Die Erstellung eines NC-Programms ist jedoch mit zunehmender Komplexität der Bearbeitungsaufgabe aufwendig und mit hoher Wahrscheinlichkeit fehlerbehaftet.

Bei der NC-Programmierung nach DIN 66025 ist eine Ausrichtung auf maschinenspezifische Funktionen zu beobachten. Konstrukte zur Beschreibung algorithmischer Abläufe sind dagegen kaum oder gar nicht vorhanden. Diesen sprachlichen Mangel versuchen einzelne Steuerungshersteller durch Erweiterungen der DIN-Befehle zu beheben, um einen höheren Komfort bei der NC-Programmierung zu bieten /HAE88/. Durch dieses Vorgehen sind isolierte Dialekte der DIN 66025 auf Herstellerebene entstanden, die eine Übertragung von Programmen auf andere Steuerungstypen unterbinden /POT91/.

Maschinelle Programmerstellung

Für die rechnerunterstützte Programmerstellung stehen heute leistungsfähige Systeme auf PC-Basis zur Verfügung. Diese haben die Programmerstellung mit abstrakten Programmsprachen ohne Bedienerführung und graphische Unterstützung weitgehend abgelöst

- Programmiersystem übernimmt mathematische Berechnungen

Während bei der manuellen Programmierung die NC-Bearbeitung durch Werkzeugbewegungen beschrieben wird,

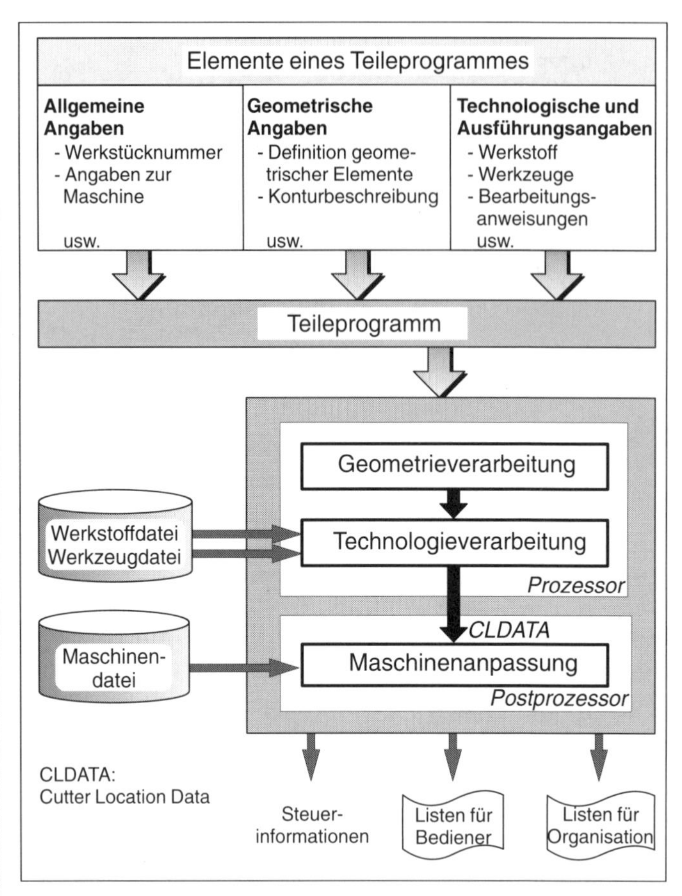

Bild 6.45: Teileprogrammverarbeitung bei der maschinellen Programmierung /nach WEC89/

orientieren sich maschinelle Programmiersysteme an den zu bearbeitenden Werkstückgeometrien. Hier werden die Konturen und Formen aus der Zeichnung in eine Programmiersprache übertragen. Bei der maschinellen NC-Programmierung werden die mathematischen Berechnungen vom Programmiersystem übernommen, was nicht nur eine erhebliche Fehlerquelle beseitigt, sondern auch die Programmierzeit deutlich verkürzt.

• Maschinenunabhängiges Quellprogramm: CLDATA-File

Im Anschluß an die Teileprogrammerstellung wird die Beschreibung der Bearbeitungsaufgabe in einem Prozessor in ein generalisiertes Quellprogramm oder CLDATA-File übersetzt, Bild 6.45. Im Prozessor werden die Anweisungen des Teileprogramms auf formale Fehler überprüft

/WEC89/. Arithmetische und geometrische Anweisungen sowie die Bahn des Werkzeugbezugspunktes werden berechnet. Mit den Daten aus der Werkstoff- und Werkzeugdatei bestimmt der Prozessor die Schnittwerte. Notwendige Schnittaufteilungen und Kollisionskontrollen werden ebenfalls vorgenommen. Das CLDATA-File (CL, Cutter Location) ist entsprechend DIN 66215 codiert, in sequentiellen Sätzen aufgebaut und maschinenunabhängig /DIN74/. Es muß noch an die jeweilige Werkzeugmaschine angepaßt werden, auf der es ausgeführt werden soll.

- Maschinenanpassung mit dem Postprozessor

Zur Anpassung an die vorliegende Maschinen-/Steuerungskombination wird ein besonderes Anpassungsprogramm (Postprozessor) eingesetzt, das auf eine Maschinendatei zugreift.

Der Postprozessor überprüft die CLDATA-Sätze auf korrektes Format und Datenbereich. Dieses Vorgehen ermöglicht den Einsatz eines Quellprogrammes auf unterschiedlichen Werkzeugmaschinen. Der zusätzliche Aufwand zur Abstimmung des Postprozessors auf die jeweilige Maschine kann eine weitere systematische Fehlerquelle in der NC-Verfahrenskette darstellen.

Abschließend kann das NC-Programm per Lochstreifen, Diskette oder DNC in die vorgesehene NC-Steuerung übertragen werden.

Rechnerunterstütztes Konstruieren und Fertigen: CAD/ CAM

- Integrierter Informationsfluß von der Konstruktion bis zur Fertigung

CAD-Systeme bieten neben der eigentlichen rechnerunterstützten Konstruktion auch die Ausgabe von fertigungsbegleiten Unterlagen, wie Zeichnungen, Stücklisten, etc. CAM zielt hingegen auf den Rechnereinsatz in Fertigung und Montage ab. Durch die Erweiterung von CAD-Systemen um CAM-Komponenten wird ein integrierter Informationsfluß von der Konstruktion bis zur Fertigung aufgebaut.

- Benutzerführung durch graphisch-interaktive Dialoge

Während bei der manuellen als auch bei der herkömmlichen maschinellen NC-Programmierung zunächst die Werkstückgeometrie in Form von Werkzeugbewegungen beschrieben werden muß, übernehmen CAM-Systeme die im CAD-System erzeugten Daten als Ausgangspunkt für die Programmierung der NC-Bearbeitung. Dort werden die Bediener durch graphisch-interaktive Dialoge geführt, so daß Kenntnisse einer Programmiersprache nicht erforderlich sind.

- Mit Simulationen können Fehler frühzeitig entdeckt werden

Das in einer Datenbank gespeicherte rechnerinterne CAD-Modell wird vom Bediener aufgerufen und am Bildschirm dargestellt. Abhängig von den einzusetzenden Fertigungsverfahren werden mittels der gespeicherten Werkzeuge, Bearbeitungsstrategien und Technologiedaten die Werkzeugwege im graphisch-interaktiven Dialog erzeugt. Dabei ermittelt das System die Werkzeugwege aus den vorliegenden CAD- und Werkzeugdaten unter Beachtung der vom Bediener festgelegten Randbedingungen selbständig. Besonders vorteilhaft für die frühzeitige Entdeckung von Programmfehlern ist die Möglichkeit, die erstellten Werkzeugbewegungen graphisch simulieren zu können.

CAD/CAM-Systeme geben die berechneten Daten entweder in einer höheren Programmiersprache oder im DIN 66025-Format aus oder berechnen mittels eines integrierten Postprozessors direkt die maschinenspezifischen NC-Steuerdaten.

Die durchgängige Programmierung mit integrierten CAD/CAM-Systemen vermeidet somit die redundante Beschreibung der Werkstückgeometrie und entlastet den Bediener von Routineprogrammieraufgaben.

Werkstattorientiertes Programmieren (WOP)/ Handeingabe-Steuerungen

- Maschinennahe Programmierung durch Facharbeiter

Zielsetzung der werkstattorientierten Programmierung ist es, unter Nutzung des Expertenwissens der Facharbeiter rationell an oder nahe zur Maschine die NC-Bearbeitung programmieren zu können. Leistungsfähige Prozessoren ermöglichen zudem die Maschinenprogrammierung parallel zu laufenden NC-Bearbeitungen.

- Programmierung im graphisch-interaktiven Dialog

Beim werkstattorientierten Programmieren (WOP) erfolgt die Eingabe direkt an der Maschine in einem graphisch-interaktiven Dialog mit angepaßten Bildsymbolen, Schaltflächen und Begriffsbezeichnungen. Im Gegensatz zu der NC-Programmierung nach DIN 66025 oder zu Systemen mit Programmiersprachen werden bei der WOP nicht Werkzeugbewegungen programmiert, sondern Roh- und Fertigteilkonturen. Geometrie- und Technologiewerte werden getrennt eingegeben. Dafür sind keine Kenntnisse einer abstrakten Programmiersprache notwendig.

Bei den Systemen steht die graphische Unterstützung des Bedieners im Mittelpunkt: Eingabe- und Programmiergraphiken bilden das Rückgrat der Systeme. Hier werden die Geometrie- und Technologiedaten in Anlehnung an den normalen Bearbeitungsablauf an der NC-Maschine definiert. Hilfsgraphiken stellen die im System abgelegten Werkzeuge dar.

Bei der graphischen Simulation des erstellten Programms können mögliche Fehler, insbesondere Kollisionen zwischen Werkzeug, Werkstück und Spannmittel, frühzeitig erkannt und korrigiert werden.

Nachteilig ist bei den maschinengebundenen Handeingabegeräten, daß Maschinenhersteller überwiegend unterschiedliche WOP-Systeme einsetzen. Somit sind die Programme nicht auf andere WOP-Maschinen oder NC-Steuerungen übertragbar. Die sich bildenden Insellösungen können sich gerade in größeren Unternehmen mit einem heterogenen Maschinenpark ungünstig auswirken.

- Einsatzgrenzen für WOP-Systeme

Die Komplexität des zu programmierenden Teiles oder der anzusteuernden Werkzeugmaschine kann sich ebenso wie die Leistungsfähigkeit der Eingabesoftware als begrenzender Faktor für den sinnvollen Einsatz eines WOP-Systems erweisen.

6.3.2 Fehler in der NC-Verfahrenskette

Im folgenden werden die für die Erstellung fehlerfreier NC-Programme zu beachtenden Anforderungen an die Grunddaten der NC-Programmierung aufgezeigt. Für eine strukturierte Fehlererfassung und schließlich -vermeidung müssen die in NC-Programmen aufgedeckten Fehler aufgezeichnet und ausgewertet werden. Das in diesem Rahmen entwickelte Schema zur Fehlerklassifizierung wird anschließend vorgestellt. Alle Verfahren zur NC-Programmierung haben typische fehlerkritische Bereiche: Zum Abschluß der Fehlerbetrachtung werden diese in einer Fehleranalyse aufgedeckten Schwachpunkte an Beispielen aufgezeigt.

6.3.2.1 Anforderungen an NC-Grunddaten

• Qualitätsgerechte NC-Programmierung stellt Anforderungen an die Grunddaten

Jede Planung und Programmierung beruht auf Grund- oder Ausgangsdaten. Das Gesamtergebnis kann nur dann fehlerfrei sein, wenn die Planungsdaten die zu programmierende Aufgabe korrekt beschreiben sowie in ausreichender Menge und zeitgerecht vorliegen.

Ausgangsdaten können neben Konstruktions- und Fertigungszeichnungen z.B. auch Technologie- und Werkzeugdaten bis hin zu vorhandenen Programmen umfassen. Bild 6.46 stellt den Anforderungen in der NC-Programmierung die möglichen Mängel von NC-Grunddaten gegenüber. Diese Mängelbereiche bilden eine erhebliche Fehlerquelle im Vorfeld der NC-Programmierung.

Aus den typischen auftretenden Mängeln bei den Ausgangsdaten zur NC-Programmierung lassen sich aus Sicht des NC-Programmierers verschiedene Anforderungen ableiten. Gelingt es nicht, diese Fehlerquellen auszuschalten, pflanzt sich der Ausgangsfehler trotz formal korrekter NC-Programmierung bis zu seiner Entdeckung in der Bearbeitung fort.

• Quantitative Anforderungen

Quantitative Anforderungen an die Grunddaten zeigen sich beispielsweise im Bereich der technologischen Daten. Dort ist es vorteilhaft, für die Auswahl von Schnittparametern oder Werkzeugen auf eine möglichst umfassende Sammlung von Schneidstoff-Werkstoff-Kombinationen

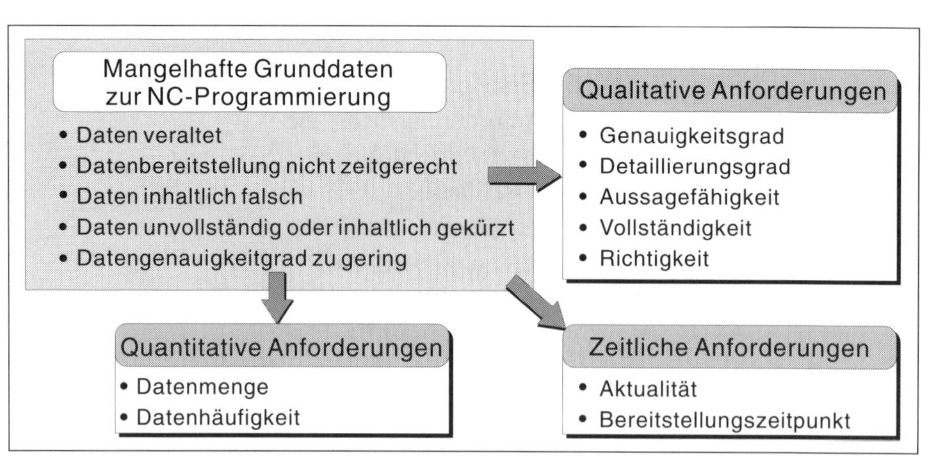

Bild 6.46: Mangelhafte Grunddaten und resultierende Anforderungen für die NC-Programmierung

zurückgreifen zu können. Obwohl mit der steigenden verfügbaren Grunddatenmenge die Planungsgenauigkeit zunehmen kann, so lohnt der Aufwand zur Pflege größerer Datenmengen nur, wenn diese häufig verwendet werden.

• Qualitative Anforderungen

Qualitative Anforderungen sollen die Verwendbarkeit für bestimmte Aufgabenstellungen sicherstellen. Die Daten müssen für die jeweilige Programmieraufgabe ausreichend genau und detailliert genug sein. So sind z. B. technologische und konstruktive Daten nur dann fehlerfrei einsetzbar, wenn sie vollständig und richtig sind.

• Zeitliche Anforderungen

Zeitliche Anforderungen umfassen insbesondere die Aktualität der NC-Grunddaten zum Zeitpunkt der Programmierung. Je besser diese Daten die aktuell verfügbaren Maschinen, Vorrichtungen, Werkzeuge und auch NC-Unterprogramme abbilden, desto weniger Abweichungen oder Fehler im NC-Programm sind die Folge.

Um für die NC-Programmierung ständig aktuelle Grunddaten bereitstellen zu können, muß eine kontinuierliche Datenpflege gewährleistet sein.

6.3.2.2 Klassifikation von NC-Fehlern

Als Grundlage für eine spätere Fehlererfassung und -analyse ist es notwendig, auftretende Fehler klassifizieren zu können. Aus umfangreichen Analysen zu Fehlern und deren Ursachen in der NC-Programmierung wurden vier unterschiedliche Fehlergruppen abgeleitet. In Bild 6.47 sind diesen Gruppen exemplarisch einige typische Ursachen und Ausprägungen (ohne Gewichtungen nach der Häufigkeit) zugeordnet.

• Technologische Fehler

Technologische Fehler entstehen im wesentlichen durch unzureichende Kenntnis oder Beachtung technologischer Zusammenhänge /TOE95,1/. Fehlerhafte Vorgaben im NC-Programm können dazu führen, daß die vorhandenen Betriebsmittel nicht optimal ausgelastet werden. Schlimmstenfalls kommt es durch ein Verlassen des erlaubten Parameterbereiches zu Qualitätsminderungen am Produkt oder zu Schäden an Betriebsmitteln.

• Geometrische Fehler

Geometrische Fehler zeigen sich in nicht erfüllten geometrischen Vorgaben an Produktmerkmalen. Hier kann neben falsch interpretierten Zeichnungsvorgaben auch die

Fehler-gruppe	Technologie	Geometrie	geometrisch-organisatorische Fehler	Organisation
Fehler-ursachen	• Mißachtung technologischer Wechselwirkungen	• Unzureichende Angaben über Werkzeugbestand / -daten • Werkeugwahl falsch	• Falsche Annahmen von Verfahrbewegungen, Nullpunkten • Bearbeitungsspezifische Koordinatensysteme nicht berücksichtigt	• Keine oder graphisch undeutliche Simulation nach Programmierung • Unzureichende Führung des Anwenders im Programmierablauf
Fehler-auftreten	• Oberflächenschädigungen durch: Rattern, Schleifbrand, Riefigkeit • Überlastungen der Antriebe, Werkzeuge, Gestelle, Vorrichtungen • Werkzeugverschleiß, Standzeitminderung • Fräserabdrängung	• Maß-, Form-, Lage-, Oberflächenfehler • Kollisionen	• Kollisionen • Unverständliche Verfahrbewegungen (Sicherheitsebenen, An- oder Wegfahrbewegungen falsch oder überflüssig) • "Luftfräsen"	• Falsche Reihenfolge von Bearbeitungen oder Arbeitsbewegungen • Fehlende Bearbeitungsschritte • Sprünge im Bearbeitungsablauf

Bild 6.47: Unterschiedliche Fehlergruppen in der NC-Programmierung

Wahl eines Werkzeuges mit ungeeigneten geometrischen Spezifikationen (z.B. zu großer Eckenradius bei Fräsern) als Fehlerursache vorliegen.

• Geometrisch-organisatorische Fehler

Geometrisch-organisatorische Fehler äußern sich in unzureichend programmierten Werkzeugbewegungen. Die zu programmierenden Bewegungen werden in bearbeitungsabhängig definierbaren Koordinatensystemen festgelegt. Der hohe Abstraktionsgrad, in dem An-, Wegfahr- und Schnittbewegungen festzulegen sind, ist eine konstante Fehlerquelle bei der Programmierung. Graphische Simulationen können die Bewegungen im Anschluß an die Programmierung veranschaulichen. Dennoch bleibt ein hoher Anteil unerkannter Restfehler erhalten, da die umgebenden Geometrien von Maschine und Spannmitteln häufig nicht in diese Simulationen mit einbezogen werden oder die graphische Darstellung Fehler nicht eindeutig erkennen läßt.

• Organisatorische Fehler

Organisatorische Fehler treten auf, wenn bei der Programmierung notwendige Schritte übersprungen oder in einer ungeeigneten Reihenfolge abgearbeitet werden. Dies kann sich in einer falschen Reihenfolge oder im Fehlen von Bearbeitungen, Arbeits- oder Verfahrbewegungen äußern.

Neben menschlichem Fehlverhalten kann dabei auch eine unzureichende Führung des NC-Programmierers durch das Programmiersystem als Fehlerursache vorliegen. Um diese Fehler schon vor der Bearbeitung auf der Maschine erkennen und beseitigen zu können, sind technologische Plausibilitätskontrollen z.B. über technologische Simulationen notwendig. Bislang sind jedoch fast ausschließlich graphische Simulatoren im Einsatz, mittels derer organisatorische Fehler nur beschränkt aufgedeckt werden können.

6.3.2.3 Fehlerursachen in NC-Programmierverfahren

Manuelle NC-Programmierung

Die manuelle NC-Programmierung ist gekennzeichnet durch die völlig freie Gestaltung des Programmentstehungsablaufs durch den Programmierer. Diese Freiheit dehnt die Fehlermöglichkeiten weit aus. Dies beginnt schon bei der Spezifizierung, „was" programmiert wird, weil die Umsetzung der Geometriedaten auf der Werkstückzeichnung in einen Programmablauf allein im Kopf des Programmierers erfolgt. Typische Beispiele sind Kollisionen, die aus der Nichtbeachtung von Vorrichtungs- oder auch Werkstückteilen entstehen.

- Fehlende Unterstützung des Programmierers kann zu Fehlern führen

Die andere Fehlergruppe betrifft die Umsetzung des gewollten Programmablaufs in den tatsächlichen. Fehler, die auf Unkenntnis der NC-Funktionen zurückzuführen sind, spielen bei der Ausführung eine untergeordnete Rolle, so daß zumindest theoretisch bei bester Konzentration keine Fehler in der Umsetzung gemacht – oder wenigstens anschließend beim wiederholten Durchgehen des Programms entdeckt werden. Dies ist aber, wie es schon von Rechtschreibproblemen (auch beim mehrmaligen Lesen eines Textes werden Fehler nicht mehr als solche erkannt) her bekannt ist, nicht in die Praxis umsetzbar. Ein gewisser Prozentsatz an Programmwörten ist bei der manuellen Programmierung im ersten Anlauf üblicherweise fehlerhaft. Die Größe dieses Anteils ist allein von der Sorgfalt des Programmiers abhängig und kann auch nur über die Steigerung dieser Sorgfalt verringert werden. Präventiv kann dadurch eingegriffen werden, daß dem Programmierer, zumindest für die Strukturierung des Programms, Räumlichkeiten zur Verfügung gestellt werden, die die Konzentration unterstützen. Ein Ansatzpunkt zur Fehlervermeidung kann eine strukturierte Vorgehensweise bei der Programmierung sein:

- Das betriebliche Umfeld ist ein entscheidender Faktor für die Fehlerrate in NC-Programmen
- Fehler durch Sorgfalt verringern

- Strukturierung des Vorgehens

a) Entwurf des Programms aus einem Strukturdiagramm
b) Korrekturlesen von anderer Person
c) eigentliche Programmierung
d) Korrekturlesen
e) Probewerkstück im Einzelsatz mit reduzierter Geschwindigkeit
f) Prüfen des Probewerkstücks
g) Korrektur des NC- Programms

Maschinelle Programmierung mit Programmiersprachen

- Die maschinelle Programmierung entlastet den NC-Programmierer

Bei der maschinellen Programmierung mit Programmiersprachen findet im Vergleich zur manuellen Programmierung eine Entlastung des NC-Programmierers statt. Zum einen müssen notwendige Berechnungen nicht mehr von Hand durchgeführt werden, womit eine wesentliche Fehlerursache entfällt. Zum anderen erfolgt die Festlegung der Bearbeitungsaufgabe durch die Angabe werkstückbezogener geometrischer und technologischer Informationen, so daß der Handlungsfreiraum des Programmierers in Bezug auf die Festlegung der Reihenfolge der Operationen eingeschränkt wird. Bei einer fehlerfreien Funktion des Programmiersystems werden somit Fehler, die durch die Wahl einer falschen Bearbeitungsreihenfolge entstehen, weitgehend vermieden.

- Auch die maschinelle Programmierung hat Fehlerquellen

Gleichwohl hat auch die maschinelle Programmierung eine Reihe von Schwachstellen, die weitergehende Maßnahmen zur Fehlervermeidung und -minimierung notwendig machen. Die Übertragung der Geometrieinformationen aus der Werkstückzeichnung erfolgt wie bei der manuellen Programmierung von Hand, so daß Fehler durch falsches Ablesen oder Eingeben von Werten auftreten können. Diese Fehler können vom Programmiersystem durch die syntaktische und semantische Überprüfung des eingegebenen Programms normalerweise nicht erkannt werden, da z.B. durch Zahlendreher verfälschte Parameter durchaus reale Geometriewerte repräsentieren können.

- Hilfsmittel zur Ermittlung technologischer Parameter können Fehler verursachen

Eine weitere Fehlerquelle stellen die bei vielen Programmiersystemen, wie z.B. dem EXAPT-System /WEC89/, vorhandenen Technologiedatenbanken dar. Wenn diese nicht das gesamte Werkstück- und Werkzeugspektrum abdecken, so werden möglicherweise falsche technologische Parameter (z.B. Schnittwerte) verwendet, die vom NC-Programmierer im Vertrauen darauf, daß das Programmiersystem korrekt arbeitet, keiner weiteren Überprüfung unterzogen werden. In diesem Zusammenhang ist auch zu berücksichtigen, daß maschinelle Programmierverfahren nur maschinenunabhängige NC-Programme erzeugen und maschinenspezifische Eigenschaften, die die Wahl zulässiger Bearbeitungsparameter einschränken, nicht berücksichtigt werden.

- Die sprachliche Beschreibung erfordert einen sicheren Umgang mit dem Programmiersystem

Weitere mögliche Fehlerquellen sind in den Notationen und Strukturen begründet, die prinzipiell allen sprachlichen Beschreibungsverfahren zugrunde liegen. So werden in vielen Fällen Programmierbefehle durch Bezeichner repräsentiert, die weder selbstsprechend noch für den Programmierer leicht zu erlernen sind. Erschwerend kommt hinzu, daß normalerweise keine landessprachlichen Varianten für die Bezeichner einer Programmiersprache verfügbar sind.

Im Gegensatz zur Programmierung nach DIN 66025 stellen Programmiersysteme für die maschinelle Programmierung leistungsfähige Kontrollstrukturen wie Schleifen, bedingte Anweisungsausführung sowie Auswahlanweisungen zur Verfügung. Für einen NC-Programmierer, der im Umgang mit diesen Hilfsmitteln der strukturierten Programmierung nicht geübt ist, verbergen sich jedoch mögliche Fehlerquellen. Wenn eine Kontrollstruktur zwar syntaktisch richtig, aber semantisch falsch verwendet wird, besteht kaum eine Möglichkeit, einen logischen Fehler im Programmablauf zu entdecken. Fast alle Programmiersprachen sehen Unterprogramme (bzw. Funktionen oder Prozeduren) als Hilfsmittel vor, die zudem die Möglichkeit der Parameterübergabe bieten. Diese bergen jedoch vor allem bei langen Parameterlisten die Gefahr, daß Parameter für den Aufruf eines Unterprogramms vertauscht werden, da dies in vielen Fällen keinen syntaktischen oder semantischen Fehler darstellt. So benötigt z.B. der EXAPT-Befehl zur Angabe des Spannmittels „CHUCK" nicht weniger als 6 Zahlenwerte als Parameter. Wenn der NC-Programmierer nicht sehr sicher im Umgang mit der Programmiersprache ist, besteht hier eine Fehlermöglichkeit.

Graphisch-interaktive Programmierung am integrierten CAD/CAM-System

- Trotz hoher Automatisierung verbleiben typische Fehlerquellen

Obwohl gerade die integrierten CAD/CAM-Systeme die Anwender weitgehend durch die Programmierung führen, Tätigkeiten automatisieren und Fehlerpotentiale der manuellen oder maschinellen NC-Programmierung ausschalten, verbleiben dennoch einige typische Fehlerquellen. Da diese integrierten Systeme insbesondere zur NC-Programmierung komplexer Geometrien eingesetzt werden, treten insbesondere bei der Festlegung der Anfahrwege, Sicherheitsebenen oder der Verkettung von Bearbeitungen Fehler auf:

- Falsche Verkettung von Operationen zu Teilarbeitsgängen

1. Bei CAD/CAM-Systemen werden jeweils Teilarbeitsgänge passend zu Geometrieelementen programmiert und gespeichert. Diese müssen abschließend zur gesamten Arbeitsgangsfolge verkettet werden. Durch die zeitliche Trennung von der Erstellung der Einzelbearbeitungen bzw. Operationen und ihrer Verkettung kann es passieren, daß eine falsche Arbeitsgangsfolge zusammengestellt wird. Somit können, trotz formal korrekter Einzelzyklen Bearbeitungsfehler entstehen, wenn z. B. vor dem Schruppen geschlichtet wird.

- Einzelbearbeitungen müssen optimal miteinander verbunden werden

2. Gerade durch die segmentierte Programmierung bei CAD/CAM-Systemen ist es besonders wichtig, einheitliche Schnittstellen zwischen den verschiedenen Operationen zu berücksichtigen. So muß eine Operation dort anfangen, wo die vorherige endete. Die integrierte Programmierung verführt durch die strikte Aufteilung in Einzelbearbeitungen dazu, jeweils An-, Wegfahr- und Rückzugsebenen zu definieren. Die Folge sind „quasi"-Programmierfehler, wenn das Werkzeug im Anschluß an eine Bearbeitung auf eine Rückzugsebene gefahren wird, um dann die Bearbeitung nach einem Anfahren an derselben Stelle wieder fortzusetzen. Für den Bearbeiter oder Einrichter an der NC-Maschine können sich unverständliche Verfahrwege ergeben.
3. Bei der Festlegung von Bearbeitungsbereichen muß die Werkzeuggeometrie berücksichtigt werden. So muß z. B. beim Planfräsen der Fräser über die eigentlichen Grenzen der Bearbeitungsfläche hinweg verfahren werden,

um verbleibende Restmaterialien, Stege oder Grate zu vermeiden. Hier kann die graphisch-interaktive Programmierung am integrierten CAD/CAM-System durch die einfache Auswahl von Bearbeitungsflächen, Werkzeugen und Bearbeitungsstrategien den NC-Programmierer zu Bearbeitungsfehlern verführen.

- Bearbeitungsstrategie und Werkzeuggeometrie müssen zueinander passen

4. Neben dem Maschinenkoordinatensystem können für Werkzeug und Werkstück jeweils eigene Koordinatensysteme definiert werden. Hier können sich Fehler ergeben, wenn diese Systeme nicht aufeinander abgestimmt sind. Ist z.B. die Orientierung des Werkzeuges zur Oberfläche falsch definiert worden, so wird gegebenenfalls statt der Außenkontur NC-Code für die Bearbeitung der Innenkontur programmiert.

- Abstimmung von Koordinatensystemen

Vom Anwender verlangt die NC-Programmierung komplexer geometrischer Bearbeitungen mit CAD/CAM-Systemen neben räumlichem Vorstellungsvermögen, die Reihenfolge und Randbedingungen der Bearbeitungsabschnitte ständig zu berücksichtigen.

Da die genannten Fehler (oder auch „quasi"-Fehler) nicht durch Kontrollroutinen aufgedeckt und abgefangen werden können, ist es hier von besonderer Bedeutung, die NC-Programmierer im Sinne einer vorbeugenden Qualitätssicherung auf diese Fehlerpotentiale hin zu schulen. Für eine kontinuierliche Verbesserung der Programme müssen auch hier aufgedeckte Fehler ausgewertet und dem Programmierer zurückgemeldet werden.

6.3.3 Regelkreise für die qualitätsgerechte NC-Programmierung

Aus der Analyse der Fehler und Fehlerursachen lassen sich geeignete Maßnahmen für eine präventive Qualitätssicherung und Fehlerminimierung in der NC-Programmierung ableiten, Bild 6.48.

- Vorgehen zur Fehlervermeidung in der NC-Programmierung

Diese Maßnahmen beinhalten zunächst das Konzept für ein Fertigungstechnologie-Informationssystem, das den NC-Programmierer im Vorfeld der Programmerstellung unterstützen soll. Weiterhin werden Systeme für die Erfassung und Rückführung von NC-Programmkorrekturen

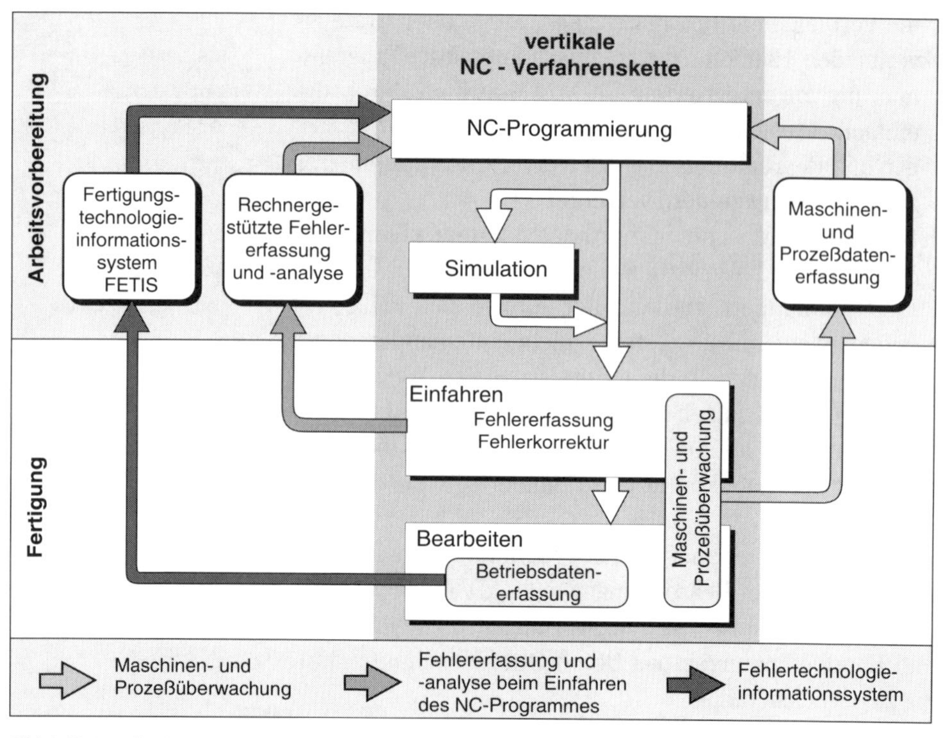

Bild 6.48: Regelkreise zur qualitätsgerechten NC-Programmierung

aus dem Einricht- und Bearbeitungsprozeß in die NC-Programmierung konzipiert, die zum einen auf einem geeigneten Datenmodell und zum anderen auf der Erfassung und Auswertung sensorisch erfaßter Prozeß- und Maschinenzustandsgrößen basieren.

6.3.3.1 Einsatz eines Fertigungstechnologie-Informationssystems bei der NC-Programmierung

- Technologiewissen der Fertigung nutzen

Eine in einem mittelständischen Unternehmen durchgeführte Fehlerursachen-Wirkungs-Analyse zeigte auf, daß Qualitätswissen häufig bei den in der Fertigung tätigen Mitarbeiter konzentriert ist. Dieses „Qualitätspotential" muß jedem im weitesten Sinne an der Produktentstehung Beteiligten verfügbar sein. Die Analyse zeigte weiterhin, daß gerade für die NC-Programmierung und deren Auswirkungen auf dic Produktqualität diese Kenntnisse von Bedeutung sind.

Hier kann der Aufbau eines Fertigungs-Technologie-Informations-Systems (FETIS) in Form einer Datenbank bedeutsam für die Rückführung von Qualitätsinformationen aus der Fertigungs- in die Planungsebene sein. Ein solches System muß in der Lage sein, Informationen aus der Fertigungsebene zu sammeln und den planenden Bereichen zur Verfügung zu stellen.

- Sammeln von Qualitätsdaten aus der Fertigung

Dabei sollen die Dateneingaben mittels einer Werkstückbeschreibung erfolgen. Da beim Einsatz eines Rechners eine strenge Klassifizierung der eingegebenen Daten notwendig ist, ist eine Aufteilung der Werkstückstrukturen in Unterklassen sinnvoll. Der Zugriff über Formelemente, die durch eine kleine, exakt festgelegte Anzahl von Größen beschrieben werden können, stellt die effektivste Arbeitsweise dar (Bild 6.49). Ein Zugriff auf Formelemente, die schon in der Konstruktion definiert wurden, vereinfacht das System zusätzlich.

- Zugriff auf FETIS durch Formelemente

Mit diesem Ansatz muß das System über verknüpfte Formelementbereiche (Formelementbibliothek) und einen Bereich verfügen, der die Daten von bereits gefertigten Werkstücken aufnimmt. Das Resultat dieser Datenvergleiche ist eine Auswahl von Prozessen mit Prozeßpara-

- Ergebnis einer Abfrage ist eine Auswahl qualitätsfähiger Prozesse

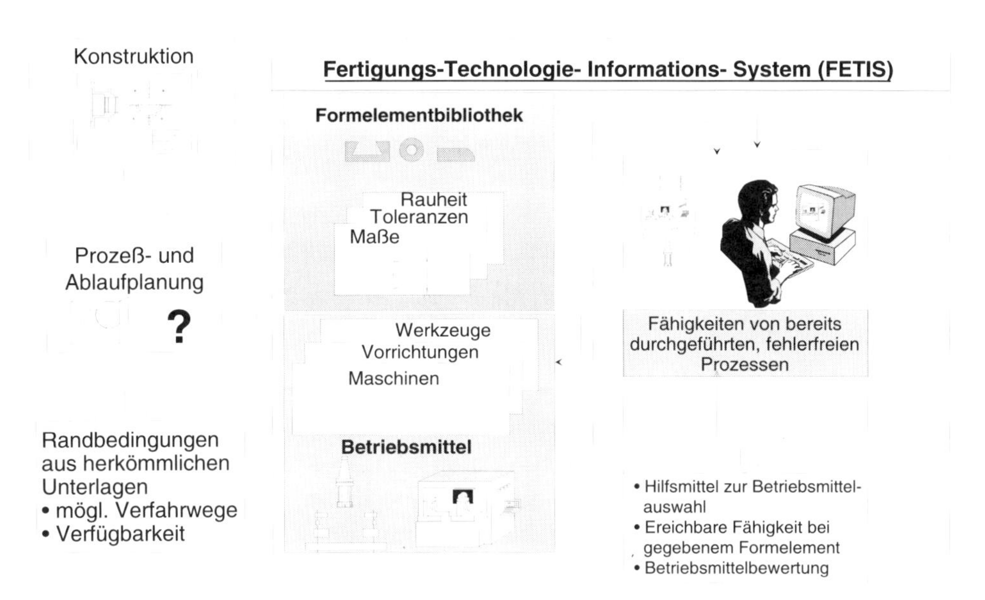

Bild 6.49: Funktionsweise von FETIS

metern. Jeder der Prozesse besitzt einen Satz von zugehörigen Betriebsmitteln. Demgegenüber gestellt wird eine Liste mit den Betriebsmitteln, welche in der Lage sind, die geforderte Qualität zu erreichen. Die Schnittmenge ist eine Auswahl von Prozessen, die zum aktuellen Analysezeitpunkt die Qualitätsanforderungen erfüllen können.

- Feststellung zeitabhängiger Qualitätsprofile

Voraussetzung für die ordnungsgemäße Funktion der Datenbank ist, daß bei jeder Ausführung eines Fertigungsprozesses eingegeben wird, ob die benötigte Qualität erreicht wurde oder nicht. Mittels des ebenfalls abgelegten Fertigungszeitpunktes ist es möglich, für Werkstück und Formelemente zeitabhängige Qualitätsprofile zu erstellen, anhand derer die beteiligten Betriebsmittel eingestuft werden können. Mittel, die innerhalb mehrerer solcher Profile erfaßt worden sind, können somit anhand aller dieser vorhandenen Daten charakterisiert werden. Da es möglich ist, die erreichten Qualitätskenngrößen beispielsweise einer einzelnen Maschine mit Hilfe der Datenbank zu durchsuchen, ist indirekt auch eine Ursachenanalyse möglich. Beispiel: Wenn Maschine X während des kompletten Analysezeitraumes nie in der Lage war, eine geforderte Toleranz zu fertigen, so ist es zwar theoretisch möglich, daß dies an der gewählten Betriebsmittelkombination liegt, praktisch kann diese Möglichkeit jedoch mit hoher Wahrscheinlichkeit ausgeschlossen werden. Die Ursache der nicht erreichten Qualität wird dann auf die Maschine X zurückzuführen sein.

6.3.3.2 Erfassung und Rückführung von Prozeßgrößen

Die grundsätzlichen Anforderungen an eine Informationsrückkopplung aus der Fertigung in die planenden Bereiche zur Fehlerreduzierung in der Teileprogrammierung lassen sich wie folgt definieren:

1. Es müssen geeignete Maßnahmen und Modelle erarbeitet werden, um den Informationsfluß in der Verfahrenskette „Konstruktion – Arbeitsplanung – Fertigung“ in beiden Richtungen zu ermöglichen, d.h. daß Änderungen an NC-Programmen kontinuierlich entgegen der eigentlichen Hauptinformationsflußrichtung in den Planungs- und Konstruktionsunterlagen berücksichtigt werden.

2. Gleichzeitig müssen geeignete Maßnahmen getroffen werden, um die erfolgten Änderungen an NC-Programmen während des Einfahr- oder Bearbeitungsprozesses in der Fertigungsebene zu erfassen und zu dokumentieren. Vor allem die Dokumentation der Ursache für die jeweilige Änderung (z.B. Kollision, Maßabweichung, unzulässige Prozeßparameter) ist im Hinblick auf die Vermeidung von Wiederholfehlern in den planenden Bereichen unabdingbar.

- Die Ursachen für NC-Programmänderungen müssen erfaßt und dokumentiert werden

Gerade für den zweiten Punkt ergeben sich aus der Sicht der Mikroprozeßkette Ansätze, die Fehleranfälligkeit der NC-Programmierung zu reduzieren. Es wurde deshalb ein Konzept für die Ermittlung von Fehlerursachen in NC-Programmen aus sensorisch erfaßten Zustandsgrößen des Bearbeitungsprozesses und der Werkzeugmaschine erarbeitet, das im folgenden erläutert wird.

Informationsquellen Bearbeitungsprozeß und Werkzeugmaschine
Die Erfassung von Prozeß- und Maschinenzustandsgrößen während des Einfahr- und Bearbeitungsvorgangs bietet für sich allein oder in Kombination mit der Erfassung der vom Maschinenbediener durchgeführten Änderungen einen sinnvollen Ansatz für die Informationsrückführung aus der Fertigung. Ein solches Konzept wird im folgenden detailliert.

Sensorische Zustandserfassung der Werkzeugmaschine und des Bearbeitungsprozesses
Die wesentlichen Probleme, die beim Einfahren auftreten und die Änderungen am NC-Programm erforderlich machen, sind in der Wahl falscher technologischer oder geometrischer Parameter begründet. Die weitaus größte Anzahl der fehlerhaften NC-Verfahrsätze führt somit während des Einrichtens zu charakteristischen Veränderungen der Prozeßgrößen, die im Rahmen einer geeigneten Prozeßüberwachung erkannt und ausgewertet werden können /TOE88/. Mit der Erfassung und Auswertung sensorisch erfaßter Daten, die jeweils mit den einzelnen NC-Verfahrsätzen bzw. Bearbeitungsschritten korreliert werden, können bestimmte Prozeß- und Maschinenzustände erkannt werden. Daraus läßt sich dann unmittelbar eine

- Charakteristische Merkmale von Prozeßgrößen lassen einen Rückschluß auf Fehlerursachen zu

Aussage über die Ursache für eine notwendige NC-Programmänderung ableiten, Bild 6.50.

Die Zuordnung der charakteristischen Merkmale der erfaßten Prozeßgrößen zu den Bearbeitungsoperationen wird in Listen dokumentiert, die wahlweise als Dateien oder in Papierform in die planenden Bereiche zurückfließen. Diese Listen bieten die Möglichkeit, bei einer vorliegenden NC-Programmänderung unmittelbar auf die Ursache für diese Änderung zu schließen. Die eingangs erwähnten Anforderungen an die Erfassung der Ursachen von NC-Programmfehlern sind somit erfüllt.

Systemtechnische Voraussetzungen

Die Realisierung dieses Konzepts für die Fehler-Ursachen-Ermittlung erfordert wegen der engen Verknüpfung mit den einzelnen Programmbefehlen des Bearbeitungsprogramms zumindest eine Teilrealisierung innerhalb der numerischen Steuerung der Werkzeugmaschine. Daraus ergeben sich mit den aktuell verfügbaren und eingesetzten CNC-Steuerungen gewisse Probleme:

Für die Auswertung der sensorisch erfaßten Prozeßgrößen, die Ermittlung fehlerhafter Prozeßzustände und

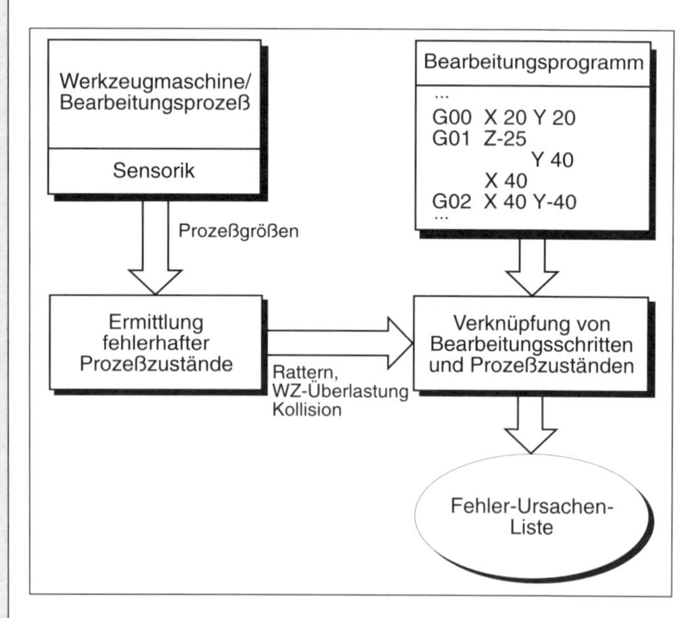

Bild 6.50: Konzept für die Fehlerursachen-Ermittlung aus Prozeß- und Maschinenzustandsgrößen

die Verknüpfung mit den Bearbeitungsschritten ist eine hohe Flexibilität sowie zusätzliche Rechenkapazität der CNC erforderlich. Diese Bedingungen sind i. a. bei den verfügbaren Steuerungen nicht gegeben.

Für den Zugriff auf die einzelnen Befehle des Bearbeitungsprogramms ist eine Ankopplung an den NC-Kern der jeweiligen Steuerung erforderlich. Da dieser jedoch herstellerspezifisch aufgebaut ist und über keine definierten und damit offengelegten Schnittstellen verfügt, ist eine Ankopplung entweder nicht zu realisieren oder kann nur sehr speziell im Hinblick auf die jeweilige Steuerung ausgelegt werden.

Auch wenn diese Punkte momentan noch ein Hindernis für die praktische Umsetzung des vorgestellten Konzepts darstellen, so erscheint im Zuge der Entwicklung und Verbreitung offener Steuerungen eine Realisierung möglich /PRD93/.

- Die Umsetzung dieses Konzepts erfordert offene und leistungsfähige Steuerungen

Offene Steuerungen verfügen zum einen über die notwendige Flexibilität und Leistungsfähigkeit zur Implementierung zusätzlicher Funktionalitäten innerhalb der Steuerung, zum anderen liegen durchgehend standardisierte Schnittstellen vor, so daß die Verknüpfung zwischen den Prozeßzuständen und den einzelnen Bearbeitungsschritten mit geringem Aufwand erfolgen kann.

Ausblick

Das vorgestellte Konzept für die automatische Fehler-Ursachen-Ermittlung im Einricht- und Bearbeitungsprozeß stellt eine leistungsfähige Maßnahme dar, um einen der wesentlichen Fehlerschwerpunkte in der Kopplung zwischen den planenden Bereichen und der NC-Fertigung zu kompensieren. Auch eine datentechnische Anbindung an ein Informationsrückführungssystem, das eine Erfassung von Fehlerursachen durch den Maschinenbediener in der Fertigungsebene durchführt, ist denkbar.

6.3.3.3 Erfassung und Auswertung von Fehlern in NC-Programmen

Im Anschluß an die NC-Programmierung werden die Programme über Datenträger (Lochstreifen / Disketten) oder

- Fehler und durchgeführte Optimierungen müssen beim Einfahren erfaßt werden

über eine DNC in die Maschinensteuerung eingelesen. In Abhängigkeit von der Komplexität des Programmes und den verfügbaren Personalressourcen werden die NC-Programme vom Maschinenbediener oder einem Einrichteingenieur satzweise eingefahren. Sämtliche Fehler müssen beim Einfahren und in der anschließenden Erstteilprüfung aufgedeckt und korrigiert werden, bevor mit der eigentlichen Serienfertigung begonnen werden kann. Hier ist es von besonderer Bedeutung, neben allen Fehlern auch die in der Werkstatt durchgeführten Optimierungen (z.B. von Schnittwerten oder Verfahrwegen) zu erfassen /TOE95,2; TOE95,3/. Diese Daten bilden einerseits die Grundlage für den NC-Programmierer, die am Programm vorgenommenen Korrekturen und Optimierungen nachzuvollziehen und zu analysieren, um Fehlerquellen sukzessive abzustellen. Andererseits stehen die erfaßten Informationen für mittel- und langfristige Auswertungen dem Qualitätsmanagement und der Geschäftsleitung zur Verfügung.

Bislang werden in der Industrie Fehlerraten und -ausprägungen in NC-Programmen trotz hoher auftretender Fehlleistungsaufwände nicht erfaßt. Im Sinne einer Null-Fehler-Produktion muß es jedoch das Ziel sein, durch eine kontinuierliche Verbesserung diese Fehler zu reduzieren. So folgen aus der Verbesserung der NC-Programmqualität nicht nur eine Verkürzung der Durchlaufzeit von Aufträgen, sondern auch Einsparungen an betrieblichen Ressourcen (Mitarbeiter, NC-Maschinen, Betriebsmittel und Halbzeuge) bei Korrektur und Einfahren der NC-Programme.

- Rechnerunterstütztes System zur rationellen Datenerfassung und -auswertung

Bedingt durch die Vielschichtigkeit der möglichen auftretenden Fehler und deren Ursachen kann diese kontinuierliche Verbesserung in der NC-Verfahrenskette nur durch eine systematische Fehlerdatenerfassung an der Maschine mit anschließender Informationsrückführung in die fehlerverursachenden Unternehmensbereiche gewährleistet werden. Um für das Unternehmen keinen Mehraufwand zu verursachen und Rationalisierungseffekte voll auszuschöpfen, bietet es sich hier an, rechnerunterstützte Systeme zur Datenerfassung, -speicherung und -auswertung einzusetzen.

Die Erfassung der Fehlerdaten mittels eines derartigen Systems bildet die Grundlage für unterschiedliche Maßnahmen zur Verbesserung der NC-Programmierung in einem Qualitätsregelkreis: So ist es kurzfristig möglich, mit Fehler-Ursachenanalysen die aufgedeckten Fehler oder Abweichungen auf deren Fehlerquellen in der NC-Programmierung oder in vorgelagerten Bereichen zu untersuchen, zurückzuführen und auszuschalten. Mittels dieser Daten ist weiterhin eine Quantifizierung des durch Programmierfehler bedingten Fehlleistungsaufwandes möglich.

Mittel- und langfristig können durch Datenanalysen über die Aufdeckung betrieblicher Fehlerschwerpunkte auch Planungen wie z.B. Beschaffung von qualitätsgerechten Programmierverfahren und -systemen sowie Maschinensteuerungen unterstützt werden. Bild 6.51 faßt die genannten Ziele zusammen zeigt einzelne Maßnahmen in Abhängigkeit von ihrem zeitlichen Horizont auf.

- Randbedingungen bei der Fehlererfassung und -auswertung

In produzierenden Unternehmen des Maschinenbaus sind zumeist historisch gewachsen unterschiedliche Werkzeugmaschinen, Maschinensteuerungen sowie NC-Programmierverfahren und -systeme parallel im Einsatz. Zudem erstreckt sich die Einbindung der NC-Programmierung in den Unternehmensaufbau von der externen Programmierung in Fremdfirmen über die Teileprogrammierung in der Arbeitsvorbereitung bis hin zur werkstattnahen Programmierung am Terminal oder direkt an der Maschine. Da jedes Unternehmen eine andere Kombinati-

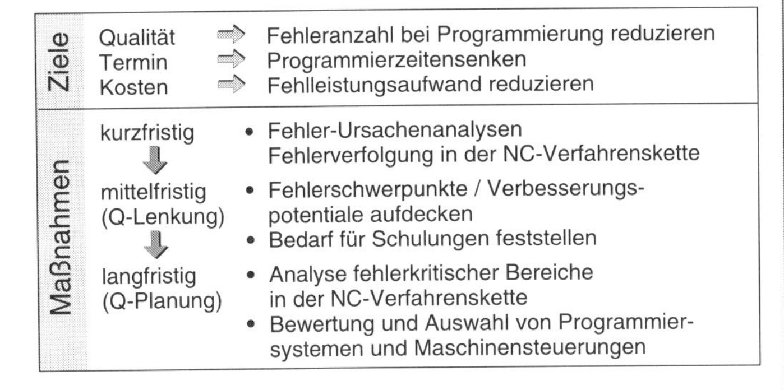

Bild 6.51: Ziele und Maßnahmen bei der Erfassung und Analyse von Fehlern in NC-Programmen

on dieser Faktoren aufweist, unterscheiden sich auch die Fehlerausprägungen und -verteilungen.

Aus den genannten Randbedingungen ergibt sich, daß ein System zur Fehlererfassung umfassend und flexibel genug ausgelegt sein muß, um alle notwendigen Daten aufzeichnen und auswerten zu können.

Weiterhin können aus den oben erwähnten Zielen Anforderungen an die Aufbereitung und Rückkopplung der erhobenen Daten abgeleitet werden: Abhängig von der Zielgruppe dieser Analyse sind Informationen mit unterschiedlichem Detaillierungsgrad notwendig. In der NC-Programmierung dient in erster Linie das ausführliche beim Einfahren des NC-Programms erstellte Fehlerprotokoll als Arbeitsgrundlage für eine Fehler-Ursachen-Verfolgung und anschließende Fehlervermeidung. Entsprechend sind Auswertungen über Fehleranfälligkeiten von Programmierverfahren und -systemen, Werkzeugmaschinen, etc. eher für taktische und strategische Entscheidungen von Qualitätsmanagement, Fertigungs- und Unternehmensleitung erforderlich.

Aus einer umfangreichen Fehleranalyse unterschiedlicher NC-Programmierverfahren wurde ein allgemeines Modell zur Erfassung von Fehlern in NC-Programmen abgeleitet und prototypisch unter Beachtung der oben genannten Randbedingungen in einem rechnerunterstützten System umgesetzt. Im folgenden wird die funktionale Eingliederung dieses Prototypen in die NC-Verfahrenskette und der Einsatz zur Qualitätsverbesserung in der NC-Programmierung durch den aufgebauten Regelkreis vorgestellt, Bild 6.52.

Die NC-Verfahrenskette ist als „Dateneinbahnstraße" von der NC-Programmierung über eventuelle Simulationsläufe, das Einfahren auf der Maschine und die anschließende Erstteilprüfung in der Qualitätssicherung bis zur Serienfertigung ausgelegt. Die ursprüngliche Logik bzw. Sichtweise des NC-Programmierers – die Bearbeitung einer Abfolge von Bauteilmerkmalen mit bestimmten Strategien und Werkzeugen – wird in eine Abfolge von NC-Sätzen codiert. Der direkte Bezug zwischen dem programmierten Bauteilmerkmal und den zugehörigen NC-Sätzen nach DIN 66025 ist anschließend nur schwer nachvollziehbar. Für eine spätere Fehler-Ursachen-Analyse muß

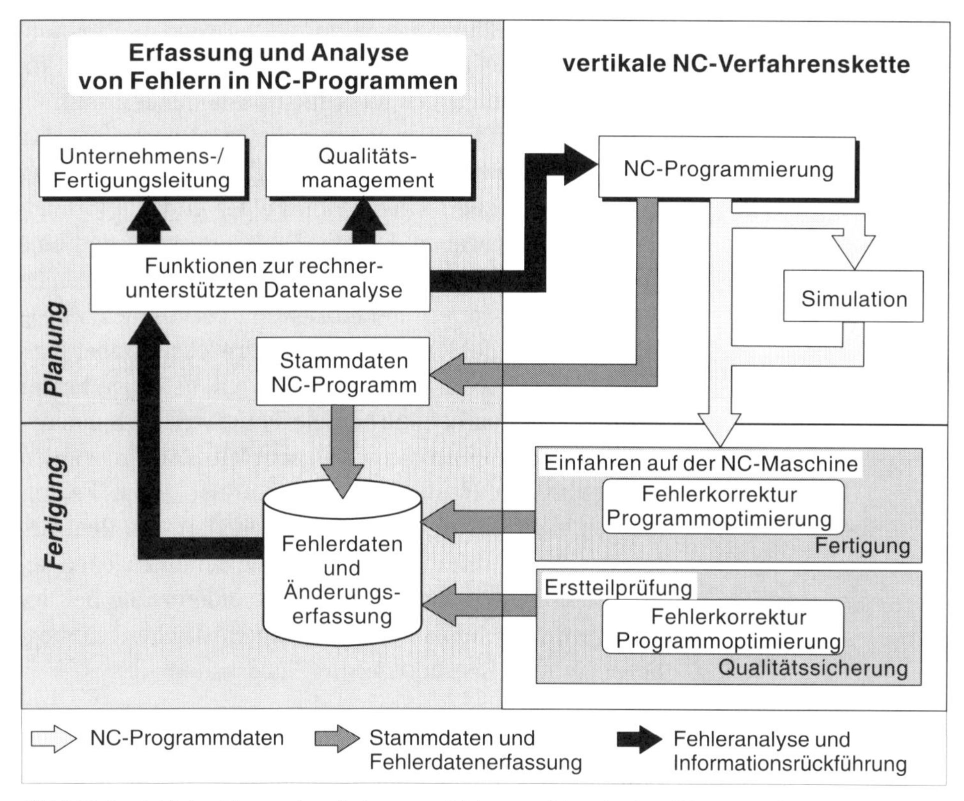

Bild 6.52: Betrieblicher Einsatz eines Systems zur Fehlervermeidung in der NC-Programmierung

jedoch der Bezug wieder hergestellt werden, um aus den aufgetretenen Fehlern auf die Fehlerursache bei der NC-Programmierung schließen zu können.

Die derzeit und in naher Zukunft einsetzbaren NC-Programmiersysteme und Maschinensteuerungen arbeiten auf der Basis der DIN 66025, mit deren Daten aus den oben dargelegten Gründen kein Qualitätsregelkreis für die NC-Programmierung aufgebaut werden kann.

Ziel des entwickelten Systems ist es daher, Daten zu aufgetretenen Fehlern und Abweichungen in Teileprogrammen zu sammeln und geeignet aufbereitet den beteiligten Unternehmensbereichen für eine spätere Fehlervermeidung zur Verfügung zu stellen. Dazu werden in einem ersten Schritt im Anschluß an die Teileprogrammierung die jeweiligen Stammdaten des erstellten Programmes in einer Datenbank angelegt. Hier werden z.B. Programmer-

• Hierarchisches Fehlermodell für eine einfache Klassifikation der Daten

stellungs- und -änderungsdaten, das verwendete Programmiersystem, die geplante Werkzeugmaschine sowie Programmbezeichnung und Identifikationsnummer erfaßt.

Anschließend werden zu den in der NC-Programmierung angelegten Stammdaten die beim Einfahren und in der Qualitätssicherung aufgedeckten Fehler in das Informationssystem eingegeben. Um die Fehlererfassung und eine Zuordnung zu den fehlerbehafteten Bauteilmerkmalen möglichst strukturiert und effizient durchzuführen, wurde ein Modell zur Fehlerklassifikation entwickelt. Dabei wurde das Modell so allgemein gebildet, daß beliebige Fehler bei einer Fräsbearbeitung berücksichtigt werden können.

Mittels des hierarchisch aufgebauten Modells werden die Fehler vier Hauptklassen zugeordnet. Diese Fehlerklassen sind teilweise weiter untergliedert, um dem Anwender einerseits eine Strukturierung der einzugebenden Informationen zu vereinfachen und andererseits bei der Fehlererfassung einfache Bildschirmoberflächen mit möglichst geringer Begründungstiefe zu erhalten:

1. Rüstvorbereitung: Hier werden sämtliche Fehler erfaßt, die in den begleitenden Dokumenten wie z.B. in Arbeitsplan, Fertigungszeichnung oder Werkstattauftragspapiere aufgetreten sind.
2. Fehler bei Betriebsmitteln liegen vor, wenn die bereitgestellten Werkzeuge, Spannmittel oder Rohteil-eigenschaften nicht mit den ursprünglich geplanten übereinstimmen. Als Fehlerursache kommen zumeist nicht mehr aktuelle in der Teileprogrammierung verwendete Grunddaten in Betracht.
3. Bei den unter 1.) und 2.) genannten Fehlern ist eine relativ einfache Strukturierung möglich, da es sich dort um Eingangsdaten für die NC-Programmierung handelt. Die Aufgliederung der im Zuge der Teileprogrammierung aufgetretenen Fehler erweist sich hingegen durch die große Bandbreite unterschiedlicher Fehlerursachen als aufwendiger:

   Fehler am NC-Programmcode können durch falsche Anpassungen des Postprozessors oder durch eine fehlerhafte Programmierung der NC-Steuerbefehle verursacht sein.

Werkstückbezogene Fehler führen zu Abweichungen von den geometrischen Vorgabewerten am Werkstück (Maß-, Form-, Lage-, Oberflächenfehler).
Bei werkzeugbezogenen Fehlern wurde die Werkzeugeignung falsch eingeschätzt, technologische oder geometrische Parameter für die Bearbeitung falsch programmiert oder unkorrekte Werkzeugkorrekturwerte verwendet.
Werkzeugmaschinenbezogene Fehler liegen vor, wenn unrichtige Annahmen zu Arbeitsraum- und Leistungsüberschreitungen an der Werkzeugmaschine führen oder wenn Hilfs- und Zusatzfunktionen der Maschine falsch angesteuert werden oder nicht reagieren. Schlimmstenfalls sind hier Kollisionen zu erfassen.

4. Häufig besteht für den Maschineneinrichter die Möglichkeit, vom NC-Programmierer vorgegebene Parameter aus eigener Erfahrung zu optimieren. Obgleich hier keine Programmierfehler, sondern Abweichungen von einem Optimum vorliegen, ist es sinnvoll diese Änderungen zu erfassen. Optimierungsmaßnahmen liegen vor, wenn Betriebsmittel besser genutzt oder das Arbeitsergebnis verbessert werden kann, z.B. durch Änderungen an Schnittwerten oder einzelnen Verfahrbewegungen.

Bild 6.53 zeigt die Einbindung des Fehlermodells in den Regelkreis zur Null-Fehler-Produktion in der NC-Verfahrenskette auf.

Die Auswertung der erfaßten Daten wird je nach erforderlichen Analysezielen und zu betrachtenden Zeiträumen in der NC-Programmierung oder in der Unternehmens- oder Fertigungsleitung sowie in der Qualitätssicherung vorgenommen. Während die Fehlerinformationen zu NC-Programmen zunächst in einem relationalen Datenbanksystem auf PC-Basis erfaßt werden, wird die Analyse und Darstellung der Daten durch ein leistungsfähiges Tabellenkalkulationsprogramm unterstützt. Dabei können zunächst detaillierte Fehlerlisten zu Teileprogrammen ausgegeben werden. Weiterhin werden Analysen über Perioden angeboten, die mittels der NC-Programmstammdaten z.B. Aussagen über aufgetretene Fehler pro Programmierverfahren, Programmierarbeitsplatz oder Werkzeugmaschinen zulassen. Die reine Summierung von Fehlern wird dabei durch verschie-

- Datenanalyse liefert Informationen für NC-Programmierung und übergeordnete Unternehmensfunktionen

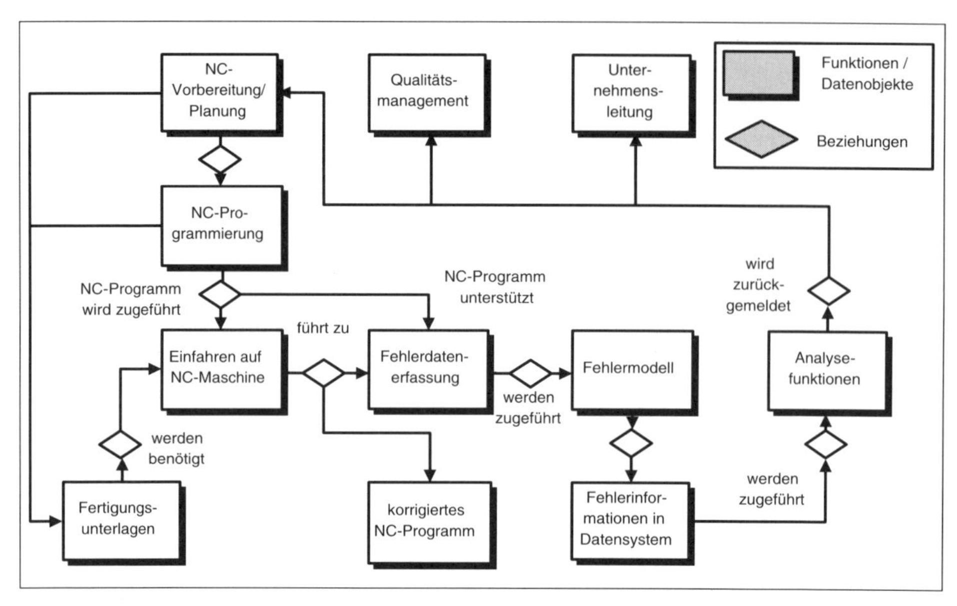

Bild 6.53: Einsatz des NC-Fehlermodells

dene statistische Analysefunktionen erweitert, um gesicherte Aussagen aus den Daten ableiten zu können.

Bislang verfügbare rechnerunterstützte Qualitätsmanagementsysteme (CAQ-Systeme) wurden primär auf die Durchführung, Verwaltung und Auswertung fertigungsbegleitender Prüfungen, Warenein- und -ausgangsprüfungen sowie das Reklamationswesen ausgerichtet /TOE94,1/. Diese Systeme bauen produktbezogene Qualitätsregelkreise in der Fertigung und zum Kunden und Lieferanten auf. Das entwickelte System zur Fehlerverfolgung und -vermeidung in der NC-Programmierung ergänzt die verfügbaren CAQ-Systeme durch den Aufbau einer informationsbezogenen Qualitätsregelung, die auf Verbesserungen in der der Fertigung vorgelagerten Planung abzielt.

6.3.4 Ergebnisse für die industrielle Praxis und Ausblick auf zukünftige Entwicklungen

Die zunehmende Entwicklung hin zu immer komplexeren Programmieraufgaben (z.B. Freiformflächen) stellt an die NC-Programmierung insbesondere mehrachsiger Maschinen erhebliche qualitative Anforderungen. Dieser Tendenz steht die Marktanforderung entgegen, immer schneller

Produkte von der Idee zur Marktreife zu entwickeln. Hier kann die NC-Programmierung einen zeitkritischen Engpaß darstellen, da bislang geeignete Regelkreise für eine qualitätsgerechte NC-Programmierung nicht verfügbar waren. Aus den genannten Anforderungen läßt sich ein deutlicher industrieller Bedarf für eine effektive Fehlervermeidung in der NC-Programmierung ableiten.

Mit dem vorgestellten System zur Fehlererfassung, -analyse und Informationsrückführung in die Planung wird ein Qualitätsregelkreis in der NC-Verfahrenskette aufgebaut. Dort werden von der kurzfristigen Fehleranalyse und -verfolgung bis zu langfristigen Auswertungen abgestufte Maßnahmen zur systematischen und kontinuierlichen Verbesserung der NC-Programme zur Verfügung gestellt. Somit läßt sich neben der Quantifizierung der fehlerbedingt in der NC-Verfahrenskette aufgetretenen Verluste auch eine Aufdeckung von Verbesserungspotentialen erreichen, um schließlich das Ziel verbesserter NC-Programme in kürzerer Zeit zu erreichen. Obwohl seitens des NC-Steuerdatenformates ein starkes Beharren an der DIN 66025 zu beobachten ist, ist ein Trend bei den Maschinensteuerungen zu offenen Systemen zu beobachten. Diese zeichnen sich insbesondere durch die Möglichkeit aus, Standardsoft- und -hardware zu nutzen und einfachere leistungsfähige Schnittstellen zu anderen Anwendungen definieren zu können. Weiterhin bietet sich die Möglichkeit, Systeme zur Überwachung, Regelung und Diagnose der Bearbeitungsprozesse in die Maschinensteuerung zu integrieren und damit weitere Hilfsmittel für eine präventive Qualitätssicherung zur Verfügung zu stellen. Ein Ansatz für die Erfassung von Prozeßinformationen und die Rückführung in die planenden Bereiche wurde im Rahmen der Maßnahmen erläutert.

Durch die konsequente Weiterführung des in CAD-Systemen häufig schon üblichen elementorientierten Konstruierens auf eine elementorientierte NC-Programmierung ließe sich eine Rückverfolgung von Fehlern auf die Fehlerursache in der Programmierung deutlich vereinfachen. Erste Ansätze hierzu liegen bereits vor /TOE94,2/.

Ein weiterer Baustein zur Fehlervermeidung im Bereich NC-Programmierung in der Fertigungsplanung ist die Einführung eines Fertigungstechnologie-Informationssystems (FETIS). Mit diesem Hilfsmittel werden Qualitätsinformationen über Betriebsmittel und NC-Programme aus dem Bearbeitungsprozeß in die Planung, insbesondere aber in die NC-Programmierung zurückgeführt. Die zumeist auf dem Erfahrungswissen des Maschinenführers basierenden Informationen können so schon während der Planung und Programmierung genutzt werden.

Literaturverzeichnis

BKS90 Schade, B.; Schade, K.-G.: Simulation bei der Programmierung. CAD, CAM, CIM, März 1990, Sonderteil, Carl Hanser Verlag, München

BUL91 Bullinger, H.-J.; Ammon, R.: Werkstattorientierte Produktionsunterstützung. Fertigungstechnisches Kolloquium, Stuttgart; 1991

DIN74 N.N.: CLDATA, Allgemeiner Aufbau, Satztypen, DIN 66215, Blatt 1, August 1974, Beuth Verlag GmbH, Berlin

DIN83 N.N.: Programmaufbau für numerisch gesteuerte Arbeitsmaschinen. DIN 660215 Teil 1, Januar 1983, Beuth Verlag GmbH, Berlin

EVE88 Eversheim, W.: Organisation in der Produktionstechnik. Band 1, Grundlagen, VDI-Verlag, Düsseldorf, 1988

FLA83 Flavell, N.L.: Error Rate of First Run NC-Programs. Proceedings of the 20th Annual Meeting and Technical Conference, Numerical Control Society, Cincinnati, Ohio, 1983

HAE88 Häberle, G.: NC-Programmierung für die rechnerintegrierte Textilfertigung. ISW, Forschung und Praxis, Stuttgart, 1988

KIE93 Kief, H. B.: NC-Handbuch ,'93/94, Carl Hanser Verlag, 1993

MAR92 Marczinski, G.: Verteilte Modellierung von NC-Planungsdaten: Entwicklung eines Datenmodells für die NC-Verfahrenskette auf der Basis von STEP. Dr.-Ing. Diss., RWTH Aachen, 1992

POT91 Potthast, A.; Hohlwider, E.; Schmitt, W.: NC-Verfahrenskette: Höhere Programmiersprache. VDI-Z 133 (1991), Nr.6, Juni 1991, Carl Hanser Verlag, Berlin

PRD93 Pritschow, G.; Daniel, C.; Junghans, G.; Sperling, W.: Open System Controllers – A Challenge for the Future of the Machine Tool Industry, Annals of the CIRP Vol. 42/1/1993, S. 449–452

ROH94 Rohde, B.: Konzeption eines objektbasierenden Werkstattkommunikationssystems. Dr.-Ing. Diss., Univ. Hannover, 1994

TOE88 Tönshoff, H.K.; et. al.: Developments and trends in monitoring and control of machining processes, Annals of the CIRP 37(1988)2, S. 611–622

TOE94,1 Tönshoff, H.K.; Büttner, J.; Hennig, K.R.: CAQ-Systeme praxisgerecht auswählen. QZ Qualität und Zuverlässigkeit 39 (1994) 1, Carl Hanser Verlag, München

TOE94,2 Tönshoff, H.K.; Baum, Th.; Ehrmann, M.: SESAME: A System for Simultaneous Engineering. Proceedings of the Fourth International FAIM Conference, Blacksburg, Virginia, 1994

TOE95,1 Tönshoff, H.K.: Spanen, Grundlagen. Springer Verlag, Berlin, 1995

TOE95,2 Tönshoff, H.K.;Berthold, O.; Harstorff, M.: A Technological Information System for the Continuous Improvement of Process-Planning. Proceedings of the Fifth International FAIM Conference, Stuttgart, 1995
TOE95,3 Tönshoff, H.K.;Pudig, C.: Conception of a Technological Data Processing System Using Mobile Data Memories. Production Engineering, Vol. II/2 (1995), Carl Hanser Verlag, München
VAL93 Valous, A.: Informationsrückkopplung zwischen NC-Fertigung und Arbeitsplanung. Dr.-Ing. Diss., Univ. Kaiserslautern, 1993
WEC89 Weck, M.: Werkzeugmaschinen Bd. 3, Automatisierung und Steuerungstechnik. VDI-Verlag, Düsseldorf, 1989
WIE89 Wiendahl, H.-P.: Betriebsorganisation für Ingenieure. Carl Hanser Verlag, München, 1989

6.4 Null-Fehler in der Mikroprozeßkette

A. Gente,
H. Hinkenhuis
und
U. Böhm

6.4.1 Anforderungen an die Mikroprozeßkette

• Ablauf einer Mikroprozeßkette „Zerspanen"

Die Mikroprozeßkette beschreibt die Abläufe an modernen CNC-Werkzeugmaschinen, wie sie für den mittelständischen Maschinenbau typisch sind. Ausgehend von den bereitgestellten Informationen und Materialien wird mit einer solchen Maschine ein vorgegebener Arbeitsablauf umgesetzt, dessen Ergebnis durch Werkstücke repräsentiert wird, die vorgegebenen Qualitätsanforderungen genügen müssen. Für eine Null-Fehler-Produktion war die quantitative Bewertung der Fehlerursachen in der Mikroprozeßkette von großer Bedeutung.

• Fehler innerhalb der Mikroprozeßkette

Bild 6.54 verdeutlicht die Ursachen und Wirkungen von Fehlern, die in der Mikroprozeßkette auftraten. Fehler, die innerhalb der Systemgrenze der Mikroprozeßkette auftraten, wurden zu 65% außerhalb der Mikroprozeßkette verursacht. Die NC-Daten sind dabei die häufigsten Fehlerverursacher. Daneben traten nennenswerte externe Fehlerursachen bei den Einrichteunterlagen sowie beim Material auf. 35% der Fehler wurden innerhalb der Mikroprozeßkette verursacht. Dieses waren meist Ablauffehler, Verwechselungen, Falscheingaben oder Unkenntnis über die Handhabung von Werkzeugen und Prüfmitteln. Davon wirkten sich knapp die Hälfte auf das Werkstück aus (Ausschuß oder Nacharbeit), der andere Teil senkte die Maschinenverfügbarkeit (Werkzeugbruch, Wiederholen des Ein-

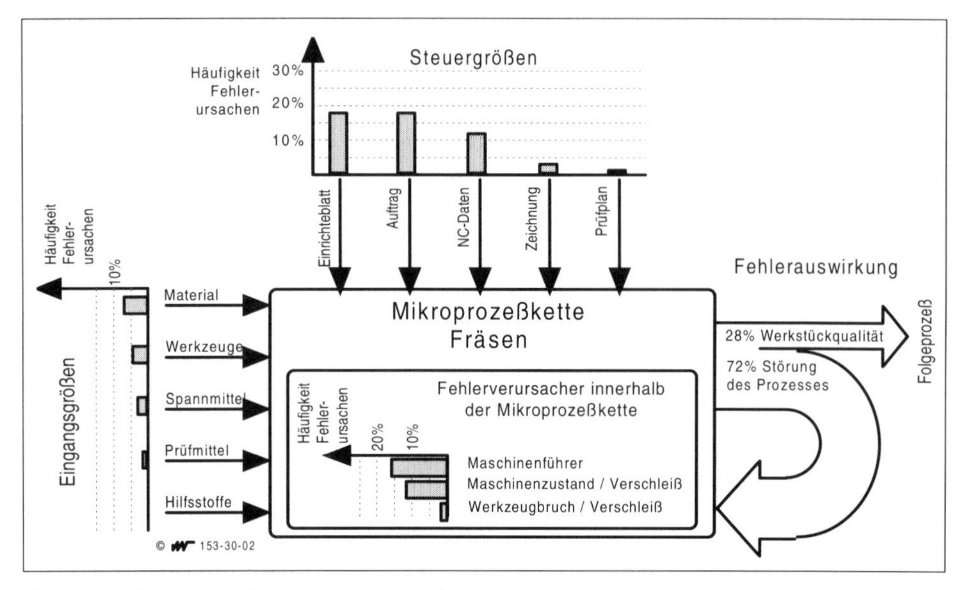

Bild 6.54: Fehler-Ursache-Wirkungsanalyse beim Fräsen

richtvorganges). Als Schlußfolgerungen ist daraus für die Konzeption der Präventivmaßnahmen zu ziehen, daß die Prozeßsicherheit im Vordergrund der Entwicklungsmaßnahmen stehen muß. Zusätzlich muß die Verläßlichkeit der Eingangsgrößen stark gesteigert werden, wenn der Prüfaufwand auf ein Minimum begrenzt werden soll.

6.4.2 Strategie der präventiven Qualitätsicherung in der Mikroprozeßkette

- Ausgangsgrößen prüfen

Wie in allen anderen betrachteten Unternehmensbereichen, wird innerhalb einer Abfolge von Prozessen die Strategie verfolgt, keine Prüfung der Eingangsgrößen durchzuführen, sondern auf deren Fehlerfreiheit zu vertrauen. Prüfende Maßnahmen, wenn sie nicht durch sichere Prozesse überflüssig gemacht werden können, werden nur für die Ausgangsgrößen des jeweils betrachteten Prozesses vorgesehen, getreu dem Motto: Prüfe deine Arbeit, nicht die anderer. Damit soll verhindert werden, daß die Fehlerentdeckung schon im verursachenden Prozeß erfolgt und nicht auf Folgeprozesse verschoben wird.

Übertragen auf die Tätigkeiten innerhalb der Mikroprozeßkette bedeutet dies, daß der Maschinenbediener zunächst von der Fehlerfreiheit der ihm zu Verfügung gestellten Betriebsmittel und Informationen ausgeht. Im weiteren Verlauf werden der Handlungsablauf des Rüstens und der der anschließenden Serienfertigung getrennt betrachtet. Bild 6.55 verdeutlicht diese grundsätzliche Trennung.

6.4.3 Rüsten

- Bedeutung des Rüstens

Das Rüsten umfaßt alle Vorgänge, um eine Maschine (hier Bearbeitungszentrum) für einen bestimmten Fertigungsauftrag vorzubereiten, einschließlich der Fertigung eines Einrichteteils, nach dessen Gut-Beurteilung die Maschine für die Fertigung freigegeben wird. Die Bedeutung des Rüstvorganges wird in bezug auf die Fehlervermeidung häufig unterschätzt. Beispielsweise ist die Beschreibung des Rüstvorgangs im Arbeitsplan in aller Regel nicht annähernd so detailiert wie die Spezifizierung der Tätig-

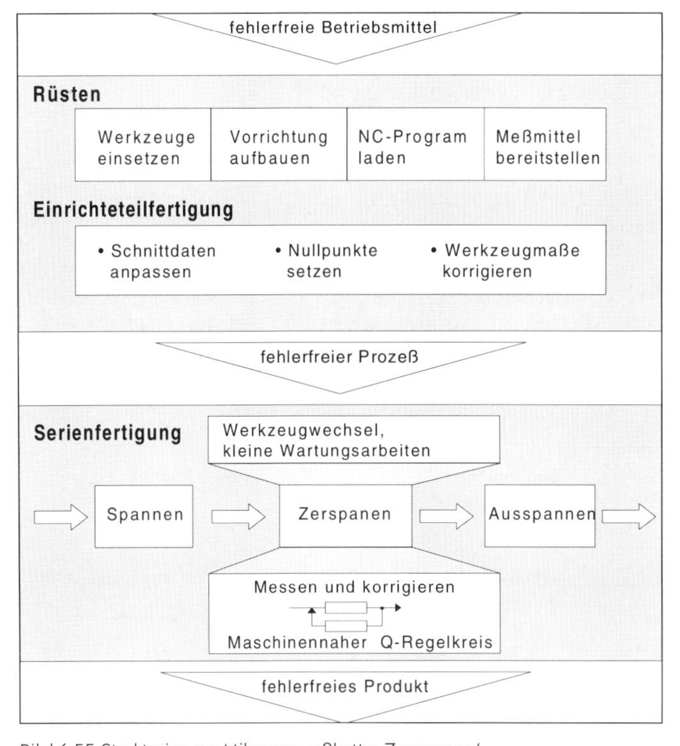

Bild 6.55:Strukturierung Mikroprozeßkette ‚Zerspanen'

keiten bei der nachfolgenden Bearbeitung von Serienteilen. Dies ist zwar aufgrund der geringen Häufigkeit von Rüstvorgängen verständlich, trägt aber in keiner Weise der Bedeutung Rechnung, die die Tätigkeiten beim Rüsten für die Sicherheit des späteren Prozesses haben. Dies gilt insbesondere unter der Maßgabe, Qualität von vornherein zu fertigen und nicht erst später zu erprüfen. Die Fertigung des oder der Einrichteteile ist die letzte Chance, Fehler in Betriebsmitteln oder im Prozeß zu entdecken, bevor die Serienfertigung beginnt. Hier muß gemäß der Grundstrategie verhindert werden, daß schon beim Rüsten erkennbare Fehler an Prozeß- oder Betriebsmitteln in die anschließende Serienbearbeitung verschleppt werden. Der Maschinenbediener muß angehalten werden, die eingerichtete Maschine fehlerfrei zu übergeben.

Ziel des Rüstens ist die Übergabe einer Maschine, die ohne weitere Maßnahmen zur Serienfertigung von fehlerfreien Werkstücken eingesetzt werden kann. Zum Rüsten gehört also:

- Aufbau und Ausrichtung der Vorrichtung
- Einsetzen der voreingestellten Werkzeuge in die Maschine
- Übertragen der Werkzeugdaten
- Laden des NC-Programmes
- Festlegen des Maschinennullpunktes
- Bereitlegen spezifischer Meßmittel zur Werkerselbstprüfung.

Bei diesen Tätigkeiten besteht wie bei den meisten Prozeßschritten die Gefahr, daß Fehler auf den nächsten Prozeß – hier das Fertigen des Einrichteteils – verschleppt werden. Dies läßt sich besonders gut am Beispiel des Rüstens der Vorrichtung beschreiben.

6.4.3.1 Rüsten der Vorrichtung

• Ein- und Ausgangsgrößen beim Rüsten

Der die Vorrichtung betreffende Teil des Rüstens hat als Eingangsgröße die fehlerfreien Komponenten der Vorrichtung und die korrekte Montageanweisung auf dem Einrichteblatt. Ausgangsgröße ist eine auf der Maschine justierte Vorrichtung, deren Einstellung nicht mehr nachträglich (etwa beim Einfahren) korrigiert werden muß.

Eine typische Vorgehensweise, die zwar nicht zwingend zu einem Fehler führt, aber wegen ihrer Anfälligkeit vermieden werden muß, ist die folgende: Die Vorrichtung wird „irgendwie" auf der Maschine montiert. Erst beim Vermessen des Einrichteteils wird festgestellt, daß eine Justage nachträglich erforderlich ist. So wird das Einfahren unnötigerweise zu einem iterativen Prozeß.

Notwendige Konsequenz ist daher, daß die Vorrichung korrekt eingestellt sein muß, ohne daß von Abweichungen am Werkstück rückwärts auf die Maßhaltigkeit der Vorrichtung geschlossen werden muß. Dies wird in vielen Fällen das Antasten der Werkstückauflagepunkte mit einem Kantentaster erfordern.

Für alle Montageschritte, die der Maschinenbediener auszuführen hat, sind Poka-Yoke Lösungen anzustreben. Trotzdem werden das Fachwissen und die Sorgfalt des Personals die wesentlichen Voraussetzungen beim fehlerfreien Aufbau der Vorrichtung bleiben. Dies wird beim Aufbau der Vorrichtung durch eine Fülle von Einzelmaßnahmen unterstützt, wie Bild 6.56 zu entnehmen ist.

- Fehlerfreier Vorrichtungsaufbau

Neben den Maßnahmen, die die detaillierten Arbeitsanweisungen betreffen, ist die Abzählung der Komponenten hervorzuheben, die sich auch auf das Kleinmaterial wie Schrauben etc. beziehen sollte. So wird zusätzlich zu Kontrolle mit der Checkliste sichergestellt, daß keine Teile vergessen wurden, da bei vollständiger Montage keine Komponenten übrig bleiben dürfen.

6.4.3.2 Werkzeugidentifizierung und Werkzeugdatenübertragung

Dem Bereich Werkzeuge ist unter den verschiedenen Betriebsmitteln die größte Bedeutung beizumessen. Dies resultiert zum einen daraus, daß die Werkzeuge den Zerspanprozeß bestimmen und so die Haupteinflußgröße darstellen. Zum anderen unterliegt dieses Betriebsmittel dem größten Verschleiß unter allen Betriebsmitteln und muß deshalb häufig gewechselt werden. Es genügt daher nicht, mit präventiven Maßnahmen allein im Rüstprozeß anzusetzen, sondern es muß auch beim Ersatz von verschlissenen Werkzeugen ein fehlerfreier Ablauf gewährleistet sein.

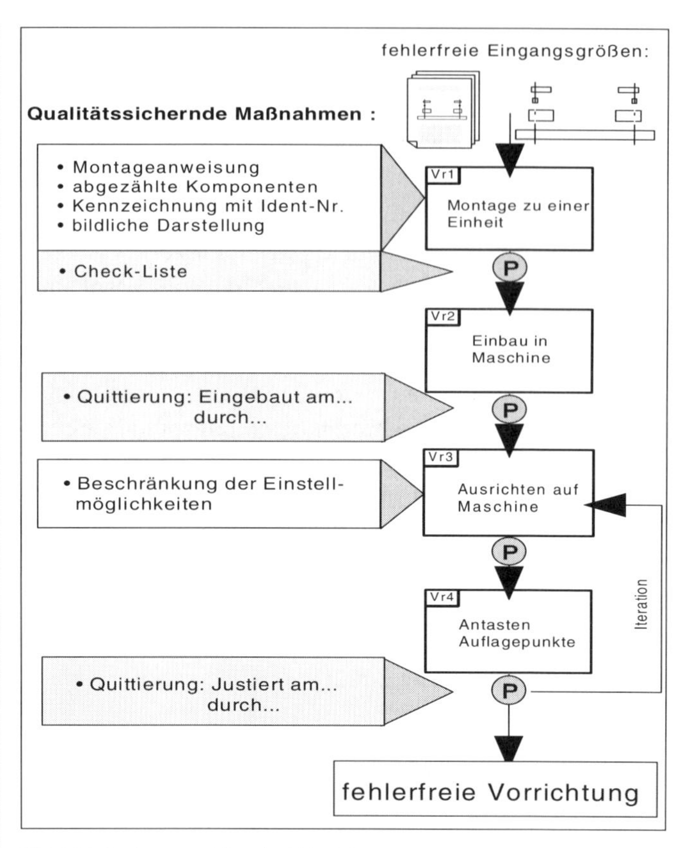

Bild 6.56: Fehlervermeidung bei Vorrichtungsmontage

Werkzeuge werden vom Maschinenbediener im Gegensatz zu der Vorrichtung nicht selbst montiert, sondern voreingestellt aus der Werkzeugausgabe bezogen. Trotzdem sind auch hier die abzuwendenden Fehlermöglichkeiten vielfältig.

• Werkzeugidentifizierungssysteme

Der ordnungsgemäße Ablauf läßt sich am sichersten durch eine vollständige Automatisierung der Informationsübermittlung und Identifizierung erreichen, die nach dem Stande der Technik schon möglich ist, jedoch aus Kostengründen häufig nicht realisiert wird.

Moderne Identifizierungssysteme (Bild 6.57) arbeiten mit einem Chip, der im Werkzeughalter eingebracht ist und kontaktlos induktiv gelesen bzw. auch beschrieben werden kann. Man unterscheidet die Nur-Lese- und die Schreib-Lese-Variante. Die beiden genannten Chip-Identi-

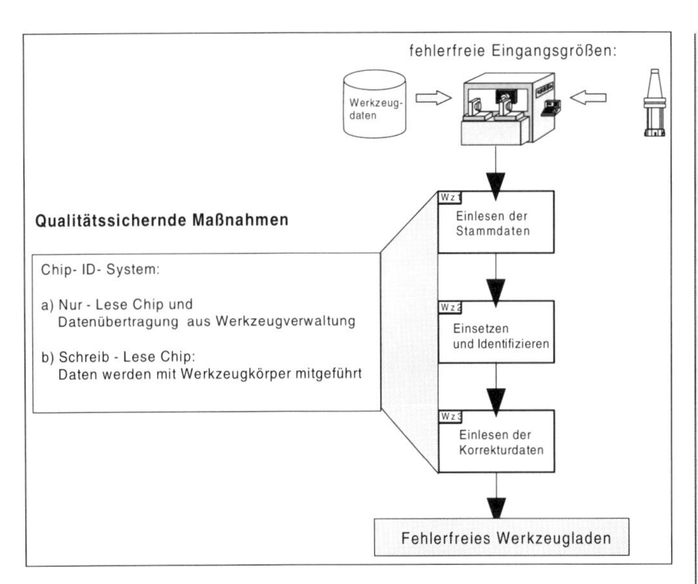

Bild 6.57: Aufrüsten der Werkzeuge

fizierungsysteme unterscheiden sich wesentlich bei der Datenübertragung von Werkzeugverwaltung bzw. Voreinstellgerät zur Maschine.

Bei der Nur-Lese-Variante dient der eingebrachte Chip an den Indentifizierungspunkten Voreinstellgerät und Maschine als Auslöser, die zum Werkzeugindividium gehörigen Daten zu übertragen. Dies setzt eine Anbindung der Maschinen und des Voreinstellgerätes an eine übergeordnete Werkzeugverwaltung voraus. Bei der Schreib-Lese-Variante entfällt die Anbindung der Maschine, da hier die zu übertragenden Daten körperlich mit dem Werkzeug mitgeführt werden.

Es wird deutlich, daß bei der Nur-Lese-Chip-Variante erheblicher Aufwand bei der Anbindung der Werkzeugverwaltungs-EDV an die Maschine erforderlich ist. Dies gilt insbesondere für die Rückübertragung von Reststandzeiten, die bei temporärer Entnahme von Werkzeugen erforderlich wird, wenn diese nicht demontiert und neu voreingestellt werden sollen. Das Werkzeugverwaltungssystem muß nicht nur in der Lage sein, Daten an die Maschine zu senden, sondern auch von dort zu empfangen. Beide Systeme sind bei technisch einwandfreier Installation gute Lösungen im Sinne einer Null-Fehler-Produktion.

• Redundanz werkzeugbezogener Daten schafft Sicherheit

Betrachtet man in Bild 6.58 die Fehlermöglichkeiten der Standard-Methode, Werkzeuge zu identifizieren und die zugehörigen Daten zu übertragen, erkennt man, daß Fehler kaum zu vermeiden sind.

Die große Fehlerwahrscheinlichkeit resultiert aus der Vielzahl manueller Tätigkeiten. Dies beginnt mit dem Ausdrucken und Aufkleben eines Etiketts, welches auf das richtige Werkzeug aufgebracht werden muß. Neben der Möglichkeit von Ablese- und Eingabefehlern anschließend an der Maschine kommt hinzu, daß Klebeetikette nicht ölresistent sind und somit ein einmal eingewechseltes Werkzeug nicht wieder identifizierbar ist. Bei einer Entnahme ist daher unabhängig von der Reststandzeit eine Demontage und neue Voreinstellung des Werkzeuges notwendig.

Trotzdem wird dieses System aufgrund seiner geringeren Investitionskosten und der oft erheblichen Schwierigkeiten bei der informationstechnischen Anbindung von Maschinen, Voreinstellgerät und Werkzeugverwaltung häufig angewandt.

Seine Schwächen lassen sich durch folgende Maßnahmen mindern:

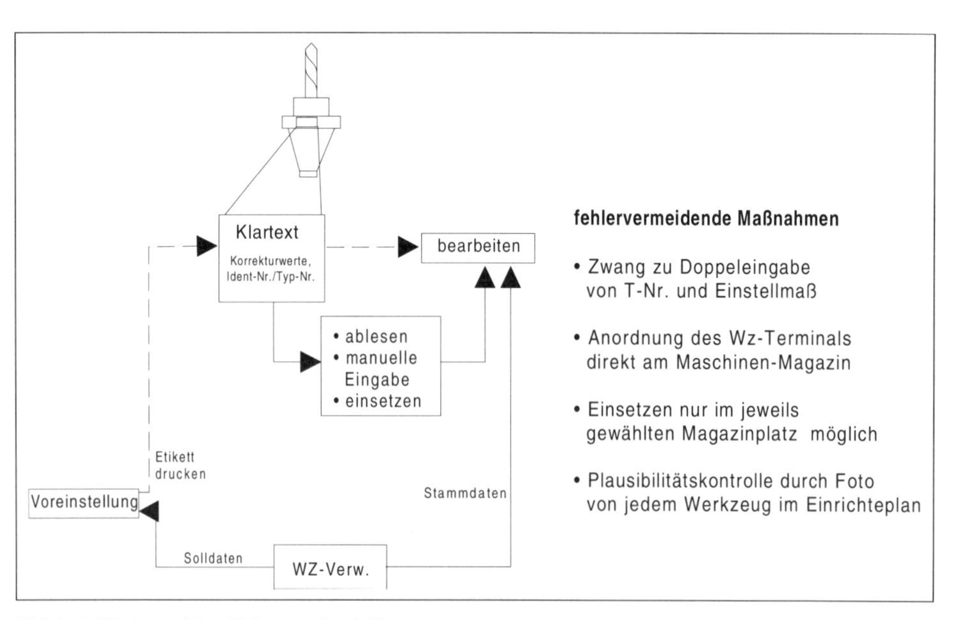

Bild 6.58: Werkzeugidentifizierung durch Klartext

1. Die Eingabe von ID-Nr. und Werkzeugmaß muß redundant gemacht werden. Dies kann zum einen dadurch geschehen, daß der Bediener zur Mehrfacheingabe gezwungen wird, bei der die Steuerung die Übereinstimmung von Erst- zu Zweiteingabe prüft. Da Werkzeugnummern meist 6-stellig sind, muß bei beispielsweise 1000 Werkzeugen nur jede 1000ste Nr. vergeben werden. Durch ein geeignetes Nummernsystem kann die Wahrscheinlichkeit, daß mit einer falschen Nummerneingabe eine Verwechslung eintritt, auf ein Promille gesenkt werden.
2. Bei vielen Werkzeugmaschinen sind die Orte von Steuerung und Werkzeugmagazin so weit auseinanderliegend, daß der Bediener nicht vom gleichen Standort aus sowohl Daten eingeben als auch das Werkzeug ins Magazin setzen kann. Dies erhöht die Gefahr von Verwechslungen, weil er beim Weg um die Maschine abgelenkt werden kann. Ein Werkzeugterminal direkt am Magazin kann diese Fehlermöglichkeit vermeiden.
3. Kettenmagazine ermöglichen häufig das Einsetzen von Werkzeugen in einen falschen Platz. Da der Steuerung ohnehin mitgeteilt werden muß, in welchen Platz ein Werkzeug eingesetzt wird, kann der Zugang zum Einwechselort der Werkzeugkette beschränkt werden, so daß ein Werkzeug nur in den vorgesehenen Platz eingesetzt werden kann.
4. Schließlich kann die Verwechselungsgefahr durch ein Foto gemindert werden. Viele Werkzeuge sind schon äußerlich so verschieden, daß durch den Vergleich mit einem Bild eine Verwechselung ausgeschlossen ist.

6.4.4 Teilefertigung

Hier werden alle Vorgänge betrachtet, die sich an die Vorbereitung der Maschinen für eine bestimmte Nutzung (hier der Fräsbearbeitung von Getriebegehäusen) anschließen. Es sind dies die Handhabung und Aufspannung des Werkstücks, der eigentliche Bearbeitungsvorgang sowie das Ausspannen und erneute Handhabung. Daneben gehören dazu Korrekturen im Rahmen des maschinennahen Qualitätsregelkreises, Werkzeugwechsel und sonstige Wartungsarbeiten, die der Maschinenbediener selbst durchführt. Instandhaltung, die von Dritten getätigt wird, ist nicht Gegenstand der Betrachtung. Alle qualitätssichernden Maßnahmen in diesem Bereich zielen darauf ab, daß mit der gleichen Qualität wie im Einrichtebetrieb produziert wird.

6.4.4.1 Einrichteteilfertigung

Bei der Fertigung des oder der Einrichteteile stehen Betriebsmittel zur Verfügung, die zwar fehlerfrei in dem Sinne sind, daß sie die von der Planung gewünschten Eigenschaften aufweisen, von denen jedoch nicht sicher ist, ob sie im Zusammenwirken einen fähigen Prozeß ermöglichen, weil praktisch kein Prozeß schon einmal unter genau der gleichen Konstellation von Betriebsmitteln abgelaufen ist.

Aufgabe der Einrichteteilfertigung ist daher, die nicht abgesicherten Eingangsgrößen zu überprüfen bzw. durch Optimierung anzupassen. Es handelt sich dabei in der Regel um einen iterativen Prozeß, da bei der ersten Einzelschrittbearbeitung selten ein Gut-Teil entstehen wird.

Die vorzunehmenden Korrekturen sind:

- Verschiebung von Nullpunkten
- Werkzeuglängenkorrekturen
- Ändern von Schnittdaten wegen
- Schwingungen, Rauheit, etc.

Die Einrichteteilfertigung ist erst abgeschlossen, wenn ein Werkstück unter Serienbedingungen gefertigt wurde, dessen Abweichungen innerhalb eingeengter Toleranzgrenzen lagen. Eine Zusammenstellung der Funktionen der Einrichteteilfertigung ist in Bild 6.59 zu sehen.

Neben dem Nachweis eines fähigen Prozesses hat die Einrichteteilfertigung die Aufgabe, die Informationen über vorgenommene Änderungen (z. B. an Schnittdaten) zurückzumelden, damit die Fertigungsplanung die gemachten Erfahrungen berücksichtigen kann. Dieser Informationsrücklauf ist Voraussetzung für das Entstehen einer lernfähigen Einheit aus Fertigungsplanung und Fertigung. Darüberhinaus muß beim Einrichten festgelegt werden, welche Eingriffsmöglichkeiten während der anschließenden Ferti-

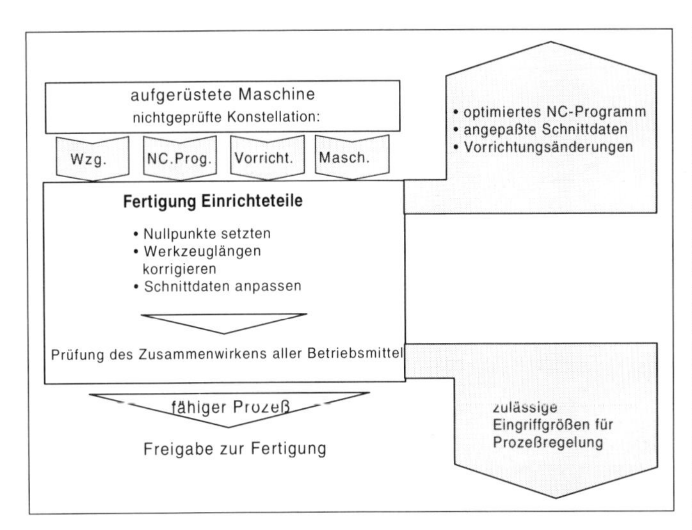

Bild 6.59: Funktion der Einrichteteilfertigung

gung im Rahmen einer maschinennahen Prozeßregelung noch zulässig sind. Der Einrichter erkennt, welche Bauteilmerkmale in Hinblick auf entstehende Abweichungen kritisch sind. Die Eingriffsmöglichkeiten zur Korrektur von Nullpunkten, Schnittdaten und Werkzeugmaßen müssen nach dem Einrichten auf das absolut notwendige Maß beschränkt werden.

6.4.4.2 Teilefertigung

Von den verschiedenen Qualitätsregelkreisen im Unternehmen enthält die Mikroprozeßkette nur den maschinennahen Regelkreis (Bild 6.60) als ganzes. Innerhalb der Mikroprozeßkette bedarf der technische Prozeß – hier die Zerspanung auf einem Bearbeitungszentrum – der Korrektur. Korrekturen während des Einrichtens wurden schon im vorangegangenen Kapitel behandelt. Hier geht es nun um Eingriffe in den Fertigungsprozeß, anhand derer der Maschinenbediener vermeidet, daß Abweichungen über die Toleranzgrenzen hinausdriften.

• Auch Korrekturen können zu Fehlern führen

Während der Bearbeitung greift der Maschinenbediener korrigierend in den Prozeß ein, wenn anhand von entweder selbst ermittelten (Werkerselbstprüfung) oder extern ermittelten Prüfdaten ersichtlich ist, daß Maße korrigiert werden

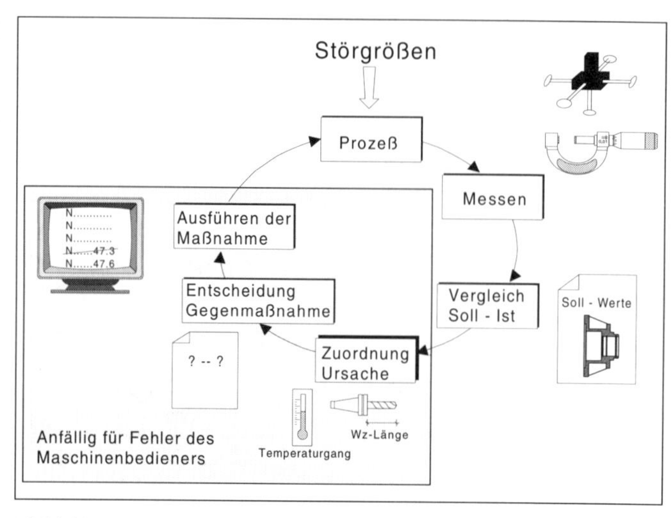

Bild 6.60: Maschinennaher Regelkreis

müssen. Die Fehlermöglichkeiten dabei sind so vielfältig, daß Maßkorrekturen anhand von Regelkreisen auf das absolut notwendige Maß beschränkt werden müssen. Selbst in einem der einfachsten Fälle, wie dem Messen und Korrigieren einer Bohrungstiefe auf einem Bearbeitungszentrum, ergibt sich eine Fülle von Fehlermöglichkeiten:

1. Messung selbst
2. Ablesen, merken oder notieren des Meßwertes
3. Statistische Auswertung von Meßreihen
4. Überlegung, wie der Abweichung entgegengewirkt werden kann. Dabei ist aus dem NC-Programm häufig schwer erkennbar, mit welchem Vorzeichen die Maßänderung eingeht, weil dem Werker dazu die Nullpunktlage bekannt sein muß.
5. Änderung dem richtigen Bearbeitungsschritt im Programm zuordnen
6. Entscheidung, ob die Werkzeuglänge oder der Werkstücknullpunkt korrigiert werden muß
7. korrekte Eingabe.

Auf die Problematik der Auswertung von Meßreihen und deren Darstellung soll in diesem Zusammenhang nicht eingegangen werden, da dies nicht zur unmittelbaren Aufgabe des Maschinenbedieners gehört. Auch wurde in der

Literatur schon umfangreich auf das Erkennen von Trends und deren Darstellung eingegangen. Die Schwierigkeit des Maschinenbedieners besteht darin, zunächst von der festgestellten Abweichung auf die richtige Ursache zu schließen und anschließend die geeignetste Gegenmaßnahme zu finden.

Dabei kommt erschwerend hinzu, daß eine Gegenmaßnahme auch dann wirksam sein kann, wenn eine falsche Ursache für eine Abweichung angenommen wurde. Erläutert am Beispiel der Bohrungstiefe bedeutet dies, daß kurzfristig sowohl eine Nullpunktverschiebung als auch Neueinstellen der Werkzeuglänge, aber auch eine Werkzeuglängenkorrektur in der Steuerung zum Ziel führen kann. Ein falsche Annahme über die reale Abweichungsursache kann aber den Weg in eine Endlos-Korrekturschleife bedeuten, wenn sich die Gegenmaßnahme auch auf andere Bauteilmerkmale auswirkt, wie es beispielsweise bei der Nullpunktverschiebung der Fall ist.

Wenn erst einige Abweichungen an verschiedenen Bauteilmerkmalen mit zwar wirksamen, aber an sich falschen Gegenmaßnahmen eingeregelt wurden, entsteht eine Situation, in der das Fertigungssystem selbst bei fehlerfreien Eingangsgrößen nicht mehr funktionieren kann.

So kann dann beispielsweise eine korrekte Bohrungstiefe nur noch mit einem „falsch" eingestellten Werkzeug erzeugt werden.

Die Möglichkeiten des Maschinenbedieners, in den Fertigungsablauf einzugreifen, müssen deshalb auf das absolut notwendige Maß beschränkt werden. Während dem Einrichter noch „alles" erlaubt ist, um den Prozeß auf die Herstellung von i.o.-Werkstücken auszurichten, werden mit der Freigabe zur Serienfertiung die Eingriffsmöglichkeiten begrenzt. Es darf nur noch dort eingegriffen werden, wo aus plausiblen Gründen Abweichungen korrigiert werden müssen. Die Fehlermöglichkeiten müssen dadurch eingeschränkt werden, daß für die einzelnen Maße jeweils nur Eingriffsmöglichkeiten an der Maschine erlaubt sind, die zur Korrektur unbedingt erforderlich sind.

Dazu wird eine Gewichtungsmatrix aufgestellt, anhand der die möglichen Abweichungskompensationen bewer-

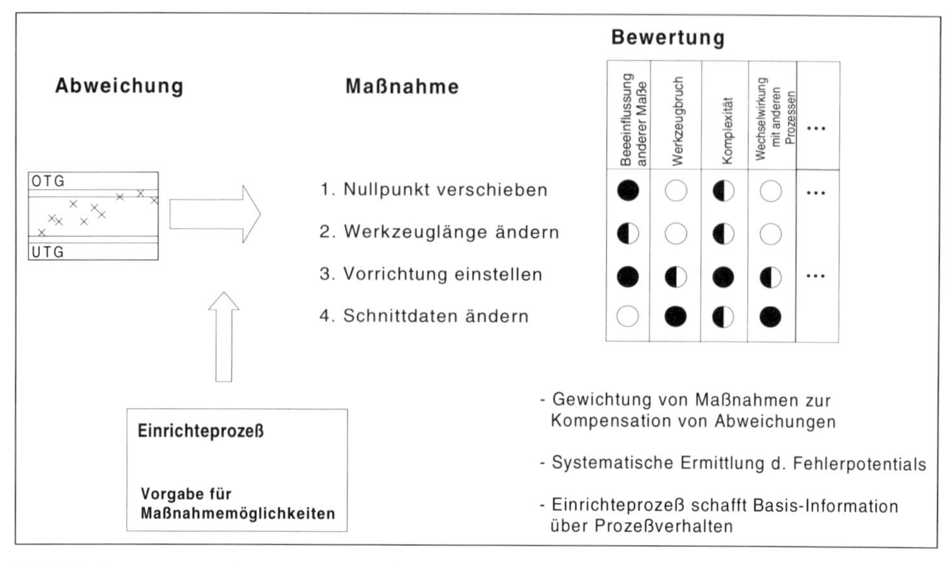

Bild 6.61: Bewertung von Kompensationsmaßnahmen

- Bewertung von Kompensationsmaßnahmen

tet werden (Bild 6.61). Aus dieser Bewertung wird eine Rangfolge ermittelt, nach der sich der Maschinenbediener richten muß, wenn die Abweichung für ein bestimmtes Maß korrigiert werden muß.

6.4.5 Fehlervermeidung durch ereignisorientierte Ablaufsteuerung

- Ablaufunterstützung für den Maschinenbediener

Es wurde schon in den vorangegangenen Kapiteln mehrfach darauf hingewiesen, daß in dem untersuchten Unternehmen die häufigste unmittelbare Fehlerursache eine Fehlhandlung des Maschinenbedieners war. Viele der aufgetretenen Fehlhandlungen können durch eine Verminderung der Fehlermöglichkeiten vermieden werden, wenn Maßnahmen getroffen werden, wie sie in den vorangegangenen Abschnitten für das Rüsten von Vorrichtungen und Werkzeugen beschrieben wurden. Trotzdem wurde auch nach einer Maßnahme gesucht, die beim Maschinenbediener selbst ansetzt.

Ergebnis ist, daß dem Maschinenbediener ein Ablaufplan zur Verfügung gestellt werden soll, der ihm Informationen zu den einzelnen Handlungen zeigt. Dabei geht es weniger um stark ins Einzelne gehende Arbeitsanweisungen. Vielmehr soll der Mann an der Maschine die Möglich-

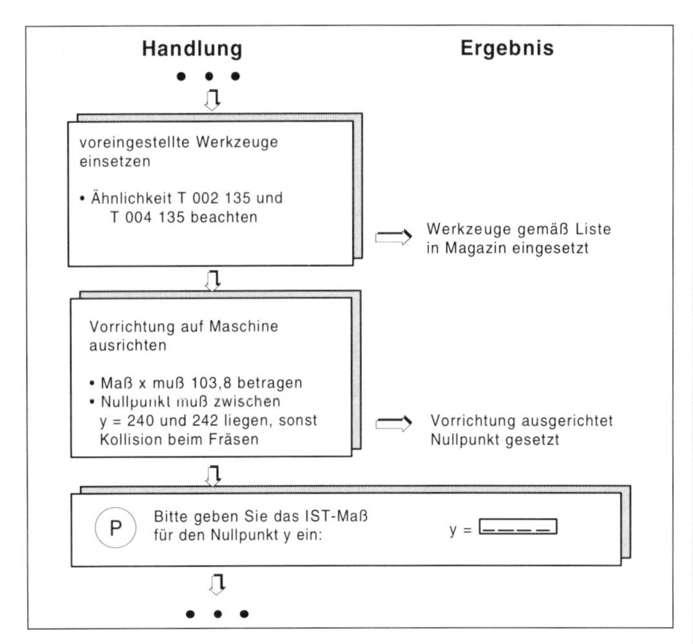

Bild 6.62: Benutzerführung an der Maschine

keit haben, Hintergrundinformationen zu den einzelnen Arbeitspunkten nachzulesen. Das Beispiel in Bild 6.62 soll dies verdeutlichen.

Anweisungen dieser Art können im Rahmen der Arbeitsvorbereitung erstellt werden. Die ergänzenden Hinweise technischer Natur erfordern eine enge Zusammenarbeit des Arbeitsplanerstellers mit den Technikern, die die Prozesse auslegen.

Die Inanspruchnahme der Informationen ist im wesentlichen freiwillig. Es soll der Eindruck eines Hilfsmittels, nicht eines Kontrollmittels erweckt werden.

Ein Fernziel könnte sein, die Ablaufsteuerung als einen Aufsatz zur Maschinensteuerung zu implementieren. Moderne CNC-Steuerungen bieten die Hardware-Voraussetzungen, um Software, die nicht primär der Maschinensteuerung dient, dort ablaufen zu lassen. So wird die Maschinensteuerung von einem reinen Eingabegerät auch zu einem Ausgabegerät zur Unterstützung des Maschinenbedieners.

Dadurch läßt sich zwar nicht verhindern, daß der Maschinenbediener Fehlhandlungen begeht. Die Wahrscheinlichkeit des Vergessens von Einzelschritten wird aber gesenkt. Die Grundstrategie, einzelne Prozesse so auszuführen, daß das gewünschte Ergebnis nicht beim folgenden Arbeitsschritt in Frage gestellt werden muß, wird unterstützt. Dies ist besonders beim Einrichten der Maschine wichtig. Eine Vorrichtung muß beispielsweise fertig justiert sein, bevor mit der Fertigung des Einrichteteils begonnen wird.

6.4.6 Qualitätsorientierte Führung des Bearbeitungsprozesses durch Überwachung und Regelung

Die Bedeutung von Maßnahmen für eine Fehlervermeidung und -kompensation im Bearbeitungsprozeß wird deutlich, wenn die Ergebnisse der Fehlerursachenanalyse im Referenzunternehmen unter dem Aspekt der Verteilung der fehlerverursachenden Prozesse betrachtet werden.

Die Ursachen für die Fehler in der *Getriebefertigung* liegen hauptsächlich in den Prozessen der Fertigungssteuerung und -ausführung (56%) und Arbeitsplanung (40%). Damit wird deutlich, daß die Fertigungssteuerung und -ausführung einen wesentlichen Anteil an der Entstehung von Fehlern hat. Der überwiegende Teil der Fehler ist dem Teilprozeß *spanende Bearbeitung* zuzuordnen, dessen Aufgliederung im unteren Teil von Bild 6.63 den maßgeblichen Anteil der Fehlerursachen der Werkstückbearbeitung zuordnet.

Die Maßnahmen, die für die Fehlervermeidung und -kompensation in der Werkstückbearbeitung sinnvoll eingesetzt werden können, lassen sich nach ihrem Wirkungszeitpunkt bzw. ihrem Wirkungsort gliedern. *Präventive Maßnahmen* wirken auf die Eingangsgrößen eines Prozesses, *prozeßinterne Maßnahmen* greifen während des eigentlichen Prozeßablaufs und *reaktive Maßnahmen* wirken auf die Prozeßausgangsgrößen. Die grundlegenden Anforderungen im Hinblick auf eine Null-Fehler-Produktion lassen sich wie folgt formulieren:

- Prozeßsicherheit
- Wirtschaftlichkeit und hohe Verfügbarkeit
- Fehlervermeidung und Abweichungskompensation

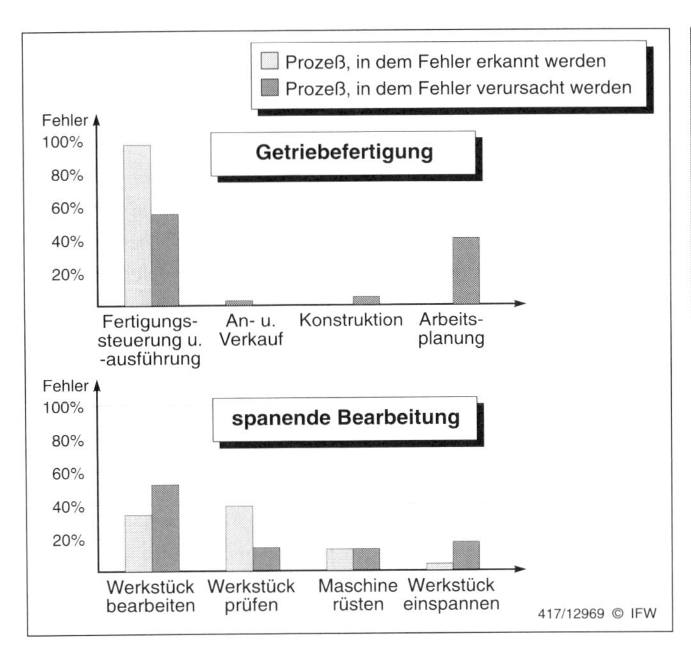

Bild 6.63: Fehler- und Fehlerursachenzuordnung

Neben den Maßnahmen, die auf die Eingangs- und Steuergrößen des Prozesses wirken, wie z.B. die Optimierung technologischer Einstellgrößen oder die Auswahl geeigneter Schneidstoffe, stellt insbesondere die Überwachung und Regelung von Prozeßgrößen und Qualitätsmerkmalen eine bedeutende prozeßinterne Maßnahme dar /TÖN 88/. In vielen Anwendungsfällen ist der Einsatz von Systemen zur Überwachung und Regelung im Hinblick auf eine Null-Fehler-Produktion unverzichtbar. Insbesondere die geforderte Prozeßsicherheit kann in vielen Fällen durch die Anwendung präventiver Maßnahmen allein nicht erreicht werden. Hier bietet der Einsatz von Prozeßüberwachungen die Möglichkeit der Visualisierung von Prozeßgrößen und damit eine verbesserte Prozeßkontrolle /WES93/. Darüber hinaus können mit Hilfe von Prozeßregelungen Abweichungen der Prozeßgrößen und Qualitätsmerkmale vom Sollwert selbsttätig ohne Eingriff des Maschinenbedieners kompensiert werden, so daß eine höhere Prozeßsicherheit erreicht wird.

Diese verbesserte Prozeßsicherheit kommt vor allem bei Prozessen zum Tragen, die

- an ihrer Leistungsgrenze betrieben werden und
- mit hoher Präzision die geforderten Genauigkeiten (Maß, Form), die Rauheit und die Randzoneneigenschaften von Werkstücken erreichen müssen.

Der Einsatz von Überwachungs- und Regelungssystemen stellt somit eine präventive Maßnahme der Qualitätssicherung dar, mit der die Bearbeitungsprozesse dem Ziel eines sicheren und stabilen Prozesses nähergebracht werden können. Aufgrund verschiedener Probleme werden diese Systeme aber in der Praxis bisher kaum eingesetzt. Zum einen sind die Systeme nicht robust genug gegen Störungen und damit fehleranfällig. Zum anderen fehlen für die Auswahl von Überwachungs- und Regelungssystemen geeignete objektive Kriterien, mit denen bereits in der Produktionsplanung eine Entscheidung über den Einsatz bei als qualitätskritisch bekannten Bearbeitungsprozessen getroffen werden kann.

- Funktionen von Überwachung- und Regelungssystemen

Eine systematische Vorgehensweise für die Auswahl einer optimalen, an die Erfordernisse des jeweiligen Bearbeitungsprozesses angepaßten Konfiguration von Überwachungs- und Regelungssystemen (Ü&R-Systemen) erfordert zunächst eine Analyse des strukturellen und funktionalen Aufbaus. Eine universelle Struktur für die Beschreibung von Ü&R-Systemen ist in Bild 6.64 dargestellt.

In der *Prozeßebene* sind neben dem eigentlichen Bearbeitungsprozeß die Sensoren zur Meßdatenerfassung und die Aktoren, die als Stellelemente für eine Regelung verwendet werden, angeordnet.

Die *Signalverarbeitungsebene* umfaßt mehrere Funktionen:

- *Signalvorverarbeitung*
  Aus den Meßsignalen der Sensoren werden die relevanten Merkmale extrahiert und in eine für die Kenngrößenermittlung geeignete Form gebracht. Zu den Einrichtungen der Signalvorverarbeitung sind beispielsweise Filter, Gleichrichter und A/D-Wandler zu zählen.
- *Kenngrößenermittlung*
  Die Kenngröße, deren Abweichung erkannt bzw. kompensiert werden soll, wird in diesem Verarbeitungsschritt aus den aufbereiteten Meßsignalen abgeleitet. Wenn die

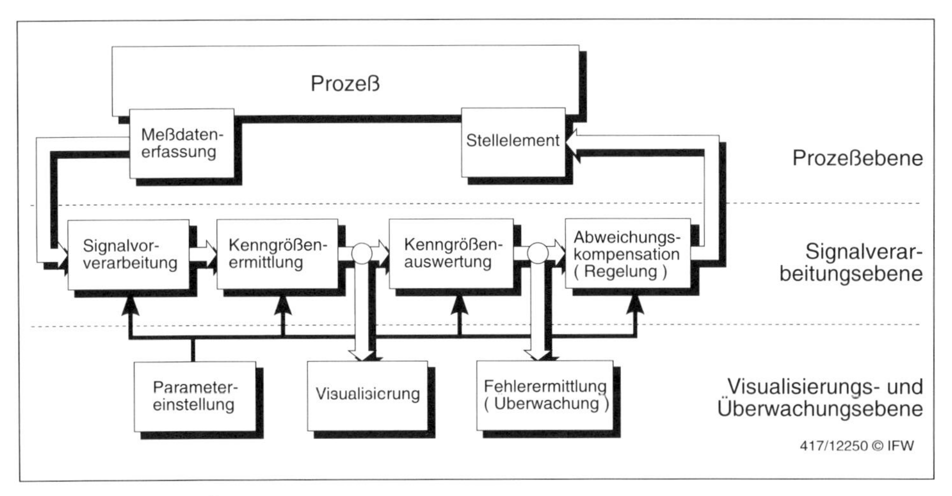

Bild 6.64: Struktur von Ü&R-Systemen

Kenngröße dem Meßsignal entspricht, ist hier kein weiterer Verarbeitungsschritt notwendig. Ansonsten können beispielsweise Systemmodelle zum Einsatz kommen, die den Zusammenhang zwischen den Meßgrößen und der zu erfassenden Kenngröße beschreiben.

- *Kenngrößenauswertung*
  Für die Auswertung der ermittelten Kenngrößen werden die Kriterien, die für eine Abweichung oder einen Fehler definiert sind, zugrundegelegt. Beispiele für die Kenngrößenauswertung sind statische und dynamische Schwellen oder Verfahren, die auf der unscharfen Logik beruhen.
- *Abweichungskompensation (Regelung)*
  Wenn die zu erfassenden Kenngrößen nicht nur überwacht, sondern Abweichungen auch kompensiert werden sollen, ist eine Veränderung einer oder mehrerer Stellgrößen des Prozesses erforderlich, die mit Hilfe eines geeigneten Regelalgorithmus durchgeführt wird. Auf die Problematik der Auswahl geeigneter Regelverfahren wird noch näher eingegangen.

Die *Visualisierungs- und Überwachungsebene* stellt die Schnittstelle zum Bediener dar. Zum einen werden hier die notwendigen Parametereinstellungen für die einzelnen Signalverarbeitungsblöcke vorgenommen, zum anderen erfolgt eine Visualisierung der erfaßten Prozeßgrößen und Qualitätsmerkmale.

Die hier erläuterte funktionale Dekomposition bildet die Grundlage für eine Strategie zur Auswahl der Komponenten von Überwachungs- und Regelungsverfahren, die im folgenden erläutert wird.

- Strategie für die Auswahl von Überwachungs- und Regelungsverfahren

Die Basis sowohl für die Überwachung als auch für die Regelung von Prozeßgrößen und Qualitätsmerkmalen (im folgenden zusammenfassend als *Kenngrößen* bezeichnet) stellt die sichere sensorische Erfassung dieser Kenngrößen im Bearbeitungsprozeß dar. Es wird deshalb im folgenden zunächst ein Konzept für die Auswahl von Sensorik und Signalverarbeitungsmethoden für die Erfassung kritischer Kenngrößen entwickelt. Den Schwerpunkt der Komponentenauswahl bilden die Funktionen *Meßwerterfassung* in der Prozeßebene und *Kenngrößenermittlung* in der Signalverarbeitungsebene, siehe Bild 6.64.

– *Korrelationsmatrix für Sensorik und Signalverarbeitung*

Eine zielgerichtete Auswahl von Verfahren zur Erfassung von Kenngrößen kann mit Hilfe einer tabellarischen Darstellung der Beziehung zwischen Meßgrößen am Prozeß und den daraus abzuleitenden Prozeßgrößen und Qualitätsmerkmalen erfolgen, siehe Bild 6.65

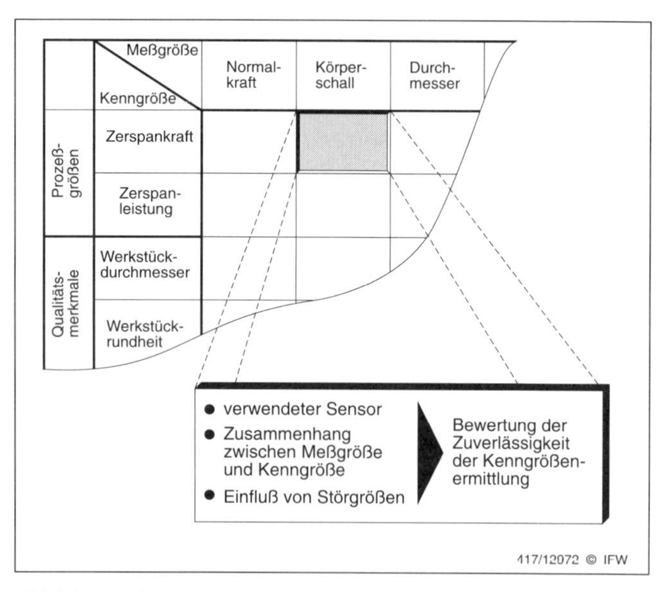

Bild 6.65: Korrelationsmatrix zwischen Meßgrößen und Kenngrößen

In dieser Korrelationsmatrix werden für einen bestimmten Bearbeitungsprozeß in den einzelnen Spalten die am Prozeß verfügbaren Meßgrößen aufgetragen. Die einzelnen Zeilen der Matrix enthalten dagegen entweder die gesamten Prozeßgrößen und Qualitätsmerkmale oder von vornherein nur die als kritisch einzustufenden Kenngrößen. In jedes Feld der Korrelationsmatrix werden dann die notwendigen Daten, die den Zusammenhang zwischen der jeweiligen Meßgröße und der Kenngröße beschreiben, eingetragen. Dieser Datensatz enthält im wesentlichen folgende Angaben:

- den für die Meßwerterfassung eingesetzten Sensor,
- mathematische (z.B. aufgrund eines Prozeßmodells) oder experimentell ermittelte Zusammenhänge zwischen Meßgrößen und Kenngrößen sowie
- Angaben über Störgrößen und deren möglicher Einfluß auf die Ermittlung der Kenngrößen

Mit Hilfe dieser Angaben läßt sich eine Bewertung der Eignung verschiedener Meßgrößen für die Ermittlung bestimmter Prozeßgrößen und Qualitätsmerkmale vornehmen.

Auswahl einer geeigneten Regelungsstrategie
Generell müssen Regler für technische Prozesse optimal an den zu regelnden Prozeß angepaßt werden, um eine hohe Regelgüte zu erreichen und Schwingungen oder gar Instabilitäten zu vermeiden. Dies führt letztlich zu der Not-

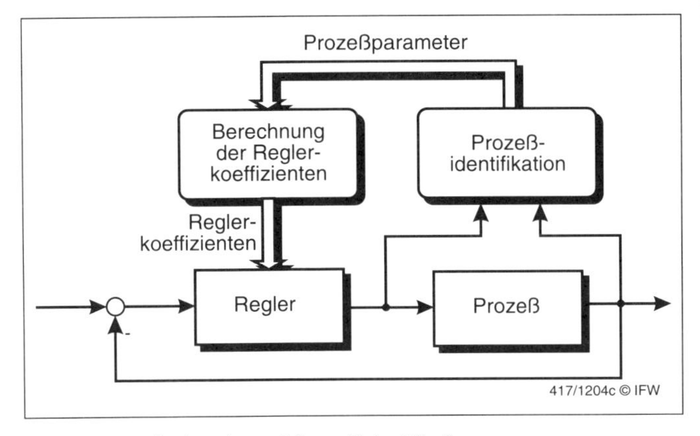

Bild 6.66: Regelkreisstruktur mit Prozeßidentifikation

Kenngröße \ Meßgröße	Normalkraft	Spindelstrom	Körperschall	Durchmesser (Meßtaster)	Oberflächen-struktur (optisch)
Zerspankraft	●	◕	◑	○	○
Zerspanleistung	◔	●	◕	◔	○
Durchmesser	◕	◔	◔	●	○
Rundheit	◕	◔	◔	◑	◑
Rauheit	◔	○	○	○	●

Zuverlässigkeit der Kenngrößenermittlung

● sehr hoch ◕ hoch ◑ mittel ◔ ausreichend ○ nicht gegeben

417/12974 © IFW

Bild 6.67: Korrelationsmatrix für das Außenrundschleifen

wendigkeit, objektive und automatische Verfahren für die Einstellung der Reglerparameter zu verwenden, so daß das Regelungsverfahren für verschiedene und sich verändernde Prozesse eingesetzt werden kann /POP92/. Voraussetzung für die Anpassung eines Reglers an einen beliebigen Prozeß ist die genaue Kenntnis dessen Übertragungsverhaltens, das mit Hilfe einer Prozeßidentifikation ermittelt wird. Diese ermittelt die Parameter des Prozeßmodells, dessen Struktur möglichst genau der physikalischen Realität entsprechen muß.

Bezüglich der Verfahren für die automatische Anpassung der Reglerkoeffizienten an den Prozeß wird zwischen selbsteinstellenden und selbstoptimierenden Regelungen unterschieden /VDI90/.

Bei selbsteinstellenden Regelungen wird zunächst ein Identifikationszyklus durchgeführt, bei dem das Prozeßverhalten aus der Prozeßanregung und der Prozeßantwort ermittelt wird. Anschließend erfolgt die einmalige Einstellung des Reglers, ein zeitveränderliches Prozeßverhalten kann nicht berücksichtigt werden, Bild 6.66.

Eine selbstoptimierende Regelung ist durch eine fortlaufende Identifikation und Regleranpassung im geschlossenen Regelkreis gekennzeichnet, so daß eine Anpassung an ein veränderliches Prozeßverhalten möglich ist.

In den Mikroprozeßketten ist die Anwendung von Überwachungs- und Regelungsverfahren insbesondere bei den Prozessen der Feinbearbeitung notwendig, da hier die funktionsentscheidenden Oberflächen technischer Produkte erzeugt werden. Dies trifft insbesondere auf das Schleifen zu, da es wesentlich die Maß- und Formgenauigkeit, die Oberflächenrauheit und die Randzoneneigenschaften der Werkstücke bestimmt. Die Schleifbearbeitung trägt außerdem wesentlich zu den Herstellkosten eines Werkstücks bei. Die Produktivität und die Wirtschaftlichkeit dieses Bearbeitungsprozesses sind deshalb besonders wichtig, außerdem muß eine hohe Prozeßsicherheit aufgrund der in den vorgelagerten Prozeßschritten erfolgten Wertschöpfung des Bauteils gewährleistet werden.

- Anwendung auf den Rundschleifprozeß

Auswahl geeigneter Sensorik für die Erfassung von Prozeßgrößen
Mit dem vorhandenen Wissen über Verfahren zur Prozeßüberwachung und -regelung für das Bearbeitungsverfahren Außenrundschleifen wurde eine Korrelationsmatrix für die wesentlichen Meßgrößen und Kenngrößen aufgestellt, Bild 6.67.

Diese Korrelationsmatrix stellt eine Entscheidungshilfe zur Verfügung, mit der die Auswahl geeigneter Sensorik für die Überwachung bzw. Regelung kritischer Kenngrößen beim Außenrundschleifen erfolgen kann.

Grenzwertregelung des Schleifprozesses
Das vorrangige Ziel der Gestaltung des Schleifprozesses ist es, die Eingangsgrößen so zu wählen, daß die Bearbeitung das gewünschte Ergebnis liefert. Für die Prozeßgestaltung spielt dabei die radiale Vorschubgeschwindigkeit v_{fr} eine zentrale Rolle, da sie das Zeitspanvolumen Q'_w bestimmt und somit auch als Stellgröße verwendet wird.

Weiterhin wird eine meßbare Größe benötigt, die den augenblicklichen Prozeßzustand möglichst gut beschreibt. Hier kommen die Schleifkräfte oder die Schleifleistung in Betracht, so daß sich die in Bild 6.68 gezeigte Regelkreisstruktur ergibt.

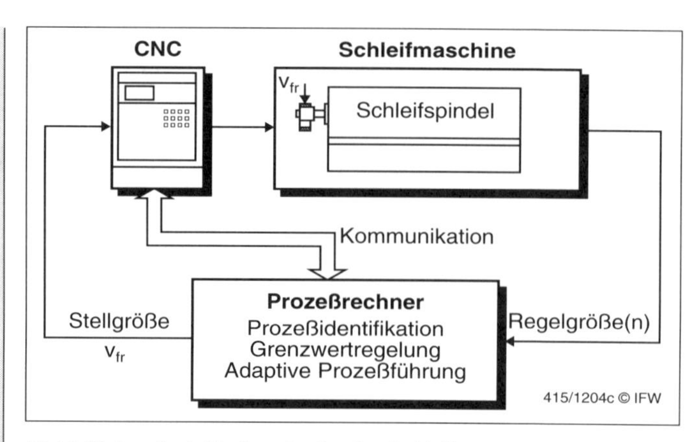

Bild 6.68: Regelkreis für das adaptive Rundschleifen

Mit Hilfe einer solchen Regelung kann die sog. adaptive Prozeßführung realisiert werden, die die eingangs genannten Forderungen an die Prozeßführung beim Schleifen, die Prozeßsicherheit, die Wirtschaftlichkeit und hohe Verfügbarkeit sowie die Fehlervermeidung und Abweichungskompensation erfüllt.

Die Kompensation von Abweichungen mit einer Grenzwertregelung erfüllt die grundlegenden Forderungen nach Wirtschaftlichkeit, Prozeßsicherheit und hoher Bauteilqualität von Bearbeitungsprozessen.

Die Anwendung erfolgte am Beispiel der Schleifbearbeitung, die als letzter Prozeßschritt im wesentlichen die Bauteilqualität bestimmt. Gleichwohl läßt sich die Strategie der Auswahl von Komponenten für die Überwachung und Regelung von Prozessen auch auf andere Bearbeitungsverfahren, z.B. das NILES-Teilwälzschleifen, übertragen.

6.4.7 Qualitätsorientierte Führung der Verzahnungsfertigung am Beispiel der Prozeßstufe Teilwälzschleifen

Um für ein Getriebe eine Null-Fehler-Produktion anzustreben, ergibt sich die Notwendigkeit, die Herstellung der einzelnen Getriebekomponenten zu analysieren sowie bestehende Wechselbeziehungen zu beachten.

Die Zahnräder spielen bezüglich der Erfüllung der Funktionsanforderungen und Qualitätskriterien eines Getriebes eine entscheidende Rolle. Dabei ist zu beachten, daß die Verzahnung immer durch eine spezielle Ergänzungsformgebung, die stets ein eigenständiger Arbeitsvorgang ist, erzeugt wird. Damit haben nicht nur die unmittelbar bei der Verzahnungsbearbeitung wirkenden Störgrößen sondern auch die aus vorangegangenen Prozeßstufen resultierenden Qualitätsdefizite einen großen Einfluß auf die Endqualität der Verzahnung (Prozeßstufen: Grundkörperfertigung – Weichbearbeitung der Verzahnung – Wärmebehandlung – Hartfeinbearbeitung) /BER90/. Zur Gewährleistung der für ein Zahnrad festgelegten verzahnungsgeometrischen und qualitativen Anforderungen leitet sich für die Bereiche Planung, Fertigungsvorbereitung und Fertigung die Notwendigkeit ab, diesen Sachverhalt und die bei der Verzahnungsfertigung bestehenden verfahrensbedingten Restriktionen zu berücksichtigen. Nachfolgend werden am Beispiel des NILES- Teilwälzschleifens, einem Verfahren, das dominierend bei Kleinserien bzw. der Einzelteilfertigung eingesetzt wird, Schwerpunkte und Lösungsansätze zur Gewährleistung einer Null-Fehler-Strategie aufgezeigt.

- Komplexe Vorgehensweise bei Umsetzung in die industrielle Praxis

6.4.7.1 Wesentliche Verfahrensaspekte

Ausgehend von den bei der Qualitätsplanung des Getriebes und den durch die konstruktive Lösung getroffenen Festlegungen wird innerhalb einer Prozeßkette die Prozeßstufe Fertigungsplanung mit einer auf dem Endbearbeitungszustand bezogenen Definition des herzustellenden Zahnrades unterrichtet (Bild 6.69). Diese Angaben zur Geometrie des Verzahnungsgrundkörpers und der Verzahnung, zum Werkstoff sowie zu den Werkstoffeigenschaften der Zahnflanken und Bezugsflächen und zu bestehenden Qualitätsanforderungen (DIN 3960 u. ff.) bilden die Grundlage für die Auswahl einer Arbeitsgangfolgevariante. Sie muß sicherstellen, daß bereits beim Wälzfräsen, der Wärmebehandlung der Zahnflanken und der Feinbearbeitung der Bezugsflächen des Verzahnungsgrundkörpers vorgegebene Qualitätsmerkmale eingehalten werden.

- Informationsbereitstellung für die Fertigungsplanung

Im Bild 6.70 werden die für das gewählte Beispiel bei der Feinbearbeitung der Verzahnung zu beachtenden verzahnungsgeometrischen Restriktionen aufgezeigt. Der ki-

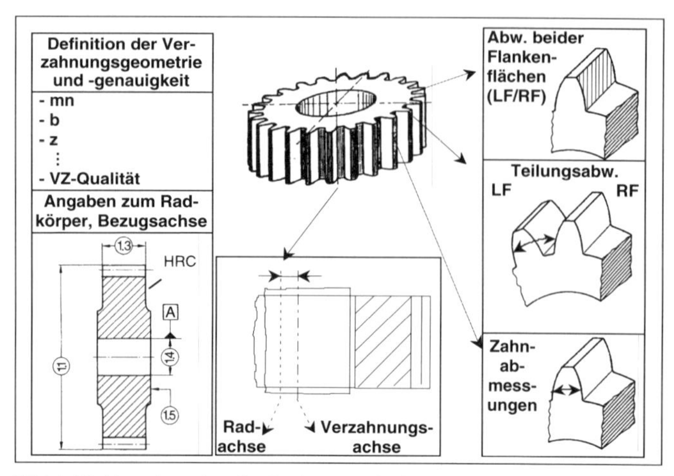

Bild 6.69: Vorgaben für die Fertigungsaufgaben und die Qualitätsbewertung eines Stirnrades

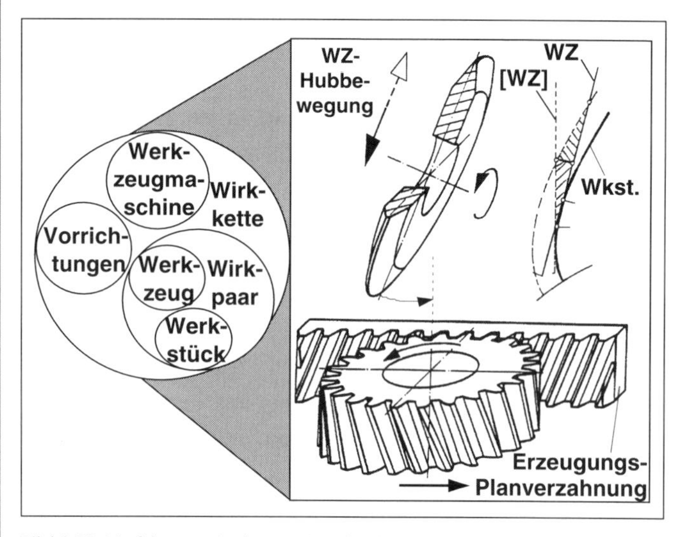

Bild 6.70: Verfahrensprinzip NILES-Teilwälzschleifen

• Beachtung verfahrensspezifischer Zusammenhänge

nematische Zwanglauf zwischen der Schleifscheibe, die einen Zahn der Erzeugungsplanverzahnung darstellt, und dem Werkstück wird durch das Maschinengetriebe realisiert. Dabei verkörpert die Hüllfläche der rotierenden und eine Hubbewegung ausführende Schleifscheibe die Flankenfläche der Erzeugungsplanverzahnung. Die Formgebung der Zahnflanke erfolgt durch ein Polygon von Hüllschnitten.

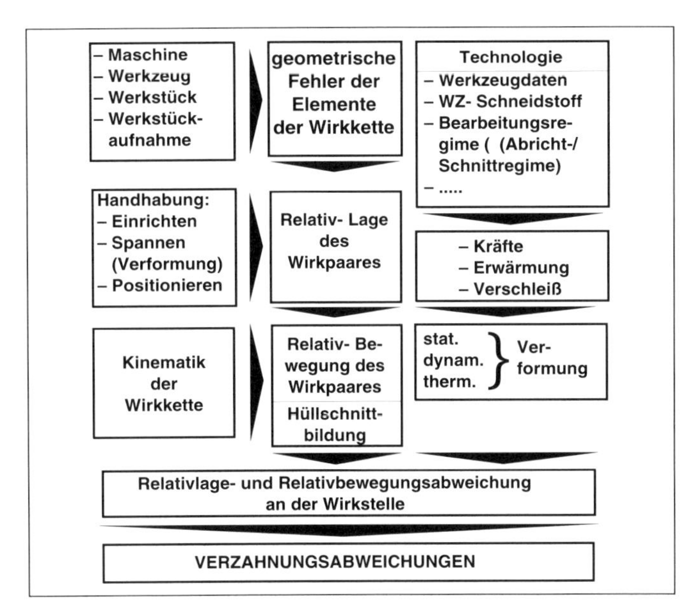

Bild 6.71: Verfahrens-Wirkzusammenhänge

• Analyse der Einflußgrößen

Bei der Endbearbeitung der gehärteten Zahnflanken wirken die bei der Prozeßplanung getroffenen Festlegungen zur Qualität der Werkzeugmaschine, des vorverzahnten Werkstückes, der Spanneinrichtung und des Werkzeuges stets komplex zusammen. Dieses System bildet eine Wirkkette /BER93,VIN94/.

Die kausalen Zusammenhänge dieses Systems werden im Bild 6.71 unter Einbeziehung der Einflußgrößen Technologie und Mensch (Handhabung) dargestellt.

Zur weiteren Analyse müssen diese Einflußgrößen, die sich aus den Wirkzusammenhängen ergeben und mögliche Fehlerursachen charakterisieren, unter dem Aspekt gleichzeitigen Bestehens und gegenseitiger Beeinflussung weiter untersucht werden. Eine Möglichkeit zur Analyse stellt das Ursachen-Wirkungsdiagramm /THO94/ dar (Bild 6.72).

6.4.7.2 Überwachungskonzept

• Wichtung der Einflußgrößen

Zur Ableitung eines Überwachungskonzeptes müssen die dargestellten Einflußgrößen gewichtet werden. Dabei sind sowohl die Beeinflußbarkeit durch den Maschinennutzer

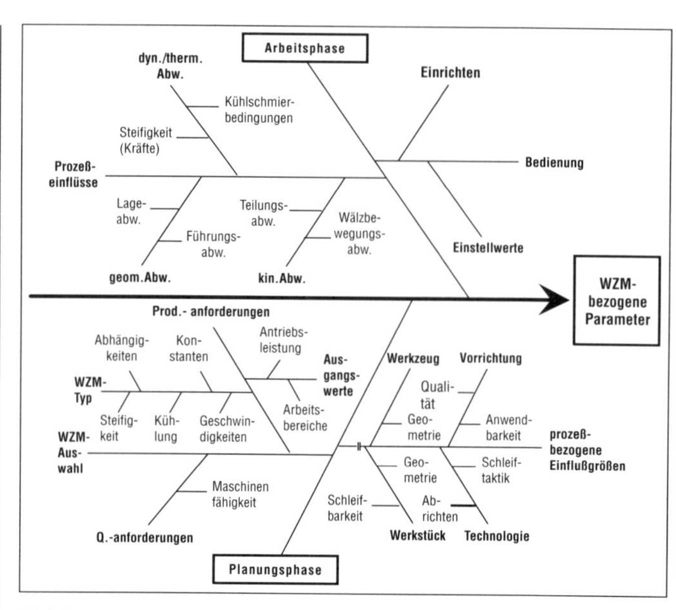

Bild 6.72: Haupteinflußgröße Werkzeugmaschine beim Teilwälzschleifen

als auch die Bedeutung der jeweiligen Ursache für die Qualität des herzustellenden Werkstückes zu beachten.

Für das Teilwälzschleifen kann bezogen auf die Wirkkettenglieder (Bild 6.70, 6.71) eingeschätzt werden, daß beispielsweise:

- die Einflußgröße Werkstück von den Handhabungstätigkeiten des Maschinennutzers sowie von der Einhaltung der Qualitätsvorgaben in den vorgelagerten Prozeßstufen abhängt ,
- die Einflußgröße Werkzeugmaschine durch die vorgenommene Maschinenauswahl und/oder -belegung bestimmt wird.

- qualitative Bedeutung von Ursachen

Die qualitative Bedeutung der Ursachen kann unter dem Gesichtspunkt der Ursachenvielfalt und deren komplexer Wirkung stets mit „groß" oder „mittel" eingestuft werden.

- Schwerpunkte und Vorgehensweise für die Ableitung von qualitätsorientierten Maßnahmen

Damit ergibt sich die Forderung, bereits innerhalb der Fertigungsplanung das komplexe Zusammenwirken der in Bild 6.71 dargestellten Haupteinflußgrößen ausreichend zu berücksichtigen, um durch präventive Maßnahmen optimale und insbesondere stabile Voraussetzungen für eine qualitätsgerechte Fertigung zu gewährleisten. Wesentliche Aspekte, die beachtet werden müssen, sind in Bild 6.73 zusammengestellt.

Eine effiziente Umsetzung dieser Aspekte kann nur dann erreicht werden, wenn neben den materiellen, technischen und organisatorischen Einflußgrößen auch der unmittelbar auf die Verfahrensdurchführung einflußnehmende Maschinennutzer einbezogen wird. Dazu ist es notwendig, entsprechende präventive Qualitätssicherungsmaßnahmen in Form von Arbeitsanweisungen und / oder durch eine an die durchzuführenden Arbeitsoperationen angepaßte Prüfplanung festzulegen.

Dabei notwendige, zur normgerechten Qualitätsbewertung verwendete Prüfgrößen, mit denen vorhandene Einflüsse erkannt und Korrekturwerte für die fehlerverursachenden Parameter ermittelbar sind, können entsprechend ihrem Informationsgehalt den in Bild 6.73 bzw. der Tabelle 6.2 genannten Gruppen zugeordnet werden.

• genormte Prüfgrößen verwenden

Schwerpunkte für die Ableitung präventiver Maßnahmen	Prüfgrößen, Maschineneinstellwerte, technolog. Parameter
Untersuchung zur qualitätsorientierten Auswahl von: - Werkzeugmaschine, - Werkzeug, - Vorrichtung, - technologischen Parametern	Prüfgrößen für die: - Flankenflächen - Teilung - Zahndicke (entsprechend DIN 3960 u.ff, bzw. Tabelle 4)
Festlegung von Kontrolltätigkeiten-vor dem Arbeitsvorgang, - nach einer o. mehreren Arbeitsoperationen innerhalb eines Arbeitsvorganges - zwischen aufeinanderfolgenden Arbeitsvorgängen - nach Abschluß mehrerer Arbeitsvorgänge	Die wichtigsten Maschineneinstellwerte und technolog. Parameter sind: - Flankenwinkel der Schleifscheibe, - Schwenkwinkel des Stößels, - Wälzwege, - Doppelhubzahl, - Wälzvorschubgeschwindigkeit,
Verknüpfung der einzelnen Maßnahmen unter Berücksichtigung der kausalen fertigungsgeometrischen Zusammenhänge	- Zustellung (Schnittfolge), - Abrichtregime

Bild 6.73: Schwerpunkte und Prüfgrößen/Einstellparameter für das Teilwälzschleifen

• Anwendung von SPC

Hinsichtlich der Nutzung präventiver Methoden soll nachfolgend für das Beispiel die Möglichkeit des Einsatzes statistischer Verfahren (SPC), mit den Aufgabenkomplexen Prozeßbewertung, serienbegleitende Prozeßregelung sowie Abnahme- und Zwischenkontrollen betrachtet werden. In Tabelle 6.1 erfolgt eine Gegenüberstellung der für den Einsatz der Verfahren notwendigen Voraussetzungen und zu beachtender Besonderheiten beim Teilwälzschleifen von Verzahnungen. Aus der durchgeführten Untersuchung ergibt sich, daß modifizierte Anwendungsvarianten bei analoger Verwendung der für statistische Verfahren üblichen Arbeitsmittel und Arbeitsweisen möglich sind.

• Voraussetzungen und Besonderheiten beim Einsatz von SPC

Dabei ist zu beachten, daß für die Ermittlung der Qualitätskenngrößen (es sind stets mehrere zur Qualitätsnachweisführung notwendig) z.T. spezielle aufwendige Meßtechnik angewendet werden muß, deren Einsatz unmittelbar an der Maschine nicht realisierbar ist. Dieser Sachverhalt macht eine angepaßte (zielgerichtete) Stichprobenentnahme zwingend erforderlich.

Eine serienbegleitende Prozeßregelung unter statistischen Gesichtspunkten ist aufgrund der Verfahrensgegebenheiten und der Vorgehensweise im herkömmlichen Sinne nicht realisierbar.

• Anwendungsmöglichkeiten von SPC-Aufgaben-Komplexen

Somit können von den oben aufgeführten, anwendbaren Aufgabenkomplexen nur die Prozeßbewertung (Ma-

Voraussetzungen für den Einsatz statistischer Verfahren	Bedingungen beim Teilwälzschleifen
• statistisch beherrschbarer, qualitätsfähiger Prozeß • Serienfertigung • Kenntnis des Verteilungsmodells • Vorhandensein meß- und regelbarer Parameter • kurze Totzeiten zwischen der Auswertung der Meßergebnisse, der Ableitung von Maßnahmen und der Regelung des Prozesses	• kleine Losgrößen, z.T. Einzelteilfertigung • häufiger Wechsel der Verzahnungs- und technologischen Parameter • verfahrensspezifische Besonderheiten • große Zahl auftretender Störgrößen • unterschiedlicher Informationsgehalt der Prüfgrößen • unterschiedliche Menge von Daten für die Prüfgrößen

Tabelle 6.1. Voraussetzungen und Besonderheiten des Einsatzes statistischer Verfahren beim Teilwälzschleifen

schinenfähigkeit, bei Beachtung der Losgröße) sowie die Abnahme- und Zwischenkontrollen im Sinne eines statistischen Verfahrenseinsatzes genutzt werden. Aus der Dokumentation der dabei anfallenden Daten und einer sich daraus aufbauenden Historie kann hinsichtlich der Prozeßbewertung auf das Langzeitverhalten (Prozeßfähigkeit) geschlossen werden. /DGQ90,1,DGQ90,2/

Unter diesen Gesichtspunkten ist zur Absicherung der zu fertigenden Zahnradqualität neben der Einbeziehung der genannten möglichen statistischen Aufgabenkomplexe der Einsatz klar umrissener Prüfpläne und -anweisungen als Basis einer wirksamen Qualitätssicherung anzusehen /VDI85/.

- Einsatzmöglichkeit Maschinendiagnose

Weiterhin ist aufgrund des großen Einflusses der Werkzeugmaschine neben der Möglichkeit der Ermittlung von Maschinenfähigkeitskennwerten auch die Durchführung von Maschinendiagnosen (z.B. Überprüfung der kinematischen Abweichung der Wälzbewegung der WZM, der Teilgenauigkeit des Maschinentisches, u.a.) unumgänglich.

- Umsetzungsmöglichkeiten der genannten Methoden

Um die genannten Methoden umzusetzen und die notwendigen Verknüpfungen zu realisieren, bietet sich ein auf der Basis von Checklisten aufgebautes Regelwerk an.

Dabei sollte beim Aufbau der Checklisten die im Bild 6.74 dargestellte Vorgehensweise beachtet werden.

6.4.7.3 Verfahrensbezogene Zuordnung der Qualitätssicherungsmaßnahmen

- Kriterien für den Bereich der Fertigungsplanung

Für den Bereich der Fertigungsplanung des Arbeitsganges Teilwälzschleifen können die in den Bildern 6.70 und 6.71 dargestellten Einflußgrößen als Ausgangspunkt genutzt werden. Mögliche Kriterien ergeben sich aus der korrekten Auswahl der Fertigungsmittel (geometrische, qualitative, organisatorische Kriterien), der Richtigkeit der Einrichtanweisungen (Genauigkeitsanforderungen, Meßmittel) und der korrekten Übernahme vorgegebener und errechneter Einstellwerte (Grenzbedingungen beachten).

- Kriterien für die Fertigungsvorbereitung

Die bei der Planung getroffenen Festlegungen sind während der Fertigungsvorbereitung umzusetzen, dabei sind

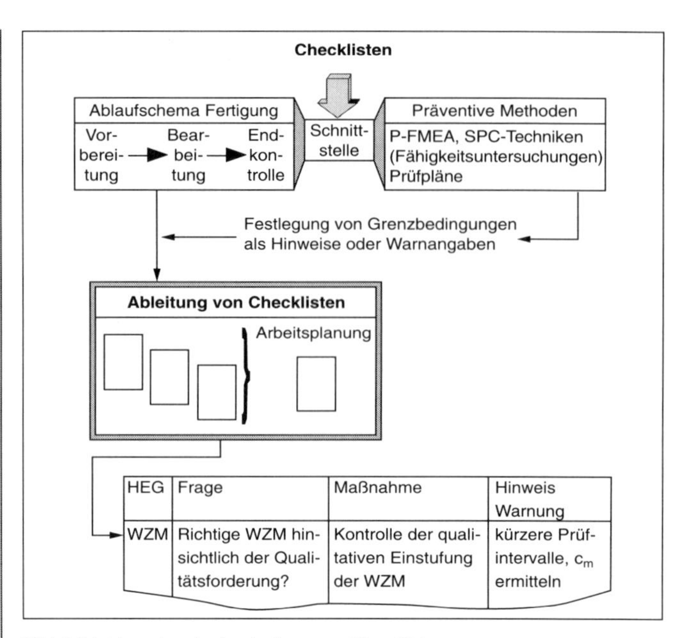

Bild 6.74: Vorgehen beim Aufbau von Checklisten

- Selbstkontrolle des Maschinennutzers

- Ablaufschema der präventiven durch den Maschinennutzer zu realisierenden Kontrollkomplexe

die einzelnen Handhabungs- und Kontrolltätigkeiten auf ihre korrekte Durchführung zu hinterfragen. Hierbei spielen die in den Arbeitsunterweisungen bzw. der angepaßten Prüfplanung festgelegten Qualitätssicherungsmaßnahmen eine entscheidende Rolle. Wobei der „Zwang“ zu den als Selbstkontrolle (SK) bezeichneten Prüfungen sichert, daß auftretende Fehlerquellen frühzeitig erkannt und notwendige Korrekturen eigenverantwortlich durch den Maschinennutzer eingeleitet werden können. Dies sind beispielsweise für das Wirkkettenglied Spannvorrichtung die Aufnahme- und Spannfähigkeit der Vorrichtung (Ident-Nr., Vollständigkeit) oder die Einhaltung der Genauigkeitsanforderungen (zulässige Aufspannabweichung) im aufgespannten Zustand. Im Bild 6.75 sind die präventiven Kontrollkomplexe, die eigenverantwortlich durch den Maschinenutzer auszuführen sind, für das betrachtete Verfahrensbeispiel zusammengestellt.

Für den Bereich der Fertigung sind die Durchführung der einzelnen Tätigkeiten und die ermittelten Prüfgrößen für den Aufbau und Inhalt der Qualitätssicherungsmaßnahmen relevant. Dabei ist anzustreben, auf der Basis einer Zusammenstellung von Fehlerursachen und dadurch

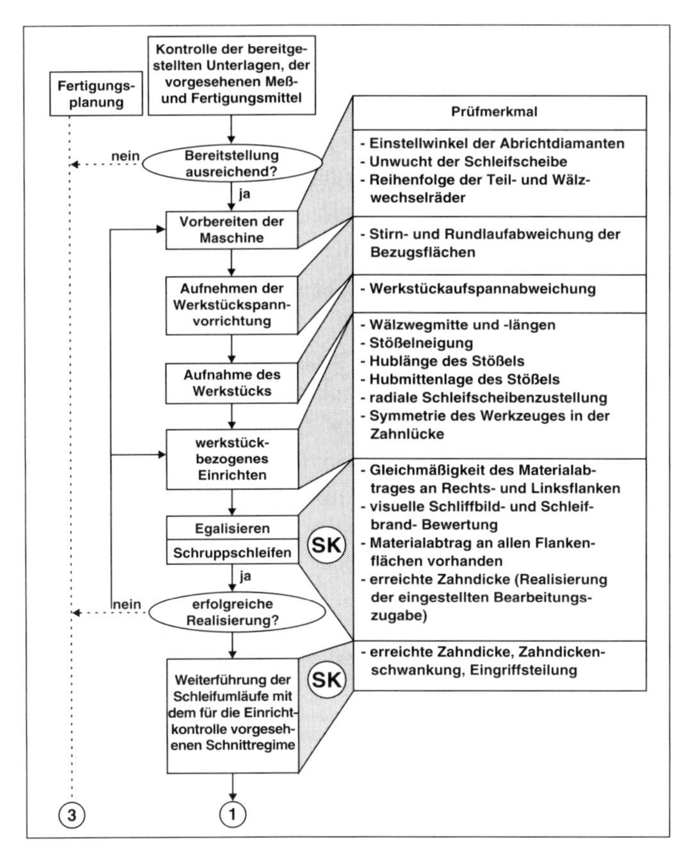

Bild 6.75: Zuordnung von QS-Maßnahmen zum Fertigungsablauf – Einrichtphase

beeinflußte, bei der Prüfung ermittelte Erscheinungsbilder, eine schnelle Kompensation der Fehlerursachen zu ermöglichen sowie zur Fehlervermeidung durch Informationsnutzung (Bereiche Planung und Fertigungsvorbereitung) beizutragen. Bezogen auf das oben genannte Beispiel der Spannvorrichtung (Fertigungsvorbereitung) ergeben sich nach Aufnahme, Einrichten und Spannen der Vorrichtung und des Werkstückes Informationen über die Einhaltung der vorgegebenen Hubmittenlage und Umsetzbarkeit der errechneten Hublänge (Planungsbereich).

• Informationsnutzung durch Fehlerursachenzusammenstellung

Im Bild 6.76 wird beispielhaft für den Bereich Fertigung die inhaltliche Untersetzung der Maßnahmen sowie notwendiger Prüfplanungskomponenten vorgenommen.

• Informationsgewinnung durch die Einricht-/Erstkontrolle

Dabei spielt die durchzuführende Einricht- bzw. Erstkontrolle (KE) für die Umsetzung der Null-Fehler-Strategie eine entscheidene Rolle. Durch die Prüfplanung werden der Umfang der Prüfgrößen, die Strategie der Messungsdurchführung und -auswertung sowie die zulässigen Abweichungsbeträge festgelegt /VDI85/.

Die dabei gewonnenen Ergebnisse geben über die bei der Planung getroffenen Festlegungen, die qualitätsgerechte Fertigungsvorbereitung und die ausreichende Umsetzung der für die Einrichtphase vorgesehenen präventiven QS- Maßnahmen (SK- Bild 6.75) Auskunft.

- komplexbezogene Kontrollmaßnahmen

Erst wenn für alle festgelegten Prüfmerkmale eine Einhaltung der vorgegebenen zulässigen Abweichungen erreicht ist, kann eine „Freigabe" für die laufende Fertigung erfolgen. Bei dieser sind neben der Prüfung der bereits im Komplex SK genannten Merkmale, weitere Kontrollen, wie

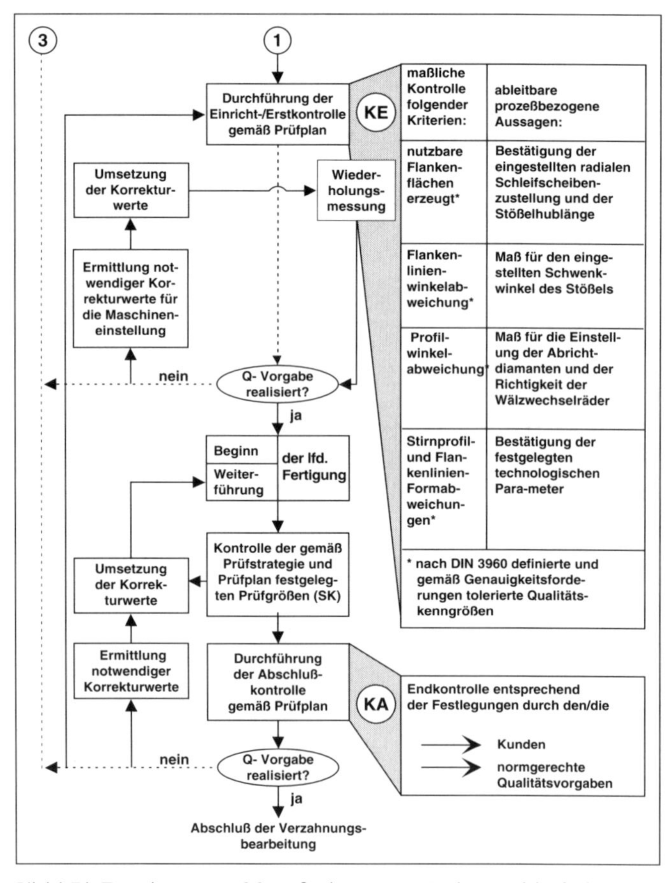

Bild 6.76: Zuordnung von QS-Maßnahmen zum Fertigungsablauf – laufende Fertigung

beispielsweise die Überprüfung der Zahnweite oder Eingriffsteilung und die sich aus dem Komplex Abschlußkontrolle (KA) ableitenden Merkmale erforderlich. Inhalt und Umfang der bei der KA durchzuführenden Prüfaufgaben leiten sich aus den bei der Qualitätsplanung festgelegten Qualitätskenngrößen bzw. aus den Kundenforderungen ab.

In Tabelle 6.2 werden die notwendigen verzahnungsgeometrischen Qualitätskenngrößen für eine Qualitätseinstufung von Stirnrädern aufgeführt und eine Zuordnung der Prüfgrößen für die Komplexe KE und SK vorgenommen. Diese Ergebnisse können als Quellmaterial für Aussagen hinsichtlich der Maschinenfähigkeit herangezogen werden.

- Qualitätskenngrößen für die Qualitätseinstufung

6.4.7.4 Prüf- und Auswertestrategien für die Qualitätsbewertung, Fehlererkennung und Fehlervermeidung

Bei der Zahnradprüfung ist zu beachten, daß die in Normen definierten Qualitätskenngrößen sich stets auf die Radachse beziehen und an keinem Zahn (Flanke) des Zahnrades eine Überschreitung der festgelegten zulässigen Abweichung vorliegen soll.

<table>
<tr><th>Prüf-merkmal</th><th colspan="2">genormte Qualitätskenngrößen</th><th>KE</th><th>SK</th></tr>
<tr><td rowspan="8">Flanken-fläche</td><td rowspan="4">Stirnprofil</td><td>- Prüfbereich</td><td>x</td><td></td></tr>
<tr><td>- Gesamtabweichung</td><td>x</td><td></td></tr>
<tr><td>- Winkelabweichung</td><td>x</td><td></td></tr>
<tr><td>- Formabweichung</td><td>x</td><td></td></tr>
<tr><td rowspan="4">Flanken-linie</td><td>- Prüfbereich</td><td>x</td><td></td></tr>
<tr><td>- Gesamtabweichung</td><td>x</td><td></td></tr>
<tr><td>- Winkelabweichung</td><td>x</td><td></td></tr>
<tr><td>- Formabweichung</td><td>x</td><td></td></tr>
<tr><td rowspan="2">Teilung</td><td>Kreis-teilung</td><td>- Einzelteilungsabweichung
- Teilungssprung
- Gesamtabweichung</td><td></td><td></td></tr>
<tr><td>Eingriffs-teilung</td><td>- Eingriffsteilungs-abweichung</td><td></td><td>x</td></tr>
<tr><td rowspan="3">Zahn-dicke</td><td rowspan="3">alternativ: Zahnweite</td><td>- oberes Zahnweitenabmaß</td><td></td><td>x</td></tr>
<tr><td>- unteres Zahnweitenabmaß</td><td></td><td>x</td></tr>
<tr><td>- Zahnweitenschwankung</td><td></td><td>x</td></tr>
</table>

Tabelle 6.2: Zuordnung der Prüfung der Qualitätskenngrößen

• Prüfaufwandsreduzierung bei der Ermittlung verzahnungsgeometrischer Qualitätsmerkmale

Es ist jedoch üblich, unter dem Aspekt der Prüfaufwandsreduzierung nur an einigen ausgewählten Stellen am Radumfang (z.B. an drei oder vier gleichmäßig am Umfang verteilten Zähnen/Zahnflanken) die Prüfung durchzuführen und diese Ergebnisse als repräsentativ für die Bewertung aller Zähne/Zahnflanken zu unterstellen. Diese Annahme ist nur dann gerechtfertigt, wenn die Meßergebnisse nur geringfügig schwanken. Die richtige Wichtung solcher Sachverhalte verlangt eine ausreichende Qualifikation des Prüfers hinsichtlich fertigungsgeometrischer und fertigungstechnischer Zusammenhänge beim Arbeitsvorgang und gegebenenfalls den Rückgriff auf Ergebnisse vorliegender Qualitätsanalysen.

Unter Berücksichtigung

- der vorliegenden verfahrensspezifischen Fertigungsgegebenheiten,
- der permanenten Gewährleistung qualitätsgerechter Fertigungsvoraussetzungen und
- der Einhaltung präventiver QS- Maßnahmen

ist es durchaus möglich, die Überprüfung der zulässigen Abweichung einer Qualitätskenngröße, die nur mit hohem Prüfaufwand ermittelbar ist, durch eine kostengünstiger bestimmbare Qualitätskenngröße zu gewährleisten.

Diese Vorgehensweise verlangt neben der richtigen Festlegung von Prüfzeitpunkt und Prüfintervall auch eine bezogene Ermittlung und Auswertung der festgestellten Abweichungen.

Als Beispiel für diese Gegebenheitsnutzung sei auf die in Tabelle 6.2 vorgenommene Zuordnung der Prüfung der Qualitätskenngrößen Eingriffsteilungsabweichung, Zahnweitenabmaße und -schwankung im Komplex SK verwiesen.

Die Eingriffsteilungsabweichung kann als berechtigte Alternativgröße für die Einzelteilungsabweichung sowie das Zahnweitenabmaß für das achsenbezogene Zahndickenabmaß eingestuft werden, wenn:

- beim Einrichten erreicht wird, daß Mittigkeitsabweichungen zwischen Rad- und Verzahnungsachse in festgelegten Grenzen gehalten werden,
- durch die Einrichtkontrolle die gewählten Fertigungs-

voraussetzungen als ausreichend bestätigt sind und
- die bereits oben genannte Permanenz der verfahrensspezifischen Gegebenheiten als gesichert eingestuft werden kann.

Wird vom Kunden nicht für jedes Werkstück ein Qualitätsnachweis gefordert, kann bei Gewährleistung der genannten Bedingungen mit gleicher Vorgehensweise eine reduzierte Stichprobenentnahme für die Endbewertung der Flankenflächen- und Teilungsabweichungen für die Kontrolle KA abgeleitet werden. Die Sicherheit dieses Systems kann bei gleichzeitiger Anwendung einer an allen Werkstücken durchgeführten Ermittlung der Zweiflankenwälzabweichungen als ausreichend angesehen werden.

- werkstofftechnische Qualitätsmerkmale

Neben den genormten Verzahnungsqualitätskenngrößen ist es bei der Kontrolle KA auch notwendig, werkstofftechnische Qualitätsmerkmale einer Prüfung zu unterziehen. Dazu zählen die Einhaltung der Härtekennwerte und der Härtetiefe, die Bewertung der Zahnflankenflächen bezüglich Randzonenschädigung z.B. durch Nitalätzung oder die Überprüfung des Vorhandenseins von Schleifrissen.

- Vorgehensweise bei der Messungsauswertung

Für das Beispiel der Stirnprofilprüfung wird exemplarisch die notwendige Vorgehensweise bei der Messungsauswertung dargelegt. Ausgangsbasis bilden die aus einer meßtechnisch richtigen Messungsdurchführung an vier gleichmäßig am Umfang verteilten Zähnen für die Rechts- und Linksflanken ermittelten Prüfbilder von nicht modifizierten Stirnprofilen. Bewertungsfolge:

1. Sind die geschliffenen Stirnprofillängen gleich oder größer dem vorgegebenen Profilprüfbereich? Ansonsten muß eine Veränderung der radialen Eintauchtiefe der Schleifscheibe vorgenommen werden.
2. Wird die zulässige Profil- Gesamtabweichung eingehalten?
   Bei Nichterfüllung dieser Forderung muß differenziert bewertet werden, ob sich die dominierende Ursache aus einer zu hohen Profil- Formabweichung, markanten Erscheinungen (Kopfverschnitt) oder der Profil- Winkelabweichungen ergibt.

3. Für die beiden ersten Sachverhalte ergeben sich folgende Festlegungen:
- Veränderung der technologischen Einstellwerte (Verkleinerung der Wälzvorschubgeschwindigkeit oder der Werkzeugzustellung je Flanke),
- Kontrolle des Abrichtens der Schleifscheibe (falsches Abrichtregime, Schäden am Abrichtdiamanten) bzw. die Schlußfolgerung, daß geometrische Abweichungen der Elemente der Wirkkette als Einflußgrößen in Frage kommen.
4. Sind die unter 1. erwähnten und die beiden in 3. näher betrachteten Erscheinungen nicht vorhanden oder ist ihr Anteil auf das Bewertungskriterium bezogen vernachlässigbar gering, ist die Profilwinkelabweichung näher zu betrachten.
- Berechnung der Mittel- und Schwankungswerte aus den 4 ermittelten Meßwerten
- Ist der Mittelwert kleiner als 50% des zulässigen Abmaßbetrages und tritt eine große Schwankung der Einzelwerte auf, so kann eine Überschreitung der zulässigen Aufspannabweichung des Zahnrades beim Einrichten als Störgröße mit großer Wahrscheinlichkeit zugeordnet werden.
- Ist dies nicht der Fall, dann muß eine differenzierte Bewertung hinsichtlich weiterer Fehlerursachen erfolgen. Diese sind beispielhaft in Tabelle 6.3 genannt.

Ergibt ein Vergleich der Mittelwerte für die Rechts- und Linksflanken bezüglich Betrag und Vorzeichen eine wei-

I: fehlerhafter Schleifscheibenflankenwinkel: • Eingabe des Istflankenwinkels fehlerhaft • fehlerhafte Einstellung der Abrichtvorrichtung
II: Wälzverhältnis der beiden Wirkkettenelemente Drehtisch und Bettschlitten ist falsch • falsche Wälzwechselräder
III. Verschleiß der Schleifscheibe: • zu hohe Schnittwerte • falscher Abrichtzyklus

Tabelle 6.3: Zuordnungen zwischen Meßgröße und Fehlerursachen-Profilwinkelabweichungen

Kat.	Frage
I	Erfolgte eine fehlerfreie Eingabe hinsichtlich - der Vorgabewerte sowie - der Korrekturwerte (Richtung, Flanke)? Wurde das Vorhandensein und die Befestigung der Diamanten innerhalb der Abrichtvorrichtung kontrolliert?
II	Wurden die richtigen Wälzwechselräder ausgewählt und in richtiger Folge positioniert?
III	Wurden die richtigen Schnittwerte in Abhängigkeit von der Vorbearbeitungsqualität, den Rad-/Qualitätsdaten und der WZM- Auswahl festgelegt? Erfolgte die Auswahl der: -DH in Abhängigkeit von Zahnbreite und Schrägungswinkel? -Bettschlittenvorschubgeschwindigkeit in Abhängigkeit von den DH, d, m_n, VZ- Qualität? -Federumläufe oder das "Entlasten" des Wirkpaareingriffs in Abhängigkeit von der System steife? Erfolgte eine ausreichende Kühlung? Erfolgte in Abhängigkeit vom Schnittregime die richtige Auswahl der Abrichtzähnezahl?

Tabelle 6.4: Zuordnung zwischen Fehlerursache und Checklistenfrage

testgehende Übereinstimmung, dann wird mit hoher Wahrscheinlichkeit die Fehlerursache in der Kategorie II liegen. Ansonsten sind die Flankenwinkel der Schleifscheibe zu korrigieren. Liegt ein systematisches Verhalten der Einzelwerte im Sinne eines Trends vor (Materialzunahme zum Zahnkopf hin in Abhängigkeit von der Bearbeitungsfolge, Zunahme der Abweichungsbeträge in gleicher Richtung), ist die Ursache in der Kategorie III zu suchen. Es ist eine Korrektur des Schnitt- und/oder Abrichtregimes vorzunehmen. Nach Beseitigung der vorliegenden Ursachen muß eine Neubewertung erfolgen.

Für eine Checkliste ergeben sich aus der Zuordnung der Fehlerursachen zur Profilwinkelabweichung folgende auf die jeweilige Kategorie bezogenen Punkte (Tabelle 6.4).

- Checklistenfragen

Für die weiteren in Tabelle 6.2 festgelegten Größen ist in analoger Weise zu verfahren. Diese Vorgehensweise ist bei Wiederholungsversuchen und -messungen in der Einrichtphase/Erstteilprüfung solange durchzuführen, bis Ergebnisse erreicht werden, die den zulässigen Abweichungen genügen.

6.4.8 Reaktionsschnelle Auswahl von Qualitätsmanagementtechniken zur Prozeßoptimierung

• Industrieller Einsatz und Potentiale moderner Qualitätsmanagementtechniken

In den vergangenen Jahren wurde eine Vielzahl von präventiven Qualitätsmanagement(QM)-Techniken zur Analyse und Optimierung technischer Prozesse entwickelt. Obgleich diese Werkzeuge und Methoden in Japan und den USA langjährig eingesetzt werden, haben sie bislang wenig Eingang in die europäische Industrie gefunden. Auch die Fachliteratur bietet nur vereinzelt praxisorientierte Zusammenstellungen, was für den Anwender in Fertigung und Planung die problemgerechte Auswahl und Anwendung erschwert. Diese Techniken können zur Analyse und Bereinigung der im täglichen Betrieb wie auch langfristig auftretenden Qualitätsprobleme eingesetzt werden, um Verbesserungs- und Einsparungspotentiale für das Unternehmen zu nutzen.

Der Einsatz moderner rechnergestützter Techniken bietet die Möglichkeit, Wissen strukturiert und schnell zur Vergügung zu stellen. Hypertextsysteme verknüpfen dabei die reine Darstellung von Informationen mit einer Auswahlstruktur für eine flexible Informationssuche.

Nach einer kurzen Einführung in Hypertextsysteme werden im folgenden Gruppen von QM-Techniken vorgestellt. Aus den Einsatzrandbedingungen der Techniken wird darauf eine Entscheidungsstruktur für die Auswahl der problemspezifisch geeigneten QM-Technik entwickelt. Anschließend wird das realisierte Hypertextsystem kurz vorgestellt.

6.4.8.1 Prinzip und Struktur von Hypertextsystemen

• Hypertext: Generelles Vorgehen

Mit Hypertextsystemen sollen benötigte Informationen aus einer beliebig großen Menge automatisch selektiert und sofort verbunden werden, ähnlich wie auch das menschliche Gehirn Verbindungen zwischen Vorgängen herstellt /BOR93,BUS45/.

• Knoten und Verbindungen ergeben ein Netzwerk

Dabei wird Hypertext als eine Methode verstanden, in informationsverarbeitenden Systemen Daten in einem Netzwerk von Knoten zu speichern. Der gesamte Informationsgehalt ist in einzelne Objekte unterteilt. Während

„Knoten“ die textuellen und graphischen Informationen beinhalten, die später am Bildschirm angezeigt werden, repräsentieren „Verweise“ die Beziehungen zwischen den Informationspaketen (Bild 6.77). Auch in klassischen Papierdokumenten finden sich Verweise zwischen Textpassagen („siehe...“). Dennoch werden diese Dokumente üblicherweise sequentiell abgearbeitet. In Hypertextsystemen ist diese Linearität aufgehoben, da durch Auswahl der vom Autor eingebauten Querverweise durch die Informationen navigiert wird /GRÄ92/.

- Betrachtung der Informationen

Endbenutzer bekommen die Informationen durch Betrachtungsprogramme (Browser) am Bildschirm angeboten. Dort werden die Knoten mit den eingebundenen Verweisen dargestellt /CON87,HOF91/.

- Netzwerkfähigkeit

Die Netzwerkfähigkeit der meisten Hypertextsysteme bietet zudem den Vorteil einer zentralen ständig aktuellen Informationsbasis, die von allen angeschlossenen Stationen abgerufen werden kann.

6.4.8.2 Problemgerechte Auswahl von QM-Techniken

Das entwickelte System zur Auswahl von QM-Techniken wurde so ausgelegt, daß es sich bis zum weltweiten Zugriff hin erweitern läßt und den Ausbau zu einem Hypermediasystem durch Einbinden von Animations- oder Geräuschsequenzen erlaubt.

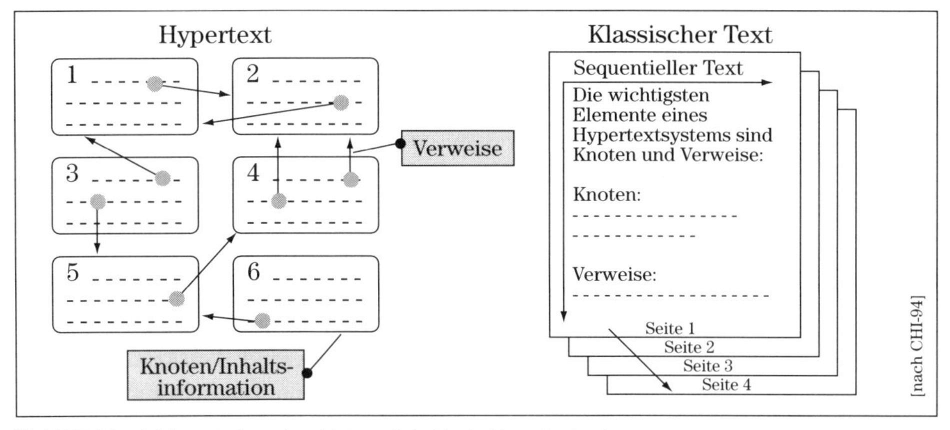

Bild 6.77: Vergleich zwischen einer Netzwerkstruktur in Hypertextsystemen und einem klassischen Dokument

Gerade bei einem scheinbar unübersichtlichen Entscheidungsproblem kann es sinnvoll sein, den Anwender zu leiten und ihm zielgerichtet Hilfen zu geben.

Die Vielzahl der verfügbaren QM-Techniken, ihre unterschiedlichen Anwendungsbereiche und Randbedingungen erschweren die problemgerechte, schnelle Auswahl sowie den Einsatz in der industriellen Praxis erheblich.

Um dem Praktiker die Auswahl und Anwendung zu vereinfachen, wurde zunächst eine Klassifizierung und einheitliche, knappe Darstellung von QM-Techniken erarbeitet. Diese Informationen wurden als Knoten des Hypertextsystemes abgelegt. Aus den Einsatzrandbedingungen der Techniken wurde eine Entscheidungsstruktur abgeleitet, die in Form von Verweisen den Ablauf des Hypertextsystems steuert.

- Randbedingungen für den Einsatz von Hypertext

1. Klassifizierung und Erfassung von Techniken des Qualitätsmanagements

Qualitätsmanagementtechniken lassen sich in Leitsätze, Methoden und Werkzeuge aufteilen. Leitsätze geben eine allgemeine Handlungsanweisung für das Verhalten in Qualitätsfragen. Sie spiegeln die Qualitätsphilosophie des Unternehmens wider. Bedingt durch die eher allgemeinen Aussagen solcher Leitsätze sind diese nicht zur Lösung spezieller Problemsituationen geeignet und wurden somit in dem System nicht berücksichtigt.

Als eigentliche Problemlösungstechniken können im Gegensatz hierzu die bekannten Methoden und Werkzeuge des QM bezeichnet werden. Methoden (z.B. FMEA, QFD, DOE, etc.) sind auf den Einsatz in bestimmten Phasen des Produktlebenszyklus hin entwickelt worden und unterscheiden sich hinsichtlich Vorgehen und Aussage. Sie folgen einem planmäßigen, nachvollziehbaren Ablauf, in den wiederum einzelne Werkzeuge eingebunden werden können.

- Abgrenzung und Klassifizierung von QM-Techniken

Werkzeuge bilden die elementaren Bestandteile von Methoden („Methoden-Werkzeuge"), können aber auch einzeln zur Analyse einfacher Probleme angewandt werden. Neben den „Sieben Klassischen Werkzeugen" (z.B. ABC-Analyse, Fehlersammellisten, Histogramm, etc.), die in erster Linie der Verarbeitung numerischer Daten dienen, können mit den „Sieben Neuen Werkzeugen" verbale

- Leitsätze

Informationen strukturiert und transparent gemacht werden. Hier stehen z. B. Beziehungs-, Baum- oder Matrixdiagramme sowie Prozeßablaufpläne zur Verfügung. Des weiteren gibt es innerhalb der QM-Methoden einzelne Werkzeuge, die jedoch nur im Gesamtkontext der jeweiligen Methode Aussagekraft besitzen. Obgleich die aufgezeigte Aufteilung relativ einfach erscheint, so fehlten bislang strukturierte Darstellungen, die einen Auswahlvorgang in der industriellen Praxis systematisch unterstützen.

- Methoden

- Werkzeuge

Die einzelnen Techniken wurden hierzu in einer übersichtlichen und einheitlichen Darstellung erfaßt, Bild 6.78 Diese Informationen sollen den Anwender in die Lage versetzen, die beschriebene Technik auf sein aktuelles Qualitätsproblem anzuwenden. Die Beschreibungen wurden sehr kurz gehalten, um das Durcharbeiten langer Texte zu vermeiden und um die signifikanten Merkmale und Anwendungskriterien auf einen Blick zu vermitteln.

- Datenblatt zur strukturierten Beschreibung der Techniken

<table>
<tr><td>Name:</td><td>1) Hauptsächliche Bezeichnung der Technik</td></tr>
<tr><td>Art:</td><td>2) Einordnung der Technik in eine Hauptgruppe:
– Klassische Sieben / Neue Sieben Werkzeuge der Qualitätssicherung
– Qualitätssicherungsmethoden /- Werkzeug von Methoden der Qualitätssicherung</td></tr>
<tr><td>Andere Namen:</td><td>3) Weitere Bezeichnungen, unter denen die Technik bekannt ist</td></tr>
<tr><td>Kurzbeschreibung:</td><td>4) Kernpunkt einer Technik</td></tr>
<tr><td>Ziele/Anwendungsbereiche:</td><td>5) Ziele und Einsatzphasen im Produktlebenszyklus</td></tr>
<tr><td>Randbedingungen:</td><td>6) Voraussetzungen für den erfolgreichen Einsatz der Technik</td></tr>
<tr><td>Vorteile: 7) Vorteile der Technik</td><td>Nachteile: 8) Nachteile der Technik</td></tr>
<tr><td>verwendet:
9) Verweis auf andere Techniken die bei der Durchführung eingesetzt werden</td><td>verwendet in:
10) Verweis auf andere Techniken, die diese Technik einsetzen</td></tr>
<tr><td>Literatur:
11) Verweis auf weiterführende Literatur</td><td>12) charakteristische, graphische Darstellung der Technik</td></tr>
</table>

Bild 6.78: Datenblatt für QM-Techniken

Weiterhin stellen Diagramme den Ablauf der QM-Techniken mit den einzelnen Arbeitsschritten dar. Neben den einzelnen Informationen zu den QM-Techniken konnten aus den charakteristischen Randbedingungen Einsatzbedingungen abgeleitet werden. Diese wurden in einem Entscheidungsbaum modelliert.

2. Randbedingungen für den Einsatz von QM-Techniken
Der Entscheidungsablauf zur Auswahl von QM-Techniken ist in Bild 6.79 abgebildet. Zu Beginn wird eine genaue Eingrenzung der vorliegenden Problemstellung vorgenommen. Der Anwender hat die Möglichkeit, über den Suchbaum eine geeignete Technik zu wählen oder gezielt Informationen zu einer Technik abzurufen. Ist noch keine adäquate Technik bekannt, so wird die Suche anhand der aktuellen Randbedingungen begonnen.

- Einbindung von Ablauf- und Beispieldiagrammen

Dabei wird zwischen drei Suchrichtungen unterschieden: Sollen numerische Daten betrachtet werden, so kann zwischen Techniken, die ein numerisches oder graphisches Ergebnis liefern, gewählt werden. Häufig sind aber

- Charakteristika der Techniken führen zu Eintscheidungsstruktur

- Suchrichtungen helfen die geeignete Technik zu finden

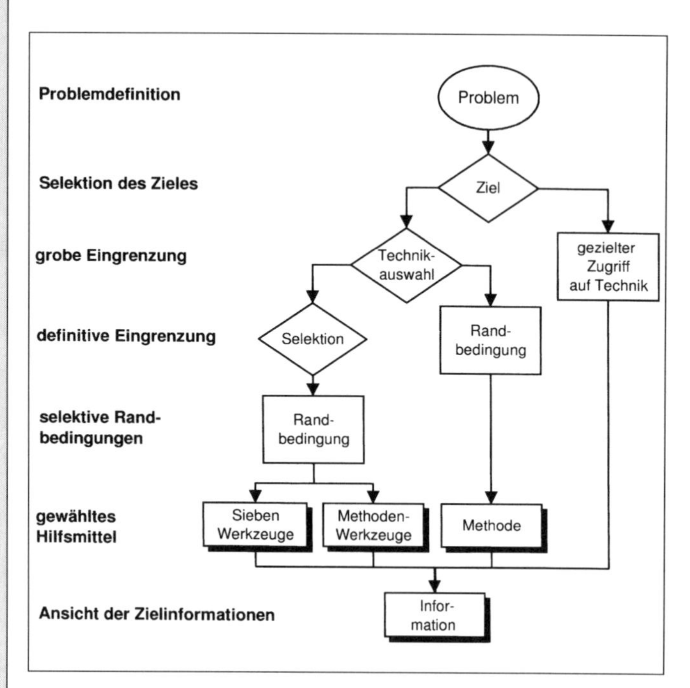

Bild 6.79: Entscheidungsstruktur des Hypertextsystems

auch verbale Informationen aufzuarbeiten, die als Ablauf oder Zusammenhang dargestellt werden können. Liegen Fehlerdaten in Form numerischer oder verbaler Informationen vor, so kann mittels Unterkriterien zwischen Techniken zur Darstellung, Analyse oder Fehlervorbeugung gewählt werden. Bild 6.80 zeigt beispielhaft die Bildschirmdarstellung für das genannte Suchmenü. In den folgenden Ebenen wird die gesuchte Technik weiter bis zur geeigneten Technik eingegrenzt. Es ist nicht bei allen Werkzeugen und Methoden notwendig, sämtliche Ebenen zu durchlaufen. Häufig reichen einige Randbedingungen aus.

Techniken, die zur Lösung unterschiedlicher Problemstellungen einsetzbar sind und daher nicht immer nur einem Menüpunkt in den Entscheidungsebenen zugeordnet werden können sind über mehrere Verweise erreichbar.

In einem letzten Schritt werden die gewünschten Informationen abgerufen. Dabei werden textuelle Kurzinformationen im Datenblatt inclusive einer Schemaskizze und ausführliche graphische Ablaufbeschreibungen angeboten.

3. Hypertextsystem zur Auswahl von QM-Techniken

Die erfaßte Wissensbasis wurde analog zu der vorgestellten Entscheidungsstruktur hierarchisch aufgebaut und in

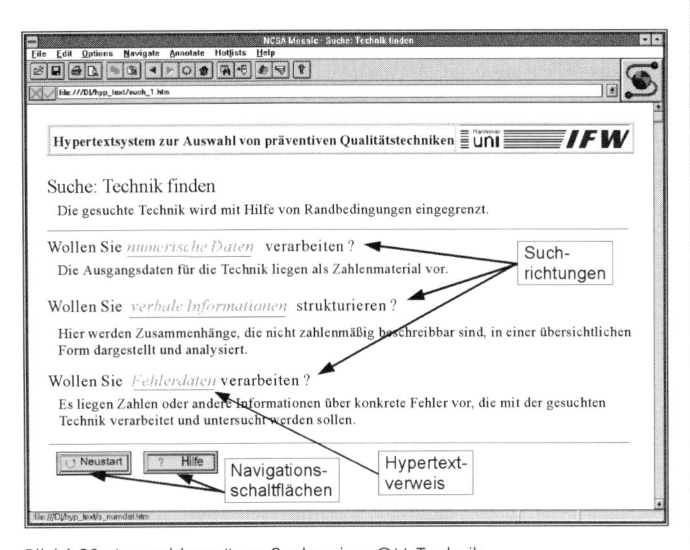

Bild 6.80 :Auswahlmenü zur Suche einer QM-Technik

den Knoten bzw. Dokumenten abgelegt. Bild 6.81 zeigt schematisch den Ablauf des Programmes. Ausgehend von einer Titelmaske können Informationen zum Programm abgerufen oder direkt die Suche der geeigneten Technik gestartet werden. Hier können optional die Entscheidungsbäume einer iterativen Suche anhand der Randbedingungen des Problems oder die gezielte Auswahl aus einer Gruppe von Techniken gewählt werden. Als weitere Alternative wurde ein Glossar erstellt, das alle bekannten Bezeichnungen der erfaßten Techniken enthält und ebenfalls einen direkten Zugriff auf die gesuchten Informationen leistet.

Dabei stehen drei funktional unterschiedliche Hypertextdokumente zur Verfügung: Hilfstexte, Programminformationen, Titelbild und Startmasken dienen ebenso wie die Auswahldokumente der Navigation in der abgebildeten Datenmenge. Eine Eingrenzung der benötigten Zielin-

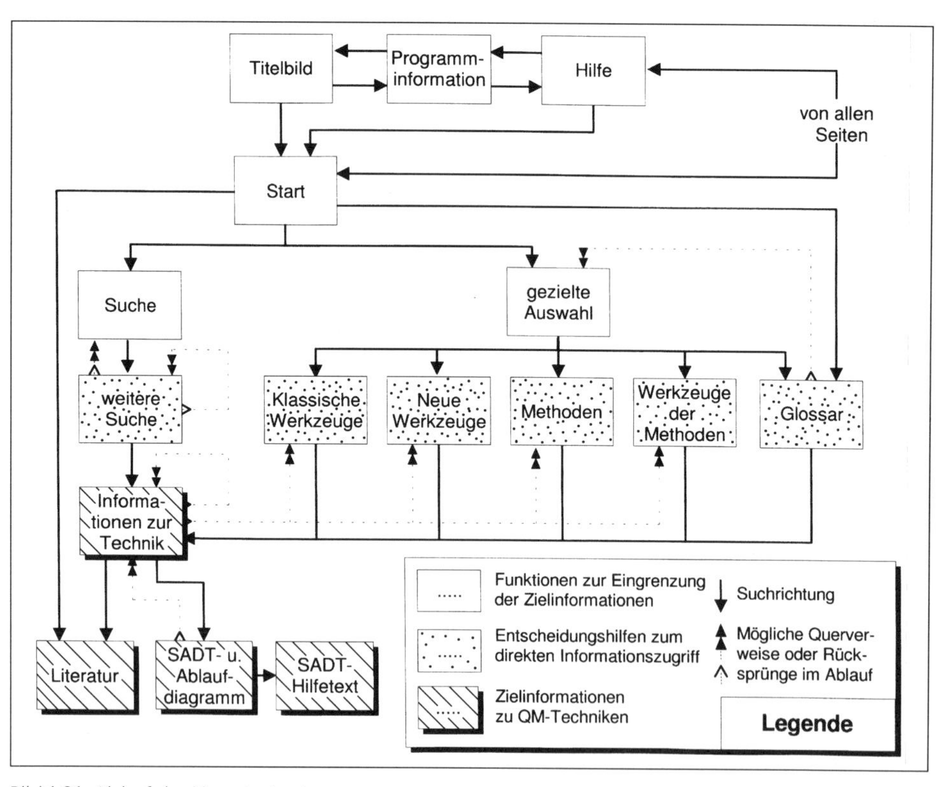

Bild 6.81: Ablauf des Hypertextsystems

formationen wird in Dokumenten vorgenommen, die über Entscheidungshilfen in Form von Randbedingungen und Erklärungstexten verfügen. Die in der letzten Ebene angebotenen Dokumente sind die eigentlichen Träger der Zielinformationen zu den QM-Techniken.

- Ablauf des entwickelten Hypertextsystems

Verbindungen zwischen den Dokumenten stellen dabei einerseits logisch vorgegebene Suchrichtungen dar. Für Rücksprünge oder Querverweise wurden weitere Sprungmarken in die jeweiligen Dokumente eingebaut. Dies bietet für den Anwender eine größtmögliche Flexibilität bei der Suche.

Solange eindeutige Beziehungen zwischen Knoten bestehen, wurden Verweise auf den bisher verfolgten Suchweg in die Dokumente aufgenommen. Die angebotene Informationsmenge ist somit im Sinne der Orientierung einfach zu handhaben.

- Angebotene Hypertextdokumente

6.4.8.3 Ergebnisse für die industrielle Praxis

Bisher standen Auswahl und Einsatz moderer QM-Techniken häufig Hindernisse wie unübersichtliche, zu umfangreiche Fachliteratur, Wissensdefizite aufgrund nicht durchgeführter QM-Schulungen oder schlichtweg Zeitnot gegenüber.

- Flexible Navigation durch Suchrichtung, Rücksprünge und Querverweise

Das vorgestellte rechnergestützte Hypertextsystem stellt einen Ansatz für eine problemgerechte Auswahl und schnelle Anwendung von Qualitätstechniken dar, um in der industriellen Praxis gezielt Rationalisierungspotentiale zur Qualitätsverbesserung zu analysieren und zu nutzen. Dies kann direkt zu Kostensenkungen und mittelfristig zu Wettbewerbsverbesserungen für Unternehmen.

Literaturverzeichnis

WIR89 Wirth,S: Die Bedeutung des Rüstpersonalsfür flexibel gestaltete Werkstattabläufe; wt Werkstattstechnik 79 (1989), S. 337–340

KRA94 Krafft, M, u.a.: Poka-Yoke: Fehler frühzeitig und systematisch vermeiden; QZ 39(1994) 5, S. 532-536

PFE93 Pfeifer, T: Qualitätsmanagement: Strategien, Methoden, Techniken; München-Wien Hanser, 1993

REI Reichel, H; Rechnergestützte Werkstatt-steuerung; Diss. UNI Erlangen

TÖN90 Tönshoff, H. K.: Werkzeuge im Schnittpunkt von Technologie und Information; AWF-Symposium Werkzeugmanagement, Hannover 1990

TÖN88 Tönshoff, H.K.; et. al.: Developments and trends in monitoring and control of machining processes, Annals of the CIRP 37(1988)2, S. 611–622

HAM88 Hammer, H, u.a.: Neuartiges Verfahren für den schellen und gezielten Werkzeugaustausch bei Bearbeitungszentren, ZwF 83, H. 2, 1988

SCH89 Schneider, H.-P., u.a.: Werkzeugüberwachung an Bearbeitungszentren, VDI-Z. 131, Nr. 11, 1989

VOS87 Vossen, G: Datenmodelle, Datenbanks-sprachen und Datenbankmanagement-Systeme, Addison-Wesley-Verlag, Bonn 1987

HIR92 Hirano, Hiroyuki: Poka-Yoke-Verbesserung der Qualität durch Vermeiden von Fehlern, Verlag moderne Industrie AK, Landsberg/ Lech 1992

POP92 Popp, C.: Optimierung und Sicherung des Außenrundschleifprozesses durch ein adaptives Regelungssystem, Dr.-Ing. Dissertation Universität Hannover 1992

VDI90 VDI-Richtlinie 3685: Adaptive Regler – Begriffe und Eigenschaften, 1990

WES93 Westkämper, E.: „Intelligente" Werkzeugmaschinen für die Produktion 2000, DIZ 135 (1993) 9, S. 14–18

BER93 Berg, M.v.Präventive Qualitätssicherung in der Prozeßkette, TU Magdeburg: DA 1993

DIN3960 DIN 3960 Begriffe und Bestimmgrößen für Stirnräder, Beuth Verlag 1980

DIN3961 DIN 3961 Toleranzen von Stirnradverzahnungen, Grundlagen, Beuth Verlag 1978

VIN94 Vinzens, S., Qualitätssicherungsstrategien für das Teilwälzschleifen von Stirnrädern,TU Magdeburg: DA 1994

THO94 Thomann, H.J. Der Qualitätssicherungs-Berater, Verlag TÜV Rheinland, 1994

DGQ90,1 DGQ- Schrift SPC 1, Statistische Prozeßregelung, Beuth Verlag, 1.Aufl., 1990

DGQ90,2 DGQ- Schrift SPC 3, Anleitung zur Statistischen Prozeßlenkung (SPC), Beuth- Verlag, 1 Aufl., 1990

VDI85 VDI/VDE/DGQ-Richtlinie 2619: Prüfplanung, 1985

BOR93 Bornman, H.; von Solms, S.H.: Hypermedia, Multimedia and Hypertext: Definitions and Overview. The Electronic Libary, Vol. 11, No. 4/5, August/October 1993

BUS45 Bush, V.: As We May Think. The Atlantic Monthly, 176 (1), S. 101–106, USA, 1945

CHI94 Chiang, J. K.-h.: Qualitätsplanungssystematik auf der Basis von Hypertexttechniken. Dr.-Ing. Diss., RWTH Aachen, 1994

CON87 Conklin, J.: Hypertext: An Introduction and Survey. IEEE Computer, Vol. 20, No. 9, September 1987

GRÄ92 Gräble, A.: Ferwikon. Ein Informationssystem für die fertigungsgerechte Konstruktion. Konferenz Einzelbericht: Expertensysteme in

Produktion und Engineering, IPA-IAO-FAG Schriftenreihe Forschung und Praxis, Springer Verlag, Berlin, 1992
HOF91 Hofmann, M.: Hypertextsysteme – Begrifflichkeiten, Modelle, Problemstellungen. Wirtschaftsinformatik, 33. Jg., Juni 1991, Heft 3

6.5 Null-Fehler-Produktion in der handwerklichen Produkt-Instandhaltung

B. Schröder und
B. Sterrenberg

Im Kapitel 3.3.3 wurde bereits dargestellt, daß der Bereich der Produkt-Instandhaltung einen Beitrag zur Null-Fehler-Produktion des Produktherstellers, z.B. über die Ergänzung und Aktualisierung der Kundenanforderungen, leisten kann. Voraussetzung hierzu ist ein geschlossener Informationsfluß zwischen Herstellern, Instandhaltern und Nutzern eines Produktes, der mit Hilfe eines für den vorgesehenen Verwendungszweck entwickelten Informations- und Dokumentationssystem realisiert werden kann. Die Ergebnisse der vorliegenden Untersuchung beschreiben die Voraussetzungen und Realisierungsmöglichkeiten eines solchen Systems. Gleichzeitig soll hierdurch ein Beitrag zu einem fehlerfreien Instandhaltungsprozeß geleistet werden.

6.5.1 Produkt-Instandhaltung im handwerklichen Unternehmen

Im allgemeinen Sprachgebrauch wird mit dem Begriff Instandhaltung die Erhöhung der Zuverlässigkeit und Verfügbarkeit von Betriebs- bzw. Produktionsmitteln im jeweiligen Unternehmen verbunden /REI78/. Die gleichen Betriebsmittel werden Betriebe jedoch, die sich ausschließlich oder überwiegend mit der Instandhaltung beschäftigen, im Rahmen ihres Arbeitssystems als Arbeitsgegenstände betrachten.

Das hier gewählte Produktbeispiel, das Getriebe eines Getriebeherstellers, ist für den Nutzer ein Teil seiner Betriebsmittel, während es von einem handwerklichen Instandhalter als eigenständiges Produkt (=Arbeitsgegenstand) betrachtet wird, das er im Sinne einer Arbeitsaufgabe verändert oder verwendet. In diesem Sinne wird im folgenden von der Produkt-Instandhaltung gesprochen.

Die Instandhaltung /DIN31051/ mit den Funktionen Inspektion (Feststellen und Beurteilen des Ist-Zustandes), Wartung (Bewahren des Soll-Zustandes) und Instandsetzung (Wiederherstellen des Soll-Zustandes) wird hier als eine technische Dienstleistung betrachtet, deren Erbringung einen typischen Tätigkeitsschwerpunkt handwerklicher Unternehmen darstellt. Sie dient der Erhaltung oder Wiederherstellung eines definierten Abnutzungsvorrates sowie der Beseitigung von Schäden und begleitet die Nutzungsphase von Produkten. Darüber hinaus kann sie unter bestimmten Voraussetzungen auch zur Verbesserung von Produkten im Sinne einer Null-Fehler-Produktion beitragen.

- Definition Instandhaltung

Der Lebenslauf eines Produktes (siehe Bild 6.82) besteht aus dem eigentlichen Materialfluß sowie einem ihn begleitenden Informationsfluß. Während der Materialkreislauf heute in abgegrenzten Teilbereichen, z.B. Kunststoffverwendung in der Automobilindustrie, schon oft als geschlossen angesehen werden kann, ist dies beim Informationsfluß im allgemeinen aus unterschiedlichen Gründen noch nicht der Fall.

- Produktlebenslauf

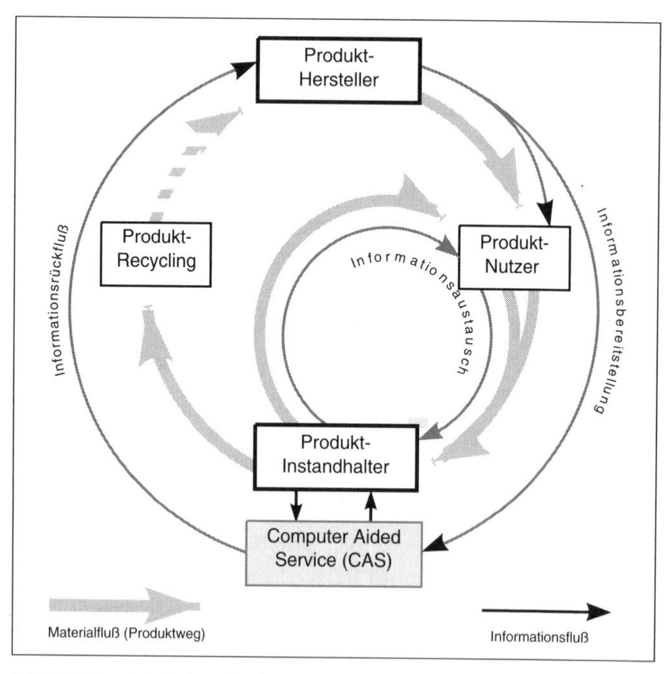

Bild 6.82: Produkt-Lebenslauf und Informationsflüsse

Im sogenannten primären Kreislauf führt der Materialfluß vom Produkthersteller über den Produktnutzer, den Produkt-Instandhalter und den Produktverwerter (Recycling) wieder zum Hersteller zurück. Der Bereich des Recyclings wird hier zur Vervollständigung des Materialkreislaufes mit aufgenommen, ist aber im folgenden nicht Gegenstand weiterer Betrachtungen.

Zwischen Nutzer und Instandhalter besteht ein sogenannter sekundärer Produktkreislauf, der bei höherwertigen Gütern mehrmals durchlaufen werden kann. Einfache Güter mit Ausnahme derjenigen, die fallweise nur in geringem Umfang verfügbar sind, werden aus wirtschaftlichen Gründen oft nicht instandgesetzt, sondern direkt dem Recycling zugeführt. Begleitet wird dieser Produktkreislauf von einem Informationsaustausch. Je häufiger ein Produkt (Getriebe) diesen sekundären Kreislauf durchläuft, desto größer kann in der Summe der Nutzen für den Hersteller sein, da bei jeder Instandhaltungsaktivität Informationen gewonnen werden können.

Parallel zum primären und sekundären Materialkreislauf ist ein systematischer, d.h. geplanter, strukturierter Informationskreislauf erforderlich. Der Hersteller stellt produktbegleitende Informationen zur Verfügung. Für den Getriebenutzer sind dies Bedienanleitungen, für den Instandhalter Vorschriften und Hinweise für die Instandhaltung. Auch der Produktverwerter wird in zunehmendem Umfang in den Informationskreislauf mit einbezogen. So sind Informationen über die Kennzeichnung von Werkstoffen und die sich daraus ergebenden Möglichkeiten einer Wiederaufarbeitung und Weiterverwendung ein wichtiger Bestandteil einer funktionsfähigen Kreislaufwirtschaft.

- Informationsaustausch zwischen Nutzer und Instandhalter

Für die praktische Umsetzung dieses Ansatzes und die Gestaltung des Informationsflusses ist ein rechnerunterstütztes Informations- und Dokumentationssystem konzipiert und als Labormodell entwickelt worden, das im folgenden als Computer Aided Service System (CAS) bezeichnet wird. Dieses Werkzeuges kann sich der Handwerker in der Instandhaltung auf Werkstattebene bedienen, um damit den Informationskreislauf zu schließen.

Die wesentlichen Komponenten des Computer Aided Service Systems bestehen

- für den handwerklichen Instandhalter in der Bereitstellung qualitätsrelevanter Daten vom Hersteller für den Instandhaltungsprozeß (z.B. Instandhaltungsanleitungen mit entsprechenden Daten), der Erfassung, Verdichtung und Dokumentation qualitätsrelevanter Daten aus dem Instandhaltungprozeß sowie deren Rückführung an den Hersteller,
- für den Hersteller in der Bereitstellung qualitätsrelevanter Daten für den Instandhalter (z.B. Instandhaltungsanleitungen), der Möglichkeit zur Gewinnung weiterer qualitätsrelevanter Daten über das Produkt durch eine statistische Auswertung der Daten des Instandhalters, der Verbesserung der Produktqualität durch Umsetzung und Anwendung der ausgewerteten Daten im Bereich der Qualitätsplanung.

• Computer Aided Service System (CAS)

Durch die konsequente Anwendung des Computer Aided Service Systems wird ein Beitrag geleistet, Produkte ohne Fehler zu fertigen, sachgerecht zu nutzen und fehlerfrei instandzusetzen.

Am Beispiel eines Radialwellendichtringes wird ein Informationsfluß aufgezeigt:

Ein Getriebehersteller erhält die Spezifikationen eines Dichtringes für seine Konstruktion und Montage vom entsprechenden Zulieferer. Informationen über die Einsatzbedingungen leitet er über die Bedienanleitung an den Nutzer, Daten über Verschleißgrenzen, Demontage, Montage über die Instandhaltungsanleitung an den Instandhalter weiter.

Obwohl bei einer „Standard"-Dichtung wahrscheinlich Hersteller, Instandhalter und evtl. auch Nutzer die oben genannten Informationen aufgrund ihres Erfahrungswissens besitzen, kann die ausschließliche Nutzung dieses Erfahrungswissens zu vielen Fehlermöglichkeiten führen, aus denen sich in der Praxis oft Fehler mit entsprechenden Produktschäden entwickeln.

• Beispiel

Im Sinne einer Null-Fehler-Produktion ist es daher erforderlich, für alle Arbeitsvorgänge der handwerklichen Instandhaltung eines Produktes zum richtigen Zeitpunkt alle Informationen zu wichtigen, neuen oder schwierigen Sachverhalten in geeigneter Weise bereitzustellen. Diesem Zweck kann der Einsatz des Computer Aided Service

Systems dienen, für dessen erste Entwicklungsstufe es vorrangiges Ziel ist, Vorschläge zur Ermittlung und zur Bereitstellung von Informationen, die in Zusammenhang mit einer handwerklichen Instandhaltung stehen, zu unterbreiten. Zu berücksichtigen ist in diesem Zusammenhang insbesondere der Informationsbedarf der Gesellen und Meister für solche Tätigkeiten, die sie innerhalb der Instandhaltung selbstorganisiert durchführen.

6.5.2 Prozeßorientiertes Modell der handwerklichen Produkt-Instandhaltung

- Informationen bedarfsgerecht bereitstellen

Um die Prozeßabläufe in einem handwerklich organisierten Betrieb beschreiben zu können, wurden hierzu in Referenzunternehmen der Getriebe-Instandhaltung Befragungen durchgeführt. Die Ergebnisse dieser Befragungen wurden modelliert und bilden gleichzeitig die Grundlage für die Standardisierung von Arbeitsabläufen. Wichtig hierbei war die Übertragbarkeit dieses Modelles auf die Instandhaltung anderer Produkte.

Das Modell der handwerklichen Produkt-Instandhaltung in Bild 6.83 beschreibt die Tätigkeiten in einem handwerklichen Instandhaltungsunternehmen. Zum Beispiel stellen die mit dicken Linien verbundenen grau unterlegten Felder einen handwerklichen Getriebeinstandsetzer dar, der defekte Getriebe vom Getriebenutzer erhält und diese in seinem Unternehmen in einen vorher festgelegten Sollzustand überführt (= Instandsetzung).

- Ablauf des Prozesses Instandhaltung modellieren

Beim Ausführen der Instandhaltung läuft der Instandsetzungsvorgang typischerweise wie folgt ab (Beispiel):

Ein Auftraggeber liefert ein Getriebe mit dem Vermerk „defekt“ beim Instandsetzer ab. Der erste Arbeitsschritt am Getriebe ist eine Sicht- und Funktionsprüfung auf von außen erkennbare Schäden wie z.B. Gehäusebrüche, festgefressene Wellen oder Leckagen. Es folgt ein Demontageschritt mit nachfolgender Sichtprüfung der ausgebauten Elemente. Demontage und Sichtprüfungen folgen, bis das Getriebe soweit in Elemente zerlegt ist, daß alle schadhaften Elemente einzeln vorliegen. Die Ergebnisse der Sichtprüfungen gehen als Ist-Werte in die Diagnose ein, die mit einer Schadensbewertung abschließt.

• Beispiel eines Arbeitsablaufes Instandsetzung beim Instandsetzer

Der Instandsetzungsumfang wird auf der Grundlage dieser Schadensbewertung und unter Berücksichtigung der Kundenwünsche, des Standes der Technik und wirtschaftlicher Kriterien festgelegt. Der Wertschöpfungsprozeß erfolgt im wesentlichen durch das Bereitstellen intakter Bauteile, die nach der Montage und der Endprüfung ein neuwertiges Getriebe ergeben.

Das Instandsetzen beim Nutzer (dicke, graue Linien in Bild 6.83) unterscheidet sich vom oben beschriebenen Vorgang durch eine verringerte Instandsetzungstiefe.

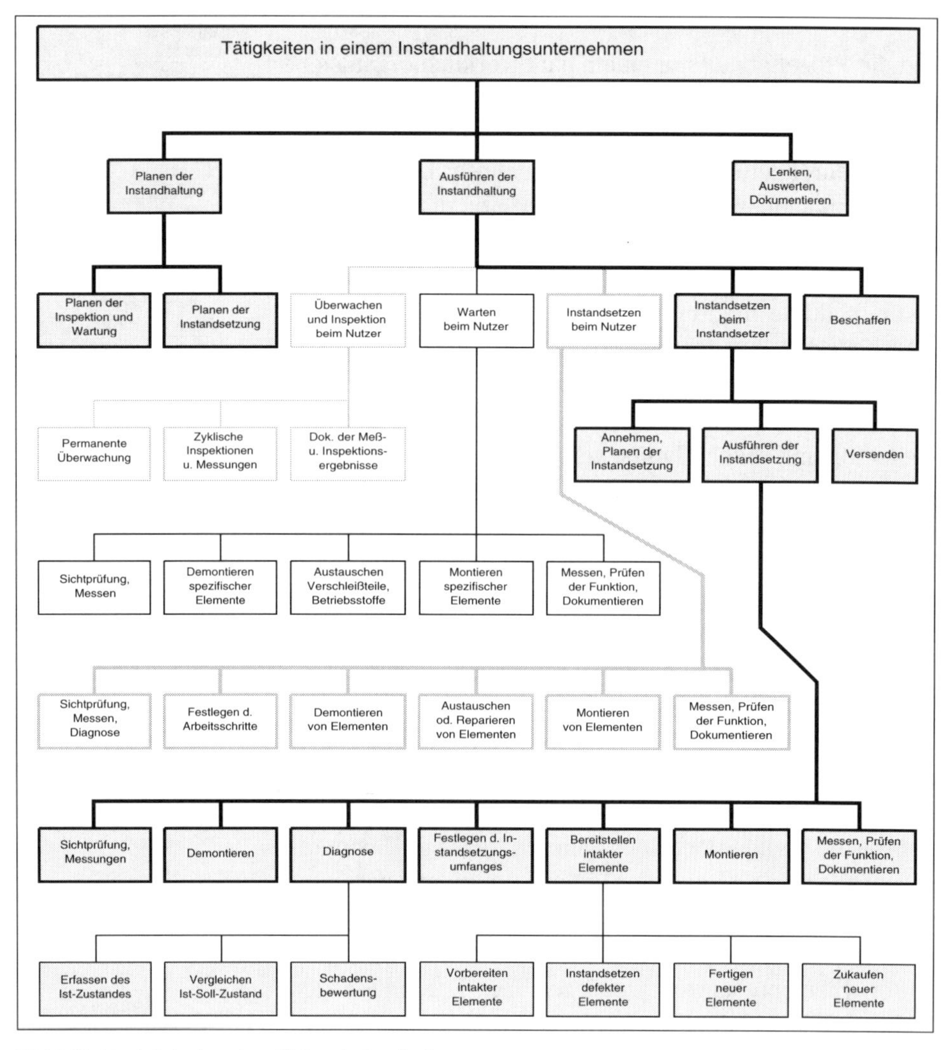

Bild 6.83: Modell der handwerklichen Instandhaltung

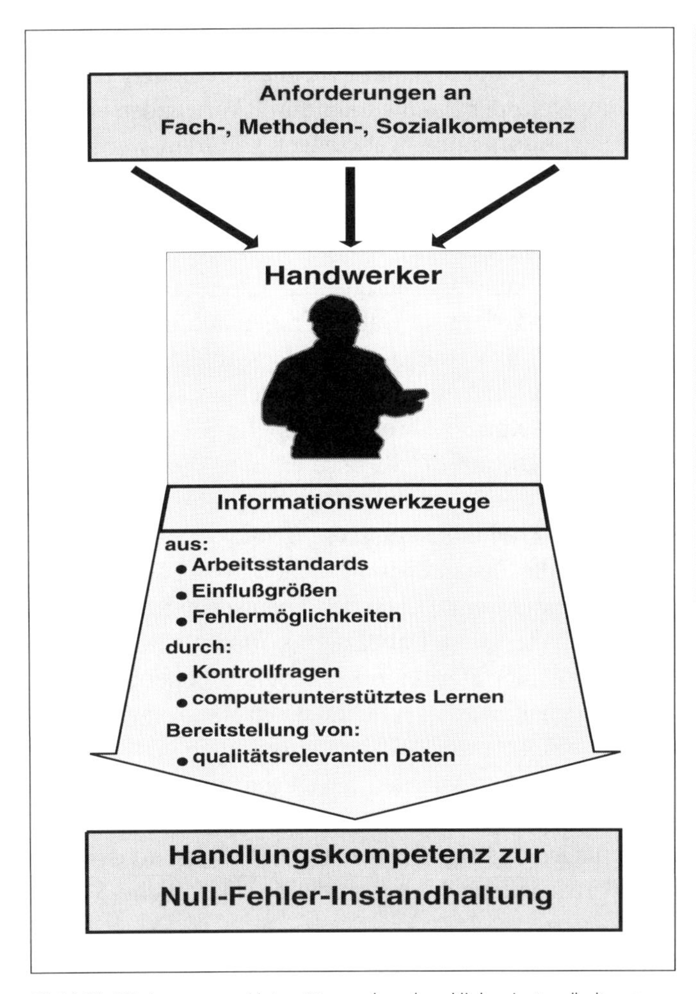

Bild 6.84: Werkzeuge zur Unterstützung handwerklicher Instandhaltung

Wartung (dünne, schwarze Linien), Inspektion und Überwachung (dünne, graue Linien) von Getrieben, die sich beim Getriebenutzer in Gebrauch befinden, sind Aufgaben, denen sich die handwerkliche Instandhaltung in Zukunft stärker widmen wird.

Bei den Maßnahmen der Instandhaltung handelt es sich zum überwiegenden Teil um manuelle, d.h. vom Menschen i.d.R. voll oder bedingt beeinflußbare Tätigkeiten. Im folgenden wird unter dem Sammelbegriff Handwerker der als ausgebildeter Geselle oder Meister im Arbeitssystem tätige Mensch verstanden.

Zur Verwirklichung der schon beschriebenen Ziele der Null-Fehler-Produktion müssen Fach-, Methoden- und Sozialkompetenz der Handwerker durch Verwenden von zusätzlichen Informationswerkzeugen gefördert werden (s. Bild 6.84).

Zu diesen Werkzeugen zählen insbesondere zu vereinbarende Arbeitsstandards sowie ein System zur Erfassung und Dokumentation qualitätsrelevanter Daten, das z.B. durch gezielt ausgewählte Fragen automatisch oder nach Bedarf über festgelegte Einflußgrößen Fehlermöglichkeiten aufzeigt und ggf. zu einzelnen Modulen zum rechnerunterstützten Lernen (Computer Based Training = CBT) führt. Die auf diese Weise erhöhte Handlungskompetenz liefert einen wichtigen Beitrag zu den Zielen der Null-Fehler-Produktinstandhaltung.

- Fach-, Methoden- und Sozialkompetenz des Handwerkers erhöhen

Der für die Instandhaltung benötigte Wissensumfang wächst mit der Komplexität der technischen Systeme, die instandzuhalten sind. Damit dieses Wissen einen für den handwerklichen Meister oder Gesellen beherrschbaren Umfang behält, wird in zunehmendem Maße eine elektronische Begleitung der Arbeiten erforderlich und sinnvoll. Werden diese Systeme den jeweiligen Bedürfnissen und Anforderungen auf der Werkstattebene angepaßt und ständig aktualisiert, steigt gleichzeitig die für eine konsequente und zweckdienliche Anwendung erforderliche Akzeptanz.

In Bild 6.85 werden die Aufgaben der Informationssysteme in der Instandhaltung verdeutlicht. Im Laufe der Zeit wächst das objektive Wissen, das für die Instandhaltung benötigt wird. Die durch technische Weiterentwicklung zunehmende Komplexität der instandzuhaltenden Geräte und Baugruppen sowie die kürzer werdenden Innovationszyklen erfordern umfangreiche Detailkenntnisse. Das Wissen der Handwerker (Ausbildung und Erfahrung) hat sich im allgemeinen nicht im entsprechenden Umfang erhöht.

Um die sich bildende Wissenslücke zu schließen, müssen die Aufgaben der handwerklichen Instandhaltung für den Handwerker in ihrer Komplexität reduziert werden. Dies geschieht u. a. durch die Integration technischer Hilfsmittel in den Gesamtarbeitsablauf. Als Voraussetzung hier-

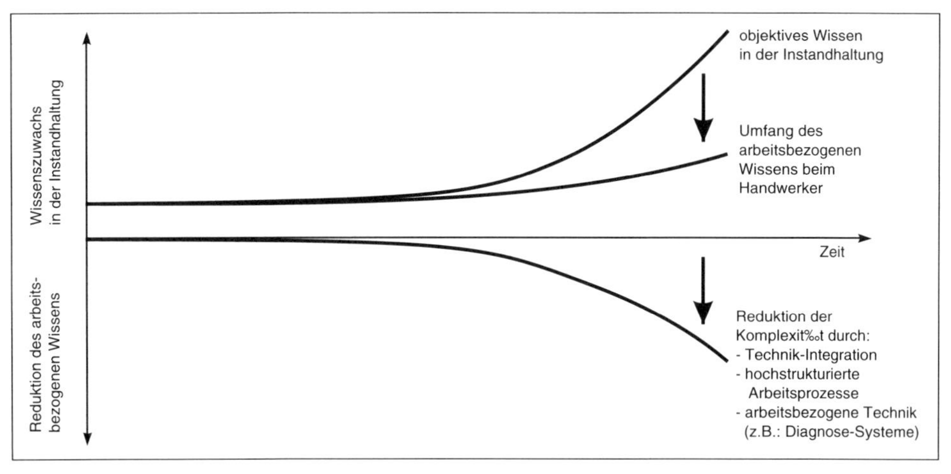

Bild 6.85: Reduktion des arbeitsbezogenen Wissens in der Instandhaltung nach /HOP94/

für ist der Bereich der Instandhaltung so in Ablaufabschnitte zu gliedern, daß der Handwerker die einzelnen Teil-Arbeitsabläufe selbstorganisiert durchführen kann. Hierfür können Informationen mit Hilfe arbeitsbezogener Technik, wie z.B. Diagnose- oder rechnergestützte Informations-und Dokumentationssysteme (CAS), angeboten werden. Der Detaillierungsgrad der Ablaufabschnitte ist dabei an die Qualifikation der Handwerker anzupassen.

- Komplexitätsreduktion durch Einsatz arbeitsbezogener Technik

6.5.3 Selbstorganisierte Tätigkeiten im Handwerk

In einem handwerklichen Betrieb werden die anstehenden Aufträge von den Mitarbeitern meist mit geringer Arbeitsteilung bewältigt. Das bedeutet, daß an den einzelnen Handwerker hohe Anforderungen an seine Kenntnisse und Fertigkeiten zu stellen sind. Diese Form der Arbeitsorganisation ist einer der wesentlichen Unterschiede von handwerklich zu industriell organisierten Betrieben.

In vielen Handwerksbetrieben ist die Fertigungstiefe im Vergleich zu einem hoch arbeitsteilig organisierten Unternehmen in der Industrie, groß. Dies erfordert eine umfassende Qualifikation des Handwerkers, die es ermöglicht, auch auf sich verändernde Anforderungen mit entsprechenden Lösungen zu reagieren. Durch die Vielfalt der Anforderungen erwirbt der Geselle oder Meister während ei-

• Arbeitsteilung im Handwerk traditionell gering

nes Arbeitganges zusätzlich nutzbares, spezifisches Erfahrungswissen, das er bei einem späteren, vergleichbaren Arbeitsvorgang einsetzen kann.

Auf diese Weise entsteht neben der erworbenen Qualifikation auf Gesellen- oder Meisterebene ein unterschiedlich ausgeprägtes Profil von Mitarbeitern im Handwerksbetrieb. Folgende Unterscheidungen der Qualifikation sind hierbei möglich:

- Spezialisierung eines Mitarbeiters auf ein Fachgebiet
- Erfahrungswissen eines Mitarbeiters bezüglich eines Produktes
- Erfahrungswissen eines Mitarbeiters im Gesamtbetrieb

• Mitarbeiterprofile im Handwerk

Während in einem Industriebetrieb alle Fertigungsschritte sehr detailliert geplant werden müssen, reicht dem Gesellen oder Meister normalerweise eine Durchführungsanweisung, z.B. in der Getriebeinstandhaltung: „Gehäuseoberteil montieren". Er ist aufgrund seiner Qualifikation in der Lage, alle zu dieser sogenannten Standardverrichtung gehörenden Teilarbeiten eigenständig auszuführen, d.h. selbst zu organisieren. Trotzdem ist es im Hinblick auf das Ziel der Fehlervermeidung sinnvoll, auf typische Fehlermöglichkeiten, wie sie beispielsweise aus einer Tätigkeits-Fehler-Möglichkeits- und Einflußanalyse (FMEA) gewonnen werden können, hinzuweisen.

Die Fehlervermeidung durch Zusatzinformationen kann durch Anleitungen und Hinweise in Form von Texten, Grafiken und Abbildungen erfolgen. Bei kritischen Merkmalen einer Instandhaltungstätigkeit, d.h. bei

- schwierigen (komplex, hohe Fehlerwahrscheinlichkeit),
- besonders wichtigen (im Sinne der Null-Fehler-Produktion) oder
- neuen Arbeitsschritten sollen dem Handwerker diese Hilfsmittel angeboten werden.

• Fehlervermeidung durch Zusatzinformationen

Auch bei den Arbeitsschritten, die der ausgebildete Handwerker routinemäßig und sicher beherrscht, kann er Fehler machen. Diese können im allgemeinen mit geeigneten Hilfen von ihm selbst entdeckt und unverzüglich beseitigt werden. Hierzu gehören z.B. Systeme zum Erreichen bzw. Erhöhen der Fehlhandlungssicherheit (Poka-yoke) /HIR 92/,

Hinweise oder unterstützende Fragen. Voraussetzung hierfür ist, daß diese Hilfsmittel zum Zeitpunkt der betreffenden Tätigkeit wirksam werden. Das heißt oft, eine Erinnerung an eine Fehlermöglichkeit genügt, um einen Fehler zu vermeiden oder einen bereits entstandenen Fehler sofort zu beheben. Hinweise, Fragen und Hilfsmittel sollen hierbei die spezifischen Anforderungen und Fähigkeiten des Handwerkers, einen Fehler zu erkennen, berücksichtigen.

6.5.4 Erhebung qualitätsrelevanter Daten aus der Produkt-Instandhaltung

Bei fast jeder Instandhaltung fallen Informationen an, die einen wichtigen Beitrag zur Verbesserung der Produkte leisten können. Voraussetzung hierfür ist, daß qualitätsrelevante Daten vom handwerklichen Instandhalter erfaßt, dem Hersteller übermittelt und von diesem zweckentsprechend in seine Prozeßketten eingebunden werden.

- Systeme zur Erhöhung der Fehlhandlungssicherheit

Die untersuchten Erfahrungen der Automobilindustrie zeigen, daß eine systematische Informationsgewinnung aus den Maßnahmen der Instandhaltung mit dem Ziel einer Null-Fehler-Produktion bisher nicht oder nicht in erforderlichem Umfang stattfindet. Vereinzelt finden sich Ansätze, qualitätsrelevante Daten aus Garantie-, Reklamations- oder Kulanzfällen abzuleiten. Sehr häufig stehen hierbei jedoch nur wirtschaftliche Überlegungen im Vordergrund.

Eine der wichtigsten Quellen, aus denen diesbezügliche Erkenntnisse gewonnen werden können, sind die Erfassung und Beurteilung von Schäden und von Schadensursachen.

- Instandhaltung als Quelle qualitätsrelevanter Daten

Beurteilungsmöglichkeiten (Diagnose) von Schäden und Schadensursachen

In Kapitel 4.4.3 werden Ergebnisse aus der Untersuchung von instandzusetzenden Getrieben in einem Referenzunternehmen gegliedert nach Schadensart und vermuteter Schadensursache beschrieben.

Aufgrund seiner Qualifikation, seines Erfahrungswissens und der möglichen Verwendung von unterstützenden

Unterlagen des Herstellers ist ein Handwerker bei der Instandhaltung von bekannten Getrieben in der Lage, eine Diagnose bezüglich der Funktionen, des Zustandes und der Instandsetzbarkeit von Getrieben und Getriebeelementen zu stellen. Dies geschieht u.a. durch Analogieschlüsse aus ähnlichen Arbeiten oder durch das subjektive Beurteilungsvermögen des Handwerkers und führt z.B. zu Ergebnissen wie „gut – schlecht" und „instandsetzbar – nicht instandsetzbar".

Diese Art der Beurteilung ist im allgemeinen ausreichend, um daraus den erforderlichen Instandsetzungsumfang abzuleiten.

• Diagnosen zu Schäden und Schadensursachen durch den Handwerker

Weitergehende qualitative Diagnosen und genaue Beschreibungen von Schäden bis hin zu Schadensursachen sind nur eingeschränkt möglich. Erforderlich werden diese jedoch, wenn beispielsweise ein Getriebenutzer eine ausführliche Schadensanalyse benötigt oder der Hersteller des Getriebes für die Beurteilung bzw. Verbesserung seiner Produkte nach der Nutzungsphase weitere qualitätsrelevante Informationen benötigt.

Für eine nutzbare Rückführung von Informationen an den Hersteller ist eine sichere Erfassung der in dem handwerklichen Unternehmen instandzusetzenden Schäden unerläßlich. Da ein Handwerker im allgemeinen nicht über eine ausgewiesene Qualifikation zur Schadensanalyse verfügt und Schäden oft umgangssprachlich und ungenau umschreibt, ist eine spezifische Hilfestellung, die in Form eines elektronischen Hilfesystems aufgebaut sein kann, notwendig und sinnvoll.

Beispiel:

• Rechnerunterstützung der Diagnose

Bei einem Getriebe ist festgestellt worden, daß eine Welle gebrochen ist. Zur Bestimmung des Schadens bedient sich der Handwerker des Suchbaumes „Wellenbruch". Hierbei handelt es sich um systematische Fragestellungen, die jeweils mit „ja" oder „nein" beantwortet werden müssen. Am Ende des Suchbaumes steht die Beschreibung des vorliegenden Schadensbildes.

In Bild 6.86 ist das Ergebnis der Schadensbestimmung für das gewählte Beispiel dargestellt. Das Realbild zeigt das typische Aussehen des vom Handwerker ausgewähl-

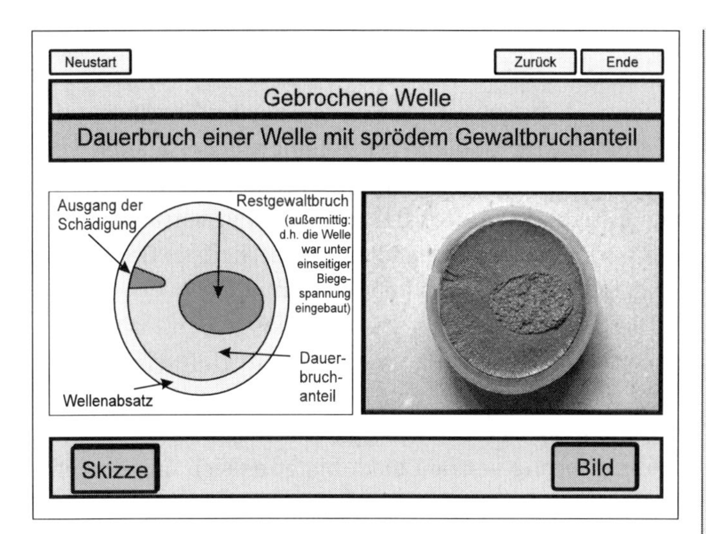

Bild 6.86: Beispielmaske mit Schadensbeschreibung

ten Schadensfalles, die Skizze erklärt zum Erkennen wichtige Einzelheiten. Stimmt der auf dem Bildschirm dargestellte Schaden nach Meinung des Handwerkers mit dem real vorliegenden überein, wählt er „Ende" und verläßt diesen Abschnitt. Mit der Option „Zurück" kann er die Suche schrittweise zurückverfolgen.

6.5.5 Planung und Realisierung eines Informations- und Dokumentationssystems für die handwerkliche Produktinstandhaltung

Eine im Handwerk nutzbare technische Unterstützung muß universell einsetzbar sein und darf bei Veränderung von Anforderungen nicht schnell unbrauchbar werden. Sie muß u.a. auch die finanziellen Möglichkeiten eines Handwerksbetriebes berücksichtigen. Die Anwendung einer Technologie sollte der Denk- und Vorgehensweise des Handwerkers angepaßt sein und das Erfahrungswissen der Handwerker stützen und fördern. Dabei soll eine informationstechnische Unterstützung z.B. die Reihenfolge von Arbeitsschritten vorschlagen, aber nicht zwingend vorschreiben, denn sie darf die individuelle Vorgehensweise des einzelnen Handwerkers nicht unzulässig einschränken und z.B. nicht verlangen, sich mehr als in ange-

• Rechnerhilfe sinnvoll einsetzen

messenem Umfang an die technische Ausrüstung o.ä. anzupassen.

Zentrale Aufgabe eines Systems zur Unterstützung der Instandhaltung ist die Bereitstellung von geeigneten, spezifischen Informationen zum Zeitpunkt der Ausführung der Tätigkeitsschritte. Bei allen Lösungsansätzen steht der Gedanke der Fehlhandlungssicherheit als Beitrag zur Null-Fehler-Produktion im Vordergrund.

Die Forderung nach einer umfassenden, systematischen Unterstützung läßt sich nur mit Hilfe eines Rechners realisieren. Weil die meisten Handwerksbetriebe inzwischen über Personalcomputer verfügen und damit mit deren Umgang vertraut sind, bietet es sich an, eine entsprechende Systemlösung zu entwickeln. Hinzu kommt, daß die Hardware im Laufe der Zeit immer leistungsfähiger und kostengünstiger wird.

Programmanforderungen

Eine Software zur Unterstützung der handwerklichen Instandhaltung muß eine Reihe von Anforderungen erfüllen. Einige von ihnen sind gleichzeitig für die Erzeugung (= Generierung) von dynamisierbaren Prüfplänen bzw. Arbeitsfolgeplänen geeignet.

• Dynamisierbare Prüfpläne

Unter dynamisierbaren Prüfplänen sind Pläne zu verstehen, die nicht starr vorgegeben sind, sondern sich arbeitssituationsbezogen erzeugen oder erzeugen lassen. Sie können z.B.:

- automatisch,
- durch Auswahl von Kontrollfragen oder
- abhängig vom Kenntnisstand des Handwerkers

erstellt werden.

Im folgenden werden sie jeweils mit einem „P“ gekennzeichnet:

- *Erzeugung (Generierung) von Ablaufarbeitsplänen (P)*
  Es sollten Eingriffsmöglichkeiten in die zeitliche Reihenfolge der Ablaufpläne möglich sein. Auf diese Weise können einzelne Teile der Gesamtaufgabe abgearbeitet, schon erledigte Aufgaben übersprungen oder das Programm als Lernhilfe benutzt werden.

- *Automatische Hilfe-Funktion bei wichtigen, schwierigen oder neuen Arbeitsschritten (P)*
  Bei wichtigen, schwierigen oder neuen Arbeiten oder Vorgehensweisen oder neuen Bauelementen sollen erklärende Hinweise in Form von Text und/oder Bild automatisch erscheinen. Die Bilder sollen dabei möglichst den konkret vorliegenden Bauteilen entsprechen und ggf. durch Skizzen in ihren wichtigsten Einzelheiten erklärt werden. Dabei soll das Programm anwendungsbegleitend Handlungsanleitungen geben und auf Fehlermöglichkeiten hinweisen.

- *Anforderungsabhängige Hilfe-Funktion bei allen anderen Arbeitsschritten (P)*
  Bei allen anderen Arbeiten soll über eine „Hilfe"-Funktion eine dem Arbeitsschritt zugehörige Information in Form von Bild und/oder Text dargestellt werden, die es einem Handwerker ermöglicht, sich eigenständig mit seinem individuellen Problem zu beschäftigen, um eine geeignete Lösung zu finden.

- *Berücksichtigung des Prinzips der Fehlhandlungssicherheit bei den einzelnen Arbeitsschritten (P)*
  Sowohl alle Arbeitsablaufabschnitte selbst als auch die zugehörigen Hilfsmittel sind unter dem Gesichtspunkt der Fehlhandlungssicherheit zu gestalten. Dazu kann eine Frage aus einem Fragenvorrat gehören, die zur gerade aktuellen Fehlermöglichkeit gehört. Zu der gestellten Frage werden Antwortvorschläge eingeblendet. Bei falscher Beantwortung der Frage wird dem Handwerker eine Erklärung zu der aktuellen Tätigkeit mit Hinweisen zu Fehlermöglichkeiten angeboten.

  Beispiel:
  Beim Verschrauben eines Bauteiles, bei dem 8 Muttern mit einem Drehmoment von 35 Nm angezogen werden müssen, können die Fragen, aus denen jeweils eine Frage zufällig ausgewählt wird, wie folgt gestaltet sein:

  - „Wie viele Muttern haben Sie angezogen?"
  - „Haben Sie 8 Muttern angezogen?"

- Arbeitsablaufpläne
- Automatische Hilfe
- Anforderungs-abhängige Hilfe
- Fehlhandlungs-sicherheit

– „Mit welchem Drehmoment sind die Muttern angezogen?"
– „Haben Sie die Muttern mit 35 Nm angezogen?"

– *Auswahlantworten über einen rechnergeführten Dialog (P)*
Die Mehrzahl der von dem EDV-System verlangten Antworten, z. B. in der Diagnose, sollen über einen rechnergeführten Dialog als Auswahl aus einem Vorrat von Antworten möglich sein. Aus den Antworten müssen Antwortklassen gebildet werden, um den Handwerker durch eine Auswahl vorgegebener Möglichkeiten von der zeitlich aufwendigen Klartexteingabe zu entlasten. Die Bildung dieser Antwortklassen richten sich beispielsweise bezüglich der Anzahl und der Schwere der Fragen nach der Qualifikation, der Spezialisierung und nach den Erfahrungen des Handwerkers.

Beispiel:
Bei der Ist-Aufnahme innerhalb der Diagnose sind bei der Frage nach dem Ölstand in einem Getriebe verschiedene Klassen möglich wie:
– qualitativ: „zu wenig / genug / zu viel" oder
– quantitativ: „< 0,5 l / 0,5–1,0 l / 1–2 l / 2–4 l / 4–8 l".

• Auswahlantworten

– *Generierung von diagnoseabhängigen Instandsetzungsvorschlägen (P)*
Das Programm soll in Abhängigkeit von der durchgeführten Diagnose Maßnahmen zur Instandsetzung eines Getriebes vorschlagen. Wenn der Handwerker diese Vorschläge akzeptiert, werden die für die Maßnahmen nötigen Arbeiten in den Gesamtablauf an geeigneter Stelle aufgenommen.

Unabhängig von der Möglichkeit, dynamisierbare Prüfpläne zu generieren, müssen folgende Anforderungen erfüllt werden:

– *Ergonomischer Aufbau der Bildschirmmasken*
Um dem Handwerker das Erlernen der Programmnutzung zu erleichtern und seine Akzeptanz gegenüber dem Programm zu erhöhen, müssen die Bildschirmmasken

• Instandsetzungsvorschläge

selbsterklärend sein und den Bedingungen eines Werkstatteinsatzes entsprechen. Zum Beispiel wird bei weitgehend übereinstimmenden oder ähnlichen Tätigkeiten ein gleicher Aufbau der Bedienungsoberfläche die Nutzung wesentlich erleichtern.

- *Systematische Beschreibung der Schäden und ggf. der Schadensursachen*
  Die Diagnose kann durch einen Suchbaum oder eine Auswahltabelle für Schäden zur Heranführung an eine einheitliche Schadensbeschreibung (siehe Kapitel 6.5.4) unterstützt werden.
  Bei einem Suchbaum wird über eine Reihe von „ja/nein"-Entscheidungen des Handwerkers ein zu beurteilender Schaden durch Vergleich einem in Text und/oder Grafik angebotenen Muster zugeordnet.
  Bei einer Auswahltabelle werden mehrere Fragen mit jeweils mehreren Antwortmöglichkeiten gestellt. Das Rechnerprogramm ordnet dem Antwortmuster ein Schadensmuster zu.
  Eine weitergehende, automatisierte Diagnose kann bei der Vielzahl der verschiedenen Schadensfälle zu fehlerhaften oder unsinnigen Ergebnissen führen und ist wegen der dann schwierigen Akzeptanz durch die Handwerker nicht vorgesehen.

- *Systematischer Informationsrückfluß an den Hersteller*
  In der Instandhaltung werden Informationen aus Sichtprüfungen und Diagnosen gesammelt, dokumentiert und für die Informationsrückführung an den Hersteller bereitgestellt. Dafür muß zu jedem Instandhaltungsvorgang ein Datensatz generiert werden, der in geeigneter Form dem Getriebehersteller zur Weiterverarbeitung zugeleitet wird.
  Ergänzend können Zusatzinformationen, die der Handwerker in Zusammenhang mit der Instandhaltung gewonnen hat, abgefragt werden. Diese Zusatzinformationen dienen dem Hersteller zur genaueren Beurteilung des vorliegenden Schadens oder der Schadensursachen (siehe auch Kapitel 6.5.4). Beispielsweise wird gefragt nach:

• Gestaltung der Bildschirmmasken

• Schadensbeschreibung

- Informationsrückfluß

- Verwendung des Getriebes beim Nutzer und damit verbundene außergewöhnliche Einflüsse auf das Getriebe
- Angaben des Nutzers zu Schadensursachen, auch wenn es sich um vermutete Schadensursachen handelt
- vom Handwerker vermutete Schadensursachen
- Verbesserungsvorschläge zum Produkt

Programmrealisierung
Ausgehend von den zuvor festgelegten Programmanforderungen, sind eine entsprechende Datenstruktur entwickelt.

Grundlage dieser Datenstruktur sind Ablaufuntersuchungen von Maßnahmen der Instandhaltung. Alle an einem bestimmten Getriebe ausführbaren Instandhaltungstätigkeiten werden definiert und unter Berücksichtigung getriebetypabhängiger Stücklisten, Baugruppen und Funktionen auf sogenannte Arbeitsstandards (= Ablaufabschnitte) zurückgeführt. Sie werden durch Zerlegen eines ganzheitlichen Arbeitsablaufes in sinnvolle, ausbildungsadäquate Teilabläufe gebildet. Mit der Festlegung der Arbeitsstandards werden gleichzeitig diejenigen wichtigsten Einflußgrößen erfaßt und beschrieben, die entweder auf Grund der Fachkenntnisse oder des Erfahrungswissens des Handwerkers zum Entstehen von Fehlermöglichkeiten führen können. Für die Zuordnung dieser Arbeitsstandards zu den Elementen eines Getriebes dient eine entsprechend aufgebaute Matrix.

- Arbeitsabläufe auf Arbeitsstandards zurückführen

Zur Darstellung einer Übersicht zu diesem Teilbereich werden in einer Tabelle auf der Abszisse alle Bauelemente (Stückliste), Baugruppen und Funktionen eines betreffenden Getriebes aufgelistet. Auf der Ordinate werden die vom Handwerker durchführbaren, selbstorganisierten Tätigkeiten dargestellt. Die so entstehenden Felder der Matrix (Tabelle 6.5) beschreiben als Kombination von getriebe- und instandhaltungsspezifischen Elementen alle Tätigkeiten bzw. Arbeitsschritte zur Instandhaltung eines Getriebes im Sinne der Null-Fehler-Produktion.

- Erfassung von Einflußgrößen

Im folgenden werden diese Felder als Module (M) bezeichnet. Darunter wird eine Reihe von Programmbefehlen verstanden, die in Abhängigkeit von den vorgegebe-

Getriebe: -Baugruppen -Funktionen -Elemente Arbeitsstandards der Instandhaltung Tätigkeiten	gesamtes Getriebe	Gehäuseoberteil	Gehäuseunterteil	Flansch	...	Ritzel 1. Stufe	Zahnrad 1. Stufe	...	Deckelschrauben	Ölablaßschraube	...	Funktion 1. Stufe	Gesamtfkt. Getriebe
Handhaben	M	M	M	M		M	M		M	M		-	-
Messen, Prüfen													
Allgemeinzustand feststellen	M	M	M	M		M	M		M	M		-	-
Prüfen/Messen	M	M	M	M		M	M		M	M		M	M
Dokumentieren	M	M	M	M		M	M		M	M		M	M
...													
Diagnose													
Ist-Zustand erfassen	M	M	M	M		M	M		M	M		M	M
Ist-Soll-Zustand vergleichen	M	M	M	M		M	M		M	M		M	M
Schaden bewerten	M	M	M	M		M	M		M	M		M	M
...													
Demontieren													
Lösen	-	M	M	M		M	M		M	M		-	-
Auseinandernehmen	-	M	M	M		-	M		M	M		-	-
...													
Bereitstellen													
Vorbereiten	-	M	M	M		M	M		M	M		-	-
Instandsetzen	-	M	M	M		M	M		-	-		-	-
Fertigen	-	-	-	M		M	M		-	-		-	-
Zukaufen	-	M	M	M		M	M		M	M		-	-
...													
Montieren													
Schrauben	-	M	M	M		-	-		M	M		-	-
Schrumpfen	-	-	-	-		-	M		-	-		-	-
...													

Tabelle 6.5: Beispiel einer Matrix der Arbeitsstandards bzw. Tätigkeiten zur handwerklichen Instandsetzung eines Getriebes (Ausschnitte)

- Module als Folge von Programmbefehlen

nen Daten und den von den Handwerkern herbeigeführten Entscheidungen abgearbeitet werden. Sie stehen jeweils für einen Arbeitsschritt und enthalten u.a. die Position und Nummer der zeitlich vorangehenden sowie zeitlich folgenden Module. Für jedes dieser Module ist ein Programmabschnitt vorzusehen. Jedes Modul hat Zeiger, die auf das logisch vorhergehende und logisch folgende

Modul zeigen. Über die Festlegung einer geeigneten Ablauffolge und die Aneinanderreihung der Module kann ein Ablaufarbeitsplan erstellt werden.

Das Beispiel in Tabelle 6.5 zeigt Ausschnitte aus einer solchen Matrix:

Die Handhabung des gesamten Getriebes und seiner Bauelemente ist eine in vielen Teilbereichen vorkommende Teiltätigkeit während des Instandhaltungsprozesses und wird deshalb den verschiedenen Bauteilen bzw. Funktionen über entsprechende Module zugeordnet.

Mit dem Feststellen des Allgemeinzustandes des Getriebes einschließlich des Prüfens und Dokumentierens beginnt der eigentliche Instandhaltungsprozeß. Demontageschritte führen zu einem in seine Bestandteile (Elemente) zerlegten Getriebe. Diagnosen ermöglichen eine Beschreibung bzw. Beurteilung der vorliegenden Schäden. Das anschließende Bereitstellen der intakten Bauteile (Vorbereiten, Instandsetzen, Fertigen, Zukaufen) ist der zentrale Prozeßabschnitt im Gesamtablauf der Instandhaltung. Hier werden alle schadhaften Bauteile in intakte überführt. Montageschritte, die gegebenenfalls von Messungen/ Prüfungen begleitet oder gefolgt werden, führen zur Wiederherstellung des gesamten Getriebes.

Aus dem Gesamtablauf ist ersichtlich, daß z.B. die Funktion Messen/Prüfen des gesamten Getriebes am Anfang und am Ende des Ablaufes benötigt wird. Dieses Modul muß folglich zweimal aufgerufen werden. Die hierbei genutzten Bildschirmmasken können gleich sein, die abgefragten Einflußgrößen unterschiedlich. Bei der Eingangsprüfung werden die erhaltenen Daten für die Planung des Instandsetzungsablaufes und für den Datenrückfluß an den Hersteller benötigt, bei der Endprüfung zur Dokumentation im Sinne des Produkthaftungsgesetzes.

Die Programmstruktur soll das folgende Beispiel verdeutlichen:

Der Arbeitsstandard „Montieren" führt zu einer Anzahl von entsprechenden Modulen, die jedoch durch die Zuordnung des jeweiligen Produktelementes und der auszuführenden Tätigkeit eingeschränkt werden kann. Zum Montieren zählen u.a. folgende Module:

- Gehäuseoberteil in Kranhaken einhängen
- Gehäuseoberteil mit Unterteil fügen
- Schrauben einsetzen
- Schrauben festdrehen
- ...

Nachdem der Handwerker beispielsweise das Gehäuseoberteil mit dem Gehäusunterteil gefügt hat, erscheint im Menüfenster das Modul „Schrauben einsetzen". Folgende Tätigkeiten müssen hierzu abgearbeitet werden:

- Programmstruktur

- Deckelschraube aufnehmen
- Deckelschraube in die vorgesehene Bohrung einsetzen
- Sicherungsscheibe einsetzen
- Mutter aufdrehen
- ...

Auf dieser Ebene müssen über die jeweils erfaßten Einflußgrößen automatisch erscheinende Kontrollfragen beantwortet werden. Dabei wird unterschieden zwischen Fragen zu neuen, schwierigen und wichtigen Tätigkeiten, die entweder quantitativ oder qualitativ zu beantworten sind. Für die Tätigkeit „Deckelschrauben einsetzen" werden in Abhängigkeit vom Getriebetyp z.B. folgende Einflußgrößen als Fehlermöglichkeiten abgefragt und dokumentiert:

- Schraubenanzahl: / Schraube fehlt / ...
- Schraubenabmessung: / Gewinde / Länge/Kopfform / ...
- Schraubengüte: / Werkstoff / Zugfestigkeit / ...
- Schraubenoberfläche: / Korrosion/Korrosionsschutz / Rauheit / Beschädigungen / ...
- ...

Die Kontrollfrage nach der Schraubenanzahl muß durch Auswahl quantitativ und qualitativ beantwortet werden. Die Antwortmöglichkeiten werden vom System zur Auswahl vorgegeben, z.B.: „/ 0 / 1 / 2 / 3 / 4 / 5 / 6 / 7 / 8 / ..." oder als Klartexteingabe abgefragt: „Wie viele Schrauben haben Sie eingesetzt?"

Für den Nachweis der Umsetzbarkeit dieser Struktur ist als Anwendungsbeispiel die Instandsetzung im Unternehmen des Instandsetzers (s. a. Bild 6.83) ausgewählt worden.

Aus dem Gesamtablauf ist beispielhaft der Teilablauf „Eingangsprüfung", der zur Bestimmung des Getriebezustandes gehört, in Bild 6.87 herausgestellt. Hier werden Arbeitsstandards, Einflußgrößen, Kontrollfragen und ggf. Lernprogramme zu einer Erfassungs- und Abfrageroutine zusammengefaßt.

Zur „Eingangsprüfung" gehören beispielsweise folgende Arbeitsstandards:

- Prüfung auf Vollständigkeit der Teile
- Prüfung auf Bruchstellen am Getriebe
- Prüfung auf Risse am Gehäuse
- Prüfung auf Korrosion
- …

Zu jeder dieser Teiltätigkeiten muß der Handwerker automatisch erscheinende Kontrollfragen bearbeiten, die entsprechend den zuvor beschriebenen Programmanforderungen ausgewählt wurden. In der nächstfolgenden Programmebene werden zu diesen Fragen jeweils die zugehörigen Einflußgrößen dargestellt und in einem weiteren Fenster (siehe Bild 6.87) durch Auswahlantworten abgefragt und dokumentiert.

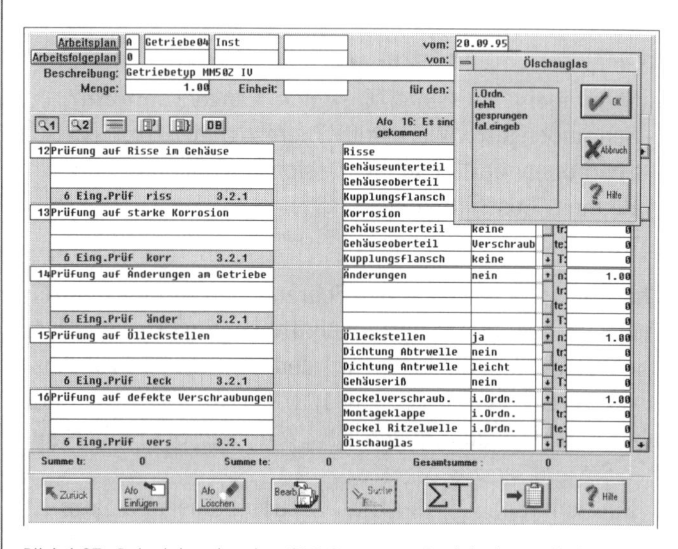

Bild 6.87: Beispielmaske des CAS-Systems: „Getriebeinstandhaltung-Eingangsprüfung"

Zum Arbeitsschritt „Prüfung auf Risse im Gehäuse“ gehören z.B. die folgenden Einflußgrößen und Auswahlantworten:

- Risse?: /ja/nein/

Wenn ja, dann muß die Lage der Risse bestimmt werden:

- Gehäuseunterteil?: /keine/Füße/Abtriebswelle/Unterboden/seitlich/
- Gehäuseoberteil?: /keine/Verschraubungen/Antriebswelle/Kupplungsflansch/seitlich/
- Kuppl.flansch?: /keine/Verschraubungen/Motorflansch/seitlich/
- ...

Sollte es beim programmbegleitenden Arbeitsablauf zu Problemen kommen, weil z.B. falsch oder unvollständig geantwortet wurde, kann der Handwerker über eine Hilfefunktion zusätzliche Informationen anfordern. Diese Zusatzinformationen sind in Form eines Lernprogrammes aufgebaut. Sie geben Erläuterungen und Hinweise durch Texte, Grafiken, Fotos und/oder Beispiele. Bild 6.88 verdeutlicht den Programmaufbau durch das Beispiel einer Bildschirmmaske für den Ablaufabschnitt „Gehäuseoberteil absenken“. Je nachdem, an welcher Stelle Informationsbedarf besteht, kann der entsprechende Teilbereich angewählt und aufgerufen werden. Beantwortet der Handwerker die folgenden Fragen richtig, erscheint die Bildschirmmaske des nächst folgenden Ablaufabschnittes.

Mit der Nutzung der vorstehend beschriebenen Bausteine des Computer Aided Service Systems (CAS) in der handwerklichen Getriebeinstandhaltung sind die Voraussetzungen für einen geschlossenen und strukturierten Informationskreislauf zwischen Hersteller und Instandhalter geschaffen. Sowohl für den Hersteller als auch für den Instandhalter und den Nutzer sind mit dem System wirtschaftliche Vorteile verbunden.

• Zusatzinformationen über Lernprogramme

Der Handwerker führt während der Produkt-Instandhaltung ohne nennenswerten zusätzlichen Aufwand eine Datenerhebung zu dem Getriebe durch, das gerade instandgesetzt wird. Durch die Rechnerunterstützung (sie-

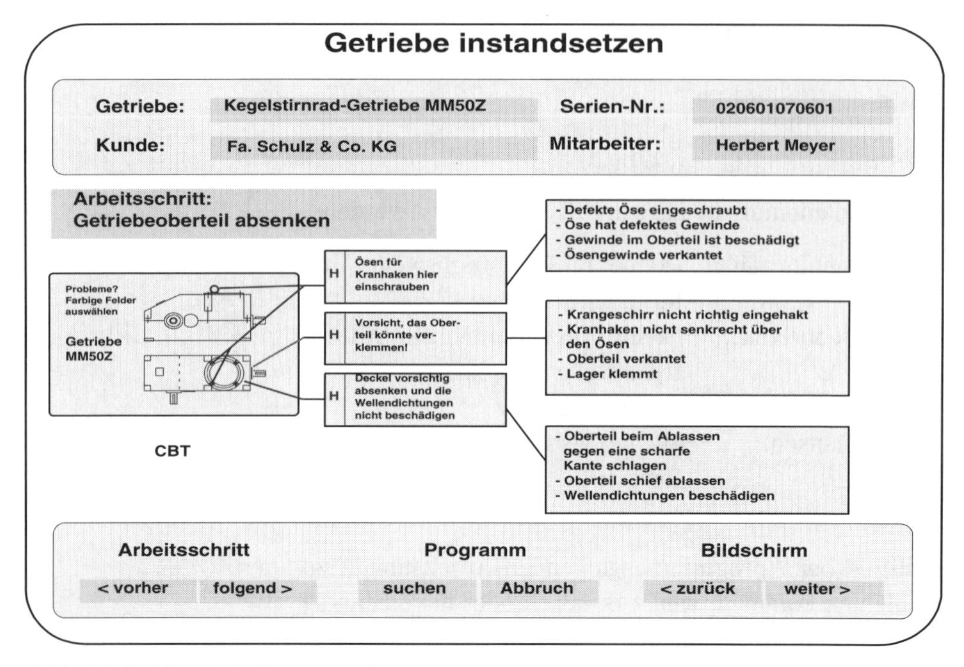

Bild 6.88: Beispielmaske für Eingangsprüfung

he Kapitel 6.5.4) fallen wesentliche, für eine spätere Auswertung beim Getriebehersteller, nutzbare Daten an. Diese Daten, in der Regel sind es Informationen über Schäden und ggf. Schadensursachen, werden für jeden Instandsetzungsfall dokumentiert und dem Getriebehersteller regelmäßig zur Verfügung gestellt. Hierfür können sowohl transportable Speichermedien, Disketten oder Bänder, als auch die Möglichkeiten der Datenfernübertragung (DFÜ) über Modem oder on-line-Dienste genutzt werden. Der Produkthersteller sammelt die von verschiedenen Instandhaltern eingehenden Daten, wertet sie mit Hilfe statistischer Methoden aus und verwendet sie für seine Qualitätsplanung (siehe auch Kapitel 3.3.3). Auf diese Weise wird der Informationskreislauf geschlossen.

- Informationskreislauf

6.5.6 Übertragbarkeit und Nutzen

Am Beispiel eines Getriebes wird eine Informations- und Dokumentationsmethodik für den Bereich der handwerklichen Instandhaltung vorgestellt. Bei konsequenter Anwendung können mit ihr die vorgegebenen Ziele, fehlerfreier Instandhaltungsprozeß sowie Rückführung von qualitätsrelevanten Daten an den Hersteller, erreicht werden. Die Bedeutung der Methode weiter gesteigert werden, wenn es gelänge, weitere typische handwerkliche Instandhaltungsbereiche mit ihren jeweils zugehörigen Herstellern, wie z.B. bestimmte Teile des Kraftfahrzeuggewerbes, für eine Anpassung und Anwendung des Systems zu gewinnen.

Kombinationen des CAS-Systems mit anderen Datenerfassungs- oder Informationssystemen auf Werkstattebene sind denkbar. Z.B. entwickeln derzeit Hersteller der Automobilindustrie rechnerunterstützte Werkstatt-Informations-Systeme (WIS), um die Instandhaltungsarbeit vor Ort zu unterstützen.

- Übertragen auf andere Handwerksbereiche der Instandhaltung

Sowohl für den Hersteller als auch für den handwerklichen Instandhalter und Nutzer ergeben sich aus der Nutzung des beschriebenen rechnerunterstützten Informations- und Dokumentationssystems CAS eine Reihe von bedeutsamen Vorteilen. Hierzu zählen insbesondere

für den Hersteller:
- Statistische Auswertbarkeit von Instandhaltungsinformationen
- Erkennen verdeckter Kundenwünsche
- Beitrag zum kontinuierlichen Verbesserungsprozeß (KVP)
- Senkung der qualitätsbezogenen Kosten /MAS89/ durch fehlerfreien Produktionsprozeß
- Beitrag zur Null-Fehler-Produktion durch Nutzung des CAS

für den Instandhalter:
- Erschließen neuer Marktsegmente und Tätigkeitsbereiche
- Zusätzliche Motivation der Mitarbeiter
- Erhöhung der Fehlhandlungssicherheit
- Sicherung der Instandhaltbarkeit durch Informationsrückfluß
- Senkung der qualitätsbezogenen Kosten /MAS89/ durch fehlerfreien Instandhaltungs-Prozeß
- Stärkung der Marktposition durch Beitrag zum Null-Fehler-Prozeß des Herstellers

- Nutzen für den Hersteller

für den Nutzer:
– Höhere Zuverlässigkeit der Produkte
– Größere Verfügbarkeit der Produkte
– Geringerer Aufwand für Reklamationen
– Senkung der Instandhaltungskosten

• Nutzen für den Instandhalter

6.5.7 Zusammenfassung und Ausblick

Unterschiedliche Aspekte haben die Bedeutung der Produkt-Instandhaltung in den letzten Jahren wachsen lassen. Einerseits sind die Anforderungen an moderne Produktionsanlagen durch immer größer werdende Investitionsvolumina gestiegen und haben damit gleichzeitig die Anforderungen an eine bestmögliche Auslastung sowie an die Verfügbarkeit und Zuverlässigkeit dieser Anlagen erhöht. Andererseits führt steigendes Umweltbewußtsein bei gleichzeitig knapper werdenden Ressourcen in den letzten Jahren zu einem verstärkten Bemühen, Produkte länger als bisher üblich den Prinzipien der Kreislaufwirtschaft zu unterwerfen. Die Maßnahmen der Instandhaltung können unter beiden Aspekten sinnvoll eingesetzt werden.

• Nutzen für den Nutzer

Die Instandsetzung (auch Reparatur) stellt für einen großen Teil der Betriebe schon immer einen typischen Tätigkeitschwerpunkt dar. Ferner kommt hinzu, daß die Durchführung von Maßnahmen der Produkt-Instandhaltung in zunehmendem Umfang von der Industrie fremdvergeben werden. Für entsprechend ausgerüstete Handwerksbetriebe ergeben sich hier neue Betätigungsfelder.

Für eine erfolgreiche Tätigkeit der Betriebe in diesem Marktsegment kommt es entscheidend darauf an, die Fertigkeiten und Kenntnisse der qualifizierten Mitarbeiter im Handwerksunternehmen zu berücksichtigen sowie eine aufgabengerechte Betriebs- und Arbeitsorganisation durch den Einsatz sinnvoller, zeitgemäßer Hilfsmittel zu unterstützen. Auf diese Weise kann der Instandhaltungsprozeß selbst fehlerfrei durchgeführt werden und gleichzeitig über die Informationsanbindung an den Hersteller einen Beitrag zur Null-Fehler-Produktion leisten.

Die vorliegende Untersuchung unterbreitet einen Vorschlag zur Umsetzung und Realisierung eines rechnerunterstützten Informations- und Dokumentationssystems, das das Erreichen dieser Ziele sicherstellen soll. So unterstützt dieses System den Ablauf von Instandhaltungsarbeiten durch Arbeitsstandards, Hinweise, Fragen, Grafiken, Fotos und Beispiele und kann gleichzeitig den Handwerker zu einer Null-Fehler-Tätigkeit führen. Mit Hilfe des CAS-Systems sammeln Handwerksbetriebe qualitätsrelevante Daten und bereiten sie für den Hersteller auf, damit dieser die Daten nach entsprechender Weiterverarbeitung für seine Qualitätsplanung des betreffenden Produktes einsetzen kann. Je zahlreicher sich Instandhaltungsunternehmen zum Einsatz des CAS-Systems verpflichten, desto sicherer wird die Datenbasis und damit der Nutzeffekt für die Hersteller im Sinne einer Null-Fehler-Produktion sein.

Literaturverzeichnis

ALL84 Allianz Versicherungs AG: Stationäre Getriebe Allianz-Handbuch der Schadensverhütung, 1984, S. 738 – 762

ARN92 Arnold, Richard: Qualität in Entwicklung und Konstruktion: Organisations-Maßnahmen, 3. Auflage, Verlag TÜV-Rheinland Köln 1992, SBN 3-8249-0054-8

BAU Bauer GmbH und Co. Kundendienst-Handbücher diverser Getriebe

BRO85 Broichhausen, Josef: Schadenskunde: Analyse und Vermeidung von Schäden in Konstruktion, Fertigung und Betrieb, Carl Hanser Verlag 1985

DIN31051 Deutsches Institut für Normung (DIN): Instandhaltung, Begriffe und Maßnahmen. DIN 31051, Januar 1985

EHR Ehrlenspiel, K: Schäden an stationären Getrieben und ihre Verhütung – Schäden an geschmierten Maschinenelementen, Kontakt und Studium, Band 28, S. 79 – 101, Expert Verlag

GREI84 Greiner, H.: Instandhaltung von Getriebe-Motoren, Instandhaltungspraxis '84, 7.3–8

HIR92 Hirano, Hiroyuki: Poka-yoke, Verbesserung der Qualität durch Vermeiden von Fehlern, Verlag moderne industrie AG 1992, ISBN 3-478-91030-1

HOP94 Hoppe, Manfred/Pahl, Jörg-Peter: Bewahren–Wiederherstellen–Verbessern, Donat-Verlag Bremen 1994, (Reihe Berufliche Bildung, Band 16)

JAC89 Jacobi, Hans F.: Nutzen – Wirkungen bei der Wartung und Inspektion, 5.Instandhaltungs-Forum 1989; Hrsg.: von H. Biedermann, S. 19 – 39

MAS89 Masing, W.: Einführung in die Qualitätslehre, DGQ-Schriften Nr. 11 – 19, 7. Auflage 1989

PFE93 Pfeifer, Tilo: Qualitätsmanagement, Strategien, Methoden, Techniken Carl Hanser Verlag München – Wien 1993

REF93 REFA-Verband: Methodenlehre des Arbeitsstudiums Bd. 1 bis 6; Carl Hanser Verlag, München 1993

REI78 Reisch, Diethard: Die Berücksichtigung der Zuverlässigkeits- und Verfügbarkeitsforderungen bei der Planung von Maschinensystemen, Dissertation 1978, TU Hannover

SAC85 Sack, Wilfried: Zeitgemäßes Prüfen antriebstechnischer Elemente mit Schadensatlas, Uta Groebel – infotip 1985

SCH89 Schmitt-Thomas K.-G: Technik und Methodik der Schadensanalyse Siede, Reinhard: VDI-Verlag 1989

VDI84 Verein Deutscher Ingenieure: Schadensanalyse; Grundlagen, Begriffe und Definitionen; Ablauf einer Schadensanalyse VDI-Richtlinie 3822, Blatt 1, VDI Gesellschaft Werkstofftechnik, Februar 1984

VDI92 Verein Deutscher Ingenieure: Rechnerintegrierte Konstruktion und Produktion, Hrsg.: VDI-Gemeinschaftsausschuß CIM-Düsseldorf: VDI-Verlag, Band 7 Qualitätssicherung / VDI-Gesellschaft Produktionstechnik 1992, ISBN 3-18-401043-0

WAR92 Warnecke, Hans-Jürgen: Handbuch der Instandhaltung, Verlag TÜV-Rheinland Köln, Band 1: Instandhaltungsmanagement, 2

Abkürzungsverzeichnis

CAS	Computer Aided Service (computerunterstützte Instandhaltung)
CBT	Computer Basad Training (computerunterstütztes Lernen)
DFÜ	Datenfernübertragung
DIN	Deutsches Institut für Normung DIN e.V.
EDV	Elektronische Datenverarbeitung
FMEA	Fehler-Möglichkeits- und Einflußanalyse
KVP	Kontinuierlicher Verbesserungsprozeß
WIS	Werkstatt-Informationssysteme

7 Glossar

ABC-Analyse: Pareto-Analyse. Graphische Darstellung, bei der Anteile der absoluten Häufigkeit nach als Balken geordnet werden. Dabei wird der prozentuale Anteil der einzelnen Werte aufsummiert und über den Absolutwerten dargestellt.

Abnutzung: Im Sinne der Instandhaltung Abbau des Abnutzungsvorrates infolge physikalischer und/oder chemischer Einwirkungen. Anmerkung: Abnutzung im Sinne der Instandhaltung sind z.B. Verschleiß, Alterung, Korrosion und auch plötzlich auftretende Istzustandsveränderungen wie z.B. ein Bruch (DIN 31051, Januar 1985).

Abnutzungsvorrat: Im Sinne der Instandhaltung Vorrat der möglichen Funktionserfüllungen unter festgelegten Bedingungen, der einer Betrachtungseinheit aufgrund der Herstellung oder aufgrund der Wiederherstellung durch Instandsetzung innewohnt (DIN 31051, Januar1985).

Abweichung: Die Nichtübereinstimmung von Zuständen, Werten und Größen. Der Unterschied kann gegebenenfalls quantifiziert werden (DIN 31051, Januar 1985).

Baueinheit: Betrachtungseinheit, deren Abgrenzung nach Aufbau oder Zusammensetzung erfolgt (DIN 40150, Oktober 1979).

Beigestelltes Produkt: Ein Produkt, das vom Kunden zur Verfügung gestelltes wird. Es wird unverändert mit in die Lieferung einbezogen.

Beziehungsdiagramm: Interrelationsdiagramm. Eine Darstellung, in der Bereiche (z. B. Problem- oder Fehlerursachen) durch ihre gegenseitigen Abhängigkeiten in Form von Pfeilen verbunden sind.

Browser: Programm zur Betrachtung von Informationen eines Hypertextsystems.

CAD: Computer Aided Design, Rechnerunterstützte Konstruktion.

CAM: Computer Aided Manufacturing, Rechnerunterstützte Fertigung.

CAP: Computer Aided Planing, Rechnerunterstützte Planung.

CAS: „Computer-Aided-Service“, ein computergestütztes System zum Transport von strukturierten Informationen zwischen Hersteller und Instandhalter.

Checkliste: Regelwerk für die Bereiche Fertigungsplanung, -vorbereitung, Fertigung und Endabnahme.

CLDATA-File: Cutter-Location Data, Werkzeugbahndaten. Generalisiertes Teileprogramm aus berechneten Daten des Werkzeugmittelpunktes.

CNC: Computerized Numerical Control. Eine numerische Steuerung, bei der ein oder mehrere integrierte Mikrocomputer in Verbindung mit entsprechender Betriebssoftware verwendet werden, um NC-Funktionen zu realisieren.

Demontage: Ein Vorgang, bei dem ein Produkt auf einen vorgegebenen Endzustand zerlegt wird.

DOE: Design of Experiments, Methode der statistischen Versuchsplanung nach D. Shainin.

durchgängig: geschlossen, logisch nicht unterbrochen.

Element: Im Sinne der Instandhaltung die in Abhängigkeit von der Betrachtung kleinste, als unteilbar aufgefaßte technische Einheit (Entspricht „Bauelement“ nach DIN 40 150) (DIN 31051, Januar 1985).

Fehler: (= Nichtkonformität) Nichterfüllung einer festgelegten Forderung. Anmerkung: Vom Fehler ist der Begriff des Mangels zu unterscheiden, der stets eine Beeinträchtigung der Verwendbarkeit bedeutet: Einen Mangel weist nach § 459 BGB eine Sache auf, wenn sie „mit Fehlern behaftet ist, die den Wert oder die Tauglichkeit zu dem gewöhnlichen oder dem nach dem Vertrage vorausgesetzten Gebrauch aufhebt oder mindert“ (DIN 31 051, Januar 1985).

FEM: Finite Element Methode.

Fertigungstechnologie: Fertigungsverfahren.

FMEA: Fehlermöglichkeits- und Einflußanalyse (Failure-Mode and Effects-Analysis).

Funktion: Im Sinne der Instandhaltung eine durch den Verwendungszweck bedingte Aufgabe (DIN 31051, Januar 1985).

Funktionserfüllung: Erfüllen der vom Verwendungszweck unter gegebenen Bedingungen vorgesehenen Aufgabe (DIN 31051, Januar 1985).

Funktionsfähigkeit: Fähigkeit einer Betrachtungseinheit zur Funktionserfüllung aufgrund ihres eigenen technischen Zustandes (DIN 31051, Januar 1985).

Hypermedia: Erweiterung von Hypertextsystemen um multimediale Aspekte, wie z. B. Video- oder Geräuschsequenzen.

Hypertext: Mittels EDV-Anlagen lesbarer nicht sequentiell aufgebauter Text.

Hypertextsysteme: Durch die Verknüpfung eines Hypertextes mit Betrachtungsprogrammen ergibt sich ein einsetzbares Hypertextsystem.

Informationsrückfluß: Strategie zur gezielten Gewinnung von Informationen aus der Instandhaltung zur Rückführung an den Hersteller eines instandgesetzten Produktes. Ziele sind eine Null-Fehler-Produktion in der Herstellung und eine optimale Erfüllung von Kundenwünschen.

Inspektion: Maßnahmen zur Feststellung und Beurteilung des Istzustandes von technischen Mitteln eines Systems (DIN 31051, Januar 1985).

Instandhaltung: Maßnahmen zur Bewahrung und Wiederherstellung des Sollzustandes sowie zur Feststellung und Beurteilung des Istzustandes von technischen Mitteln eines Systems. Anmerkung: Die vier Grundbegriffe Instandhaltung, Wartung, Inspektion und Instandsetzung umfassen jeweils die Gesamtheit aller Maßnahmen, die für die Instandhaltung der technischen Mittel eines Systems (Anlage bzw. Anlagenteile) innerhalb eines Unternehmens (innerbetrieblich) erforderlich sind (DIN 31051, Januar 1985).

Instandhaltungstiefe: Umfang der hintereinander ausgeführten Tätigkeiten der Instandhaltung im Vergleich zu den insgesamt durchführbaren Tätigkeiten.

Instandhaltungsunterstützung: In Ergänzung zu den Tätigkeiten, die der Auftraggeber selbst durchführt, das Wahrnehmen eines Teils der Tätigkeiten der Instandhaltung (z. B. nur Inspektion und Instandsetzung).

Instandsetzung: Maßnahmen zur Wiederherstellung des Sollzustandes von technischen Mitteln eines Systems (DIN 31051, Januar 1985).

Instandsetzungstiefe: Umfang der Tätigkeiten einer Instandsetzung im Vergleich zu den insgesamt sinnvollen Tätigkeiten.

Kreativitätstechnik: Technik, um anhand eines bestimmten Vorgehens Ideen zu sammeln und zu strukturieren.

Lean Production: Schlanke Produktion.

Makroprozeßkette: Fertigungsplanung.

Messen: Messen ist der experimentelle Vorgang, durch den ein spezieller Wert einer physikalischen Größe als Vielfaches einer Einheit oder eines Bezugswertes ermittelt wird (DIN 1319 T.1, Juni 1985). Anmerkung: Messen ist die Bestimmung eines Vielfachen der vorher festgelegten physikalischen Einheit an einem Produkt. Ergebnis ist ein Meßwert, wobei die Toleranz des Meßgerätes berücksichtigt werden muß.

Mikroprozeßkette: Fertigung.

Montage: Ein Vorgang, bei dem ein Produkt unter Berücksichtigung der dazu notwendigen Arbeits-, Justage- und Prüfvorgänge aufgebaut wird (B. Bilger: „Manuelle Montagen als Alternative zur Montageautomation").

Montieren: Das Verbinden und Bearbeiten von Baueinheiten aus Einzelteilen und Unterbaueinheiten bzw. deren Kombination nach vorgegebenen Informationen und Anweisungen (B. Bilger: „Manuelle Montagen als Alternative zur Montageautomation").

NC: Numerical Control, Numerische Steuerung.

NC-Programm: Codierte Instruktionen, die zur Steuerung eines Computers oder einer Maschine verwendet werden.

Nutzung: Im Sinne der Instandhaltung bestimmungsgemäße und den allgemein anerkannten Regeln der Technik entsprechende Verwendung einer Betrachtungseinheit, wobei unter Abbau des Abnutzungsvorrats Sach- und/oder Dienstleistungen entstehen (DIN 31051, Januar 1985).

Nutzer: Der (End-)Kunde, der das Produkt für seine Zwecke in Betrieb nimmt und gebraucht.

Nutzungsvorrat: Im Sinne der Instandhaltung Vorrat der bei der Nutzung – bis zum vollständigen Abbau des Abnutzungsvorrats einer Betrachtungseinheit – unter festgelegten Bedingungen erzielbaren Sach- und/oder Dienstleistungen (DIN 31051, Januar 1985).

Nutzwertanalyse: Multidimensionales Verfahren zur Bewertung unterschiedlicher Alternativen.

Poka-yoke: Methode, die verhindert, daß menschliche Fehler zu Fehlern an Produkten führen, hier als Werkzeug.

Postprozessor: Anpassungsprogramm, um die berechneten Maschinenbewegungen in eine korrekte Form für die spezielle Maschine und Steuerung umzuwandeln.

Präferenzmatrix: Matrix, in der alle Optimierungskriterien miteinander verglichen werden, um ihre gegenseitige Gewichtung zu ermitteln.

Produkt: (= Baueinheit) ist ein nach Vorgabe aus Einzelwerkstücken und/oder Baueinheiten montiertes komplexes Gebilde (B. Bilger: „Manuelle Montagen als Alternative zur Montageautomation").

Prozeßfähigkeit: Maß dafür, ob ein Prozeß die an ihn gestellten Anforderungen erfüllen kann.

Prüfaufwandsreduzierung: Reduzierung der Stichprobenentnahme; Ersetzen einer nur mit hohem Aufwand ermittelbaren Qualitätskenngröße durch kostengünstige bestimmbare Prüfgrößen.

Prüfen: Feststellen, ob der Prüfgegenstand eine oder mehrere vorgegebenen Bedingungen erfüllt. Mit dem Prüfen ist daher immer ein Vergleich mit den vorgegebenen Bedingungen verbunden (DIN 1319, T.1, Juni 1985).

QFD: Eine Tätigkeit wie Messen, Untersuchen, Ausmessen von einem oder mehreren Merkmalen einer Einheit sowie Vergleichen mit festgelegten Forderungen, um festzustellen, ob Konformität für jedes Merkmal erzielt ist (DIN ISO 8402, Entwurf März 1992).
Anmerkung: Die erfüllte Bedingung kann ein Toleranzfeld für einen Meßwert sein. Dann ist die Messung ein Teil der Prüfung. Der andere Teil der Prüfung ist das Feststellen, ob der Meßwert innerhalb des Toleranzfeldes liegt oder nicht.

QFD: Quality Function Deployment, Methode, um Kundenanforderungen systematisch in Produktmerkmale umzusetzen.

Qualitätsfähigkeit: Maß dafür, ob ein Prozeß oder Betriebsmittel die an ihn gestellten Qualitätsanforderungen erfüllen kann.

Reparatur: Tätigkeit, ausgeführt an einem fehlerhaften Produkt mit dem Ziel, daß dieses die Forderungen für den vorgesehenen Gebrauch erfüllt, auch wenn es die ursprünglich festgelegten Forderungen möglicherweise nicht erfüllt (DIN ISO 8402, Entwurf März 1992).
Anmerkung: Das Wiederherstellen einer notwendigen Funktionsfähigkeit, wobei das Produkt dabei eine eingeschränkte Belastbarkeit oder Nutzungsdauer haben kann.

Schaden: Im Sinne der Instandhaltung Zustand einer Einheit nach Unterschreiten eines bestimmten (festzulegenden) Grenzwertes des Abnutzungsvorrats, der eine im Hinblick auf die Verwendung unzulässige Beeinträchtigung der Funktionsfähigkeit bedingt (DIN 31051, Januar 1985).

Sensibilitätsanalyse: Analyseverfahren, bei dem durch die gezielte Variation einzelner Werte die Auswirkungen auf das Endergebnis überprüft werden.

Teileprogramm: s. NC-Programm.

TQM: Total Quality Management.

VDAFS: Abkürzung für „Verband der Deutschen Automobilindustrie – Flächenschnittstelle" zum Übertragen geometrischer Daten, etwa von CAD zu CAM.

Wartung: Maßnahmen zur Bewahrung des Sollzustandes von technischen Mitteln eines Systems (DIN 31051, Januar 1985).

Wirkkette: Gesamtheit der Verfahrenselemente, die die Lage- und Bewegungszuordnung von Werkstück und Werkzeug während der Fertigung bestimmen.

Wirkkettenglieder: Einzelkomponenten der Wirkkette, z.B. Werkzeugmaschine, Werkstück, Vorrichtung, Werkzeug.

Wirkzusammenhang: Kausale Beziehung zwischen den Abweichungen Wirkkettengliedern.

WOP-System: Werkstattorientierte Programmierung. Ein werkstattgeeignetes Programmierverfahren mit dialoggeführter und graphisch unterstützter Eingabe von Geometrie- und Technologiedaten.

Zuverlässigkeit: Die Fähigkeit einer Maschine, eines Teils oder einer Ausrüstung eine geforderte Funktion unter spezifischen Bedingungen und für einen vorgegebenen Zeitraum ohne Fehler auszuführen (DIN EN 292, Teil 1, November 1991).
Beschaffenheit einer Einheit bezüglich ihrer Eignung, während oder nach vorgegebenen Zeitspannen bei vorgegebenen Anwendungsbedingungen die Zuverlässigkeitsforderung zu erfüllen. Anmerkung 1: Kurzform der Definition: Teil der Qualität im Hinblick auf das Verhalten einer Einheit während oder nach vorgegebenen Zeitspannen bei vorgegebenen Anwendungsbedingungen (DIN 40041, Dezember 1990).

Sachwortverzeichnis

Autoren und Mitarbeiter

Dipl.-Ing. Udo Böhm
Mariazellerstraße 38
78713 Schramberg

Jahrgang 1964, studierte an der TU Magdeburg Maschinenbau. Danach arbeitete er von 1992 bis 1995 als wissenschaftlicher Mitarbeiter am dortigen Institut für Fertigungstechnik und Qualitätssicherung, Aufgabenschwerpunkt stellte dabei die Tätigkeit innerhalb der Forschergruppe Null-Fehler-Produktion dar. Seit Ende 1995 ist er als Mitarbeiter der Hugo Kern und Liebers GmbH & Co. im Bereich Qualitätssicherung und Prüfplanung tätig.

Dipl.-Ing. oec. Kai Brüggemann
Universität Hannover
IFUM
Welfengarten 1A
30167 Hannover

Jahrgang 1967, studierte Wirtschaftsingenieurwesen an der Technischen Universität Hamburg-Harburg und der Universität Hamburg und ist seit 1992 wissenschaftlicher Mitarbeiter am Institut für Umformtechnik und Umformmaschinen. Seit März 1995 ist er Abteilungsleiter der Abteilung Schmiede.

Prof. Dr.-Ing. Eckart Doege
Universität Hannover
IFUM
Welfengarten 1A
30167 Hannover

Jahrgang 1936, studierte Maschinenbau an der TH Stuttgart und promovierte am Max-Planck-Institut für Metallforschung. Seit 1974 ist er Direktor des Instituts für Umformtechnik und Umformmaschinen der Universität Hannover.

Dipl.-Ing. Arnold Gente
Institut für Werkzeugmaschinen und Fertigungstechnik
Technische Universität Braunschweig
Langer Kamp 19b
38106 Braunschweig

Jahrgang 1966, studierte an der TU Braunschweig Maschinenbau. Seit 1993 ist er wissenschaftlicher Mitarbeiter am dortigen Institut für Werkzeugmaschinen und Fertigungstechnik (IWF). Seine Fachgebiete sind die Prozeßkettenauslegung in der spanenden Fertigung mit bestimmter Schneide sowie Grundlagenuntersuchungen zum Bohren und Reiben. In der BMBF-Forschergruppe Null-Fehler-Produktion in der Prozeßkette bearbeitete er das Teilprojekt „Qualitätssicherung in der Mikroprozeßkette“.

Dipl.-Ing. Karsten R. Hennig
Institut für Fertigungstechnik und Spanende Werkzeugmaschinen
Universität Hannover
Schloßwender Straße 5
30159 Hannover

Jahrgang 1965, studierte Maschinenbau, Fachrichtung Produktionstechnik, an der Universität Hannover. Dort ist er seit 1992 als wissenschaftlicher Mitarbeiter am Institut für Fertigungstechnik und Spanende Werkzeugmaschinen (IFW) im Bereich Fertigungsorganisation tätig. Im Rahmen seines Arbeitsgebietes Qualitätsmanagement beschäftigt er sich schwerpunktmäßig mit Maßnahmen zum präventiven Qualitätsmanagement in der NC-Programmierung und erarbeitet Maßnahmen zur qualitätsförderlichen Kooperation zwischen Kunden und Zulieferern.

Prof. Dr.-Ing. Jürgen Hesselbach
Institut für Fertigungsautomatisierung und Handhabungstechnik
Technische Universität
Gaußstraße 17
38106 Braunschweig

Jahrgang 1949, studierte von 1968 bis 1974 Maschinenbau an der Universität Stuttgart. Er promovierte 1980 am Institut für Steuerungstechnik der Werkzeugmaschinen und Fertigungseinrichtungen (Prof. Stute). Er war von 1982 bis 1990 bei R. Bosch GmbH, Geschäftsbereich Industrieausrüstung in den Bereichen Steuerungselektronik, Automatisierungssysteme und Montagetechnik tätig. Seit 1990 leitet er das Institut für Fertigungsautomatisierung und Handhabungstechnik (IFH) der TU Braunschweig. Das Institut beschäftigt sich mit den Fragen der Montageautomatisierung, Demontage, Steuerungs- und Robotertechnik.

Dipl.-Ing. Helmut Hinkenhuis
Institut für Fertigungstechnik und Spanende Werkzeugmaschinen
Universität Hannover
Schloßwender Straße 5
30159 Hannover

Jahrgang 1965, studierte Elektrotechnik an der Universität Hannover und ist seit 1993 wissenschaftlicher Mitarbeiter am Institut für Fertigungstechnik und Spanende Werkzeugmaschinen (IFW). Seit Januar 1995 leitet er dort die Abteilung Prozeßdatenverarbeitung.

Dipl.-Ing. Klaus Jeschke
Friesenstraße 85
26632 Ihlow-Ochtelbur

Jahrgang 1964, leitet seit 1996 seine Firma Jeschke Systementwicklung & Qualitätsmanagement in Ihlow. Das Unternehmen entwickelt rechnerunterstützte Lösungen für das Qualitätsmanagement im Vertrieb, der Produktion und dem Service. In 1995 promovierte er am Institut für Werkzeugmaschinen und Fertigungstechnik (IWF) der TU Braunschweig über die „Optimierung von Maßnahmen des Qualitätsmanagements in der Elektronikproduktion", wo er zudem die Gruppe Qualitätsmanagement leitete und die Forschergruppe Null-Fehler-Produktion in der Prozeßkette koordienierte.

Dipl.-Ing. Gregor Kappmeyer
Institut für Werkzeugmaschinen und Fertigungstechnik
Technische Universität Braunschweig
Langer Kamp 19b
38106 Braunschweig

Jahrgang 1962, studierte von 1983 bis 1990 Maschinenbau, Fachrichtung Fertigungstechnik an der TU Braunschweig. Seit 1990 ist er wissenschaftlicher Mitarbeiter am Institut für Werkzeugmaschinen und Fertigungstechnik der TU Braunschweig in der Abteilung Feinbearbeitung. Seit 1993 leitet er die Gruppe Präzisionsbearbeitung.

Dipl.-Ing. André M. Tuete Kwam
RWTH Aachen
Werkzeugmaschinenlabor
Steinbachstraße 53 B
52074 Aachen

Jahrgang 1963, studierte Maschinenbau, Fachrichtung Konstruktionstechnik, an der Rheinisch-Westfälischen Technischen Hochschule (RWTH) Aachen. Dort ist er seit Oktober 1992 als wissenschaftlicher Mitarbeiter im Lehrstuhl für Fertigungsmeßtechnik und Qualitätsmanagement des Laboratoriums für Werkzeugmaschinen und Betriebslehre (WZL) mit Schwerpunkt Qualitätsplanung tätig.

Prof. Dr.-Ing. habil. Dr. h.c. mult. Friedhelm Lierath
Institut für Fertigungstechnik und Qualitätssicherung
Otto-von-Guericke-Universität Magdeburg
Universitätsplatz 2
39106 Magdeburg

Jahrgang 1938, seit 1980 orentlicher Professor für das Lehrgebiet Zerspantechnik und seit 1991 geschäftsführender Leiter des Institutes für Fertigungstechnik und Qualitätssicherung (IFQ) an der Otto-von-Guericke-Universität Magdeburg.

Dr.-Ing. Dipl.-Phys. Falk Mikosch
Forschungszentrum Karlsruhe GmbH
Projektträger für Fertigungstechnik und Qualitätssicherung
Postfach 36 40
76021 Karlsruhe

Jahrgang 1945, studierte Physik an der Universität Karlsruhe und erhielt 1972 sein Diplom. Seit 1972 ist er Mitarbeiter des Forschungszentrums Karlsruhe GmbH, wo er zunächst in einem Forschungsprojekt zur Entwicklung eines Neutralteilcheninjektors für Fusionsexperimente mitarbeitete. 1975 promovierte er an der Fakultät für Maschinenbau der Universität Karlsruhe und arbeitete seitdem in einer Vielzahl von Forschungsprojekten auf dem Gebiet der angewandten Gasdynamik und bei der Entwicklung neuer Fertigungstechnologien für extrem kleine mechanische Bauelemente und für neue Materialien. 1985 wurde er Referent des Vorstandes und war u.a. verantwortlich für die Koordination der Datenverarbeitung und der Baumaßnahmen im Forschungszentrum Karlsruhe. Er initiierte den neuen Arbeitsschwerpunkt Mikrosystemtechnik und baute ihn auf. Seit 1991 ist er bei der Projektträgerschaft Fertigungstechnik und Qualitätssicherung im Forschungszentrum. Er ist Leiter der Abteilung, die für Projekte auf dem Gebiet der Grundlagenforschung, der Normung und der Einführung von Qualitätsmanagementsystemen, der Informationstechnik und Logistik für die Produktion und neuer Produktionsverfahren zuständig ist. Seine Abteilung übernimmt außerdem das Projektmanagement für europäische Projekte. Seit 1992 ist er als Projektmanager verantwortlich für das ESPRIT-Projekt Inter Rob.

Dr.-Ing. Erik Nicolaysen
Hallerplatz 7
20146 Hamburg

Jahrgang 1966, studierte bis 1991 an der TU Hamburg-Harburg Elektrotechnik. In der Diplomarbeit entwickelte er ein Verfahren zur Qualitätssicherung mit Hilfe digitaler Bildbearbeitung. Im Anschluß daran war er wissenschaftlicher Angestellter am Institut für Fertigungsautomatisierung und Handhabungstechnik (IFH) der TU Braunschweig. Sein Hauptarbeitsgebiet und auch Thema der Dissertation waren Verfahren des Qualitätsmanagements für die Montage. Im Rahmen dieser Tätigkeit nahm er an der Forschergruppe „Null-Fehler-Produktion in der Prozeßkette“ teil. Seit 1996 ist er als Projektingenieur bei der Lufthansa Technik AG in Hamburg beschäftigt.

Prof. Dr.-Ing. Dr. h.c. Prof. h.c. T. Pfeifer
RWTH Aachen
Werkzeugmaschinenlabor
52056 Aachen

Jahrgang 1939, Studium der Elektrotechnik, Fachrichtung Nachrichtentechnik an der RWTH Aachen. 1968 Promotion, danach Tätigkeit in führender Position in der Industrie. Nach seiner Habitilation ist er seit 1972 als Professor im Laboratorium für Werkzeugmaschinen und Betriebslehre (WZL) an der RWTH Aachen tätig. Inhaber des Lehrstuhls „Fertigungsmeßtechnik und Qualitätsmangement" und Leiter der Abteilung „Meß- und Qualitätstechnik" des Fraunhofer-Instituts für Produktionstechnologie (IPT). Mitglied des Direktoriums des WZL und des IPT, Vorstandsmitglied der VDI/VDE-Gesellschaft Meß- und Automatisierungstechnik (GMA), Vorsitzender des wissenschaftlichen Beirates der Deutschen Gesellschaft für Qualität e.V. (DGQ) und Vorsitzender der Gesellschaft für Qualitätswissenschaft (GQW). 1989 Dr. h.c. der Universität Santa Catarina, Florianopolis, Brasilien. 1995 Prof. h.c. der Tsinghua-Universität, Peking.

Dr.-Ing. Gerhard Schilling
Heinz-Priest-Institut für Handwerkstechnik an der Universität Hannover
Wilhelm-Busch-Straße 18
30167 Hannover

Jahrgang 1942, ist Leiter des Heinz-Piest-Instituts für Handwerkstechnik an der Universität Hannover (HPI). Er hat an der Technischen Hochschule Hannover (jetzt Universität Hannover) Maschinenbau studiert mit dem Schwerpunkt Fabrikplanung. Hauptaufgabe des HPI ist die Förderung des Technologie-Transfers in kleinen und mittleren Unternehmen, vornehmlich des Handwerks. Hierzu gehören – neben einschlägigen Forschungsarbeiten – die Entwicklung von Lehrgängen, die Schulung von Multiplikatoren sowie die Mitwirkung bei Bau und Betrieb überbetrieblicher Berufsbildungszentren.

Dipl.-Ing. Detlef Schömig
Lammerstraße 6
31226 Peine

Jahrgang 1961, studierte an der TU Braunschweig Maschinenbau. Von 1989 bis 1995 war er als wissenschaftlicher Mitarbeiter in der Abteilung Produktionstechnik am Institut für Werkzeugmaschinen und Fertigungstechnik (IWF) beschäftigt. Seit August 1995 arbeitet er bei der Volkswagen AG Wolfsburg im Bereich Konzern Produktion, in der Abteilung Lean Production Strategy.

Dipl.-Ing. Burkhard Schröder

Heinz-Piest-Institut für Handwerkstechnik an der Universität Hannover
Wilhelm-Busch-Straße 18
30167 Hannover

Jahrgang 1944, studierte an der Technischen Universität Hannover Maschinenbau mit dem Schwerpunkt Produktionstechnik. Seit 1971 ist er als wissenschaftlicher Mitarbeiter am Heinz-Piest-Institut für Handwerkstechnik an der Universität Hannover mit unterschiedlichen Aufgaben der Forschung sowie der Beratung kleiner und mittlerer Unternehmen des Handwerks beschäftigt. Seit 1989 ist er für den Bereich Qualitätsmanagement verantwortlich und leitet die Projektarbeiten innerhalb des Rahmenkonzeptes Qualitätssicherung des BMBF.

Dipl.-Ing. Berthold Sterrenberg

Heinz-Piest-Institut für Handwerkstechnik an der Universität Hannover
Wilhelm-Busch-Straße 18
30167 Hannover

Jahrgang 1958, studierte an der Universität Hannover Maschinenbau, Fachrichtung Werkstofftechnik. Von 1990 bis 1992 arbeitete er dort als wissenschaftlicher Mitarbeiter am Institut für Werkstoffkunde, 1992 bis 1995 am Heinz-Piest-Institut für Handwerkstechnik an der Universität Hannover in der BMBF-Forschergruppe „Null-Fehler-Produktion in der Prozeßkette". Seit Oktober 1995 leitet er die Technologie-Transfer-Stelle in der Gewerbeförderanstalt der Handwerkskammer Hamburg und entwickelt das Kunststoffzentrum-Nord.

Dipl.-Ing. Jan Henning Timmer

Technische Universität Braunschweig
Institut für Werkzeugmaschinen und Fertigungstechnik
Langer Kamp 19b
38106 Braunschweig

Jahrgang 1964, studierte an der TU Braunschweig Maschinenbau. Seit 1994 ist er wissenschaftlicher Mitarbeiter am dortigen Institut für Werkzeugmaschinen und Fertigungstechnik (IWF). In der Abteilung Feinbearbeitung beschäftigt er sich mit der Zerspanung mit unbestimmter Schneide. Spezialgebiete sind die Bearbeitung hochwarmfester Legierungen sowie das Konditionieren mittels Laser. In der BMBF-Forschergruppe Null-Fehler-Produktion in der Prozeßkette bearbeitete er das Teilprojekt „Prozeßkettenauslegung zur Null-Fehler-Produktion".

Prof. Dr.-Ing. Dr.-Ing. E.h. Hans Kurt Tönshoff
Institut für Fertigungstechnik und Spanende Werkzeugmaschinen
Universität Hannover
Schloßwender Straße 5
30159 Hannover

Jahrgang 1934, Studium des Maschinenbaus und Promotion an der Technischen Universität Hannover. Er bekleidete leitende Tätigkeiten im Werkzeugmaschinenbau. Seit 1970 ist er ordentlicher Professor für Fertigungstechnik und Spanende Werkzeugmaschinen (IFW) und Direktor des gleichnamigen Instituts der Universität Hannover. Seine Hauptarbeitsgebiete sind die Technologie der Fertigungsverfahren, Werkzeugmaschinen und ihre Steuerungen sowie produktionstechnische Systeme. Er ist in einer Vielzahl öffentlicher und industrieller Gremien involviert und Mitglied der Internationalen Forschungsgemeinschaft für Mechanische Produktionstechnik (CIRP).

Prof. Dr.-Ing. Dr. h.c. Engelbert Westkämper
TU Braunschweig
Lehrstuhl und Institut für Werkzeugmaschinen und Fertigungstechnik
Langer Kamp 19b
38106 Braunschweig

Jahrgang 1946, seit 1995 Direktor des Institutes für Fabrikbetrieb und Industrielle Fertigung (IFF) und Professor an der Universität Stuttgart sowie Geschäftsführender leiter des Fraunhofer-Insitutes für Produktionstechnik und Automatisierung (IPA) in Stuttgart, promovierte 1977 an der RWTH Aachen über die „Automatisierung in der Einzel- und Serienfertigung". Bevor er 1988 als Lehrstuhlinhaber und Direktor des Institutes für Werkzeugmaschinen und Fertigungstechnik (IWF) der TU Braunschweig an die Universität zurückkehrte, war er 12 Jahre lang in der deutschen Luftfahrt- und Elektronikindustrie tätig, wo er für die Entwicklung, Planung und Einführung von neuen Produktionskonzepten und -verfahren verantwortlich war, zuletzt als Leiter des Zentralbereichs Produktionstechnik der AEG Aktiengesellschaft in Frankfurt.

Printing: Saladruck, Berlin
Binding: Buchbinderei Lüderitz & Bauer, Berlin